全国高等职业教育资源勘查类专业“十三五”规划教材

宝石资源及矿床

主　编　张　昱
副主编　马叶情　赵　芳

黄河水利出版社
·郑州·

内 容 提 要

本书是一本主要针对高职院校宝玉石鉴定与加工技术类相关专业的教材。从矿床形成和保存的基本地质环境出发，本书突出对主要（固体）矿产实际常见矿床类型的讲述，内容包括：矿产和矿床相关概念、矿产经济和矿床形成的地质作用；基性、超基性岩浆环境中的岩浆矿床；酸性、碱性岩浆环境中的岩浆—热液矿床；岩浆—构造环境中的热液矿床；盆地构造—沉积环境中的热水成因矿床；表生环境中的风化—沉积矿床；沉积盆地中有机能源矿床；变质环境中的受变质矿床和变成矿床；特殊和复杂成矿环境中的超大型矿床。同时，对区域成矿研究，现代矿床学研究中某些问题以及矿床预测、评价等方面进行了简要介绍。

本书适合宝玉石等相关专业教学使用，也可供同行们参考。

图书在版编目（CIP）数据

宝石资源及矿床/张昱主编．—郑州：黄河水利出版社，2015.5

全国高等职业教育资源勘查类专业"十三五"规划教材

ISBN 978－7－5509－0916－8

Ⅰ．①宝…　Ⅱ．①张…　Ⅲ．①宝石矿床－高等职业教育－教材　Ⅳ．①P619.28

中国版本图书馆 CIP 数据核字（2014）第 213924 号

策划编辑：陶金志　　电话：0371－66025273　　QQ：838739632

出 版 社：黄河水利出版社

地址：河南省郑州市顺河路黄委会综合楼 14 层　　邮政编码：450003

发行单位：黄河水利出版社

发行部电话：0371－66026940、66020550、66028024、66022620（传真）

E-mail：hhslcbs@126.com

承印单位：河南承创印务有限公司

开本：787 mm×1 092 mm　1/16

印张：15.5

字数：360 千字　　印数：1—2 000

版次：2015 年 5 月第 1 版　　印次：2015 年 5 月第 1 次印刷

定价：38.00 元

前　言

为了适应当前高职高专教育改革，在深入研究各院校资源勘查类教学大纲的基础上，为使理论教学能够更好地与教学实践相适应，甘肃工业职业技术学院张昱、马叶情、赵芳编写了此书。

本书在编写过程中，力求体现高职高专教育的特色，突出应用型人才培养的特点，回避了系统、完整的理论体系，注重对基础知识、基础理论和基本技能的阐述，尽量接近现行有关资源勘查规范和生产实际，注重培养学生职业技能和动手能力，为学生日后从事生产工作打下基础。

本书按90学时设计，共分21章，内容涉及矿床学基本理论和宝玉石资源。编写分工如下：第一章绪论，第二章矿床学总论，第三章有关矿床的基本概念及基本理论，第四章岩浆矿床，第五章伟晶岩矿床，第六章气水热液矿床总论，第七章热液矿床各论，第八章沉积矿床，第九章变质矿床，由张昱编写；第十章钻石矿床，第十一章红、蓝宝石矿床，第十二章祖母绿和其他绿柱石宝石矿床，第十三章猫眼石和变石矿床，第十四章欧泊矿床，第十五章翡翠矿床，第十六章软玉矿床，第十七章青金石矿床，第十八章绿松石矿床，第十九章鸡血石矿床，第二十章二氧化硅质玉石矿床，由马叶情编写；第二十一章独玉矿床由赵芳编写。本书由张昱担任主编，并负责统稿和审核。

在本书的编写过程中，主要参考了陈毓川、裴荣富、周明宝、邓燕华、廖宗廷等主编的教材，以及一些大专院校的教材，引用了许多专家的论著和研究成果。在此，编者表示衷心感谢。

由于时间仓促，水平有限，不当之处在所难免，敬请广大读者批评指正。

编　者

2015年3月

目　录

第一章　绪　论

宝玉石历来受到全世界人民的珍爱。自从人类有了文明，就有了对宝玉石的寻找、开发和加工等社会活动。这种活动，经历了社会的各个历史时期，遍及世界各地，伴随着整个人类文明和社会生产发展的全过程。人类对宝玉石的开发利用从来就没有停止过。宝玉石是大自然对人类的珍贵赐予，是人类文化遗产的重要组成部分，集中凝结着人类物质文明与精神文明的重要成果。

第一节　珠宝玉石的基本概念

一、珠宝玉石

珠宝玉石是天然珠宝玉石和人工宝石的统称，简称宝石（见图 1-1）。

(a)　(b)

图 1-1　珠宝玉石

（一）狭义概念的宝石

狭义概念的宝石是指自然界中色彩瑰丽、晶莹剔透、坚硬耐久，并且稀少及可琢磨、雕刻成首饰和工艺品的矿物或岩石，部分为有机材料。

也有人将宝石的概念进一步限定在天然的单晶矿物之中，如红宝石、钻石、祖母绿等。宝石的狭义概念实际上是一种传统的宝石概念，从某种意义上讲，它主要包括那些自然产出的价值较高的品种。

（二）广义概念的宝石

广义概念的宝石泛指一切经过琢磨、雕刻后可以成为首饰或工艺品的材料。宝石的分类如下：

- 珠宝玉石
  - 天然珠宝玉石
    - 天然宝石
    - 天然玉石
    - 天然有机宝石
  - 人工宝石
    - 合成宝石
    - 人造宝石
    - 拼合宝石
    - 再造宝石

二、天然珠宝玉石

天然珠宝玉石是指自然产出的，美丽、耐久、稀少、可加工成饰品的物质。

(a) 钻石　(b) 红宝石　(c) 绿柱石　(d) 祖母绿

图 1-2　常见宝石

天然珠宝玉石包括天然宝石、天然玉石、天然有机宝石。

(1) 天然宝石是指天然矿物晶体（包括一些双晶）。

(2) 天然玉石是指天然岩石（矿物集合体或非晶质体（或称玻璃体））。

(3) 天然有机宝石是指直接或间接通过自然界生命活动形成的，全部或部分由有机物质组成的矿物岩石材料，养殖珍珠也归于此类。

三、人工宝石

人工宝石是指完全或部分由人工生产或制造的用作首饰或其他装饰品的材料（单纯的金属材料除外）。

人工宝石包括合成宝石、人造宝石、拼合宝石、再造宝石。

(1) 合成宝石：完全或部分由人工制造且自然界有已知对应物的晶质或非晶质体，其物理性质、化学性质和晶体结构与所对应的天然珠宝玉石基本相同，如图 1-3 所示。

(2) 人造宝石：人工制造的且自然界无已知对应物的晶质或非晶质体，如图 1-4 所示。

(3) 拼合宝石：由两块或两块以上材料经人工拼贴且给人以一个整体印象的珠宝玉石。

(4) 再造宝石：通过人工手段将天然珠宝玉石的碎块或碎屑熔结或压结成具整体外观的珠宝玉石。

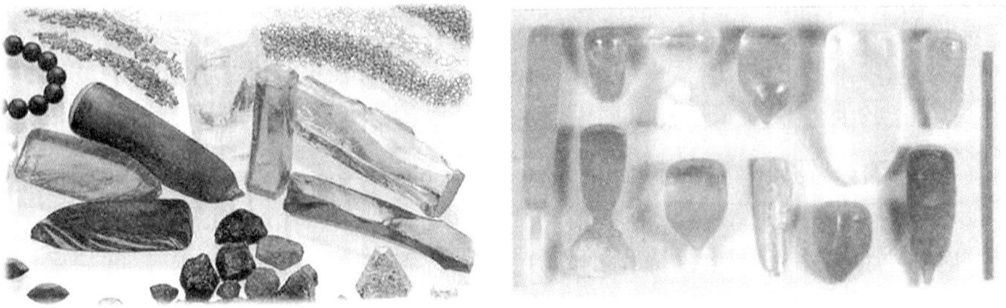

图 1-3　焰熔法合成宝石

图 1-4　人造钇铝榴石

图 1-5　合成立方氧化锆

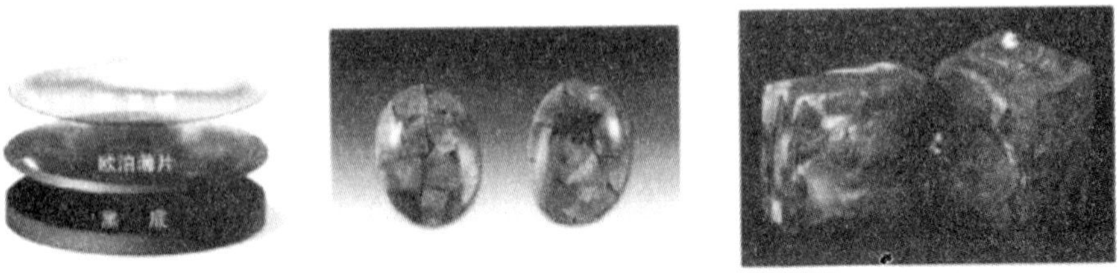

(a)　(b)　(c)

图 1-6　人工宝石

第二节　宝石的命名

由于历史原因、地域差异，目前宝石界有关宝石的命名多种多样，有的甚至是含混不清的，概述起来大致有以下几种情况。

(1) 以颜色直接命名。

如红宝石、绿宝石、绿晶、黄晶等。由于认识水平的限制，早期人们无法准确鉴别宝石，只能以直观感觉来命名宝石，于是造成了同一名称包含多个品种的混乱。如在绿晶这一名称下就包含了祖母绿、绿色蓝宝石，甚至于绿色玻璃等众多品种。

(2) 以特殊的光学效应直接命名。

如用星光效应、猫眼效应直接命名，便产生了星光宝石、星石、猫眼等名称。然而，同一猫眼名称下的金绿宝石和海蓝宝石价格差异很大。因此，仅用特殊的光学效应直接命名宝石有着明显的不合理性。

(3)以产地命名。

以产地命名有两种情况:一是以产地直接命名,使产品带有地方特色,以便于销售,久而久之这些产地名演变成宝石品种的名称。例如岫岩玉以其产地岫岩县而命名。然而,以产地命名往往造成同一宝石品种有多种名称。以蛇纹石玉为例,在我国就有南方玉、泰山玉等名称。二是把一个普通的宝石品种用产地和与其颜色相似的某高档宝石的名称联合命名。如捷克、斯洛伐克产的一种红色石榴子石,被称为波西米亚红宝石。

(4)以矿物或岩石名称直接命名。

这是宝石界普遍采用的一种命名方式,特别是一些新发现的宝石品种的命名。例如尖晶石、绿柱石、石榴子石、电气石,这些均是以矿物名称直接命名的。

(5)古代的一些传统名称。

如翡翠、琥珀等,这些传统名称都与古代的一些传说有关。

(6)以生产厂家、生产方法、式样等直接命名。

例如用查塔姆祖母绿、林德祖母绿来命名合成祖母绿。还有用工艺名称、俗称和商业名称等对宝石进行命名的方法。

如此众多的命名方法造成了宝石名称的不准确性和含糊性。

第三节　我国宝玉石资源分布

我国宝玉石资源丰富,开发利用的历史悠久,宝玉石资源种类多样,储量丰富,分布广泛。目前,已发现各种宝玉石资源 330 余种,其中宝石 51 种,玉石 121 种,有机宝石 12 种,观赏石 122 种,砚石 26 种等,共发现宝玉石矿产地(不含珍珠和古生物化石)6 000多处,其中水晶产地约 3 600 处。各类宝石、玉石、有机宝石、观赏石、砚石等在全国分布不均(见附件)。

一、我国宝玉石矿带的划分

宝玉石资源的形成与大宗矿产的地质成因存在着广泛的联系。产地主要分布在大洋板块与大陆板块交界附近及陆内板块缝合线部位。目前,比较赞同的观点是将我国宝玉石成矿划分为六个成矿带。

(一)东部深断裂、褶皱构造成矿带

华北地区有着大面积的断裂分布,这些断裂的产生影响着金刚石的走向趋势。另外还发现,蓝宝石在这个地区的主要开采区也有着很大的开采量。另外,该矿带也分布着较少的尖晶石、岫石等宝石。

(二)天山－阿尔泰褶皱构造成矿带

背斜与断裂的复合带上也是宝、玉石矿产资源集中地开采地。这个地区著名的矿床就是阿尔泰宝石伟晶岩矿床。蓝宝石、水晶等宝石都是这个矿床盛产的,其中还存在着少量的金绿宝石等。

(三)阴山褶皱构造成矿带

由于 EW 向的影响,矿带受到了干扰,所以这个矿带的产区主要在海西和黄山的花岗伟晶岩以及热液蚀变带中。因此，这一矿带主要盛产海蓝宝石、石榴石、水晶等。乌拉山则开采出芙蓉石、紫晶等。

（四）昆仑－祁连褶皱构造成矿带

受 NWW 向的影响，昆仑一带也形成褶皱带，对和田玉的分布以及祁连岫玉的发展趋势都有着深远的影响。

（五）喜马拉雅褶皱构造成矿带

喜马拉雅矿带上的宝石种类非常丰富，现已发现的有蓝宝石、红宝石、翡翠等，都是非常珍贵的宝石。它的地质结构特殊，与缅甸的抹谷、阿富汗等地的红宝石矿床构造相似。我国的红宝石矿带也分布在此处。

（六）秦岭褶皱构造成矿带

这些矿带影响着宝玉石的发展走向。密玉、梅花玉、绿松石等大多都分布在这里。

二、我国宝玉石矿床的成矿类型

我国宝玉石矿床成矿类型可以分为岩浆岩型、花岗伟晶岩型、高温气液交代型、热液型、变质岩型、风化淋滤型、砂矿型、沉积岩型等几种。

（一）岩浆岩型宝玉石矿床

岩浆岩型宝玉石矿床包括金伯利岩型和钾镁煌斑岩中金刚石矿床，玄武岩中的蓝宝石、锆石、尖晶石及橄榄石矿床，杏仁状玻基粗面岩中的梅花玉矿床等。在铬铁矿形成中，可形成相对集中的自形－半自形橄榄石、辉石。在铬铁矿主矿产勘查开采中，这些橄榄石、辉石等值得重视，其结晶颗粒一般可能不大，但不能排除形成宝石级橄榄石和辉石的可能性。这类矿物虽然属于低档宝石原料，但是开发成宝石戒面、装饰附属品，在我国及东南亚国家都有一定的市场。辉石可用来刻成老板戒面，用作中高档镶嵌首饰，这已成为时尚。因而，结晶好、无裂隙、纯洁度高、光洁度好的辉石也是可开发利用的宝玉石资源。结晶好的辉石晶体，有的可切磨成辉石猫眼，使商业价值倍增。

（二）花岗伟晶岩型宝玉石矿床

我国伟晶岩型宝石主要有海蓝宝石、绿碧玺、彩色碧玺、水晶、紫晶、丁香紫、天河石、月光石、钾微斜长石等。我国最大的宝石伟晶岩矿床产在新疆阿勒泰。在内蒙古角力格太、云南贡山及元阳—金坪、湖南宜章等地也有产出。在华南地区的一些稀有金属矿产的勘查开发中，也应注意此类宝石资源的开发利用。

（三）高温气液交代型宝玉石矿床

高温气液交代型宝玉石矿床包括超基性岩交代岩型、云英岩型和接触交代型。超基性岩交代型宝石主要产在超基性与酸性岩接触带的绿泥石化、蛇纹石化等蚀变带中，是世界上翡翠、祖母绿、软玉、红蓝宝石等高档宝玉石的主要成因类型。我国山西代县的金红石、新疆萨尔托海的翠榴石等属于此类型。云英岩型宝石在我国产出较少，新疆青河县阿斯喀特尔和内蒙古化德县南英岩中发现过海蓝宝石。接触交代型（包括矽卡岩型）矿床中，大都有可开发利用的宝石矿物，如矽卡岩中的石榴石，这种石榴石呈透明到半透明，颜色有浅黄色、浅黄绿色或浅粉黄色，也有无色的，好的还有祖母绿色。其他如虎睛石（又称虎眼石）等罕见的宝石也可产在接触交代岩中。

(四)热液型宝玉石矿床

热液型宝玉石矿床在我国分布很广,例如玛瑙、金红石、贵翠、萤石、碧玉、鸡血石、田黄玉、青田石、寿山石、独玉等。在热液型金属矿产勘查开采中,应注意开发观赏石,如结晶好、形态奇异的矿物晶簇和具有观赏价值的矿物晶体等。

(五)变质岩型宝玉石矿床

变质岩型宝玉石矿床在我国分布很少,质量不高。但在国外,一些重要的宝石矿床往往产在变质岩中。四川龙溪玉软玉,产在片岩及白云质大理岩的强烈挤压破碎带中,是动力变质的产物。变质岩中的红宝石在我国云南、安徽等地都有发现。

(六)风化淋滤型宝玉石矿床

到目前为止,已发现并可利用的风化淋滤型宝玉石矿在我国主要有绿松石和孔雀石。位于秦岭褶皱带的湖北、陕西、河南交界处,共有绿松石矿点几十处,是世界上著名的绿松石产地,其中最大的矿床在湖北郧阳地区。与铜矿床关系密切的是孔雀石,分布在广东阳春和湖北石孙地区。颜色鲜艳、质量好的孔雀石可与质地高的、纯洁度好的绿松石比美。这类宝玉石虽属低档宝玉石,但在国内外颇有市场,尤其适宜制作各类款式的项链、耳坠和中小型工艺雕刻品。

(七)砂矿型宝玉石矿床

砂矿型宝玉石矿床是世界上主要的宝玉石矿类型,在我国也是如此。例如山东蓝宝石、云南红宝石都有砂矿型矿床。

(八)沉积岩型宝玉石矿床

沉积岩中的宝玉石资源在我国尚未被发现,但是在沉积成矿作用中,毫无疑问仍有待开发的宝玉石资源,例如在山东、陕西、河南等地发现并被利用的古生物化石,用来制作精美的艺术品,不失其宝玉石资源的利用价值。湖北省境内的由多种生物碎屑沉积形成的碳酸盐,其岩石致密、图像美观,用来雕刻各种款式的工艺品,可获得巨大的效益。

附件1

我国宝石的产地分布

钻石:主要产于辽宁、山东、湖南三省。辽宁钻石储量大、质量优。江苏及其他共10多个省(区)达到宝石级的金刚石产量少、规模小,未规模化开采。

红宝石:主要产于海南、新疆、青海、黑龙江、云南、江苏、安徽等省(区)。海南的红宝石已规模化开发利用;新疆的红宝石部分易采选,经济价值较高;青海的红宝石因资源未全部查清而停采;黑龙江的红宝石质量欠佳,仅零星开采;云南的红宝石质优者不多,但颜色很好;江苏、安徽等地的红宝石仅有零星发现。

蓝宝石:主要产于山东、海南、福建、江苏四省,它们号称中国四大蓝宝石产地。江苏蓝宝石虽储量大,但富矿不多,至今尚未规模化开采,其他三省现已规模化开发利用,其中山东产的蓝宝石开采规模最大。福建、新疆、江西产出的蓝宝石,有的具星光效应。

祖母绿：已发现产于云南、黑龙江、青海三省。

金绿宝石：在四川、云南、内蒙古有产出，黑龙江、福建、湖南为矿化点。

绿柱石：产于云南、内蒙古等20余个省（区），其中新疆绿柱石品种较全。

黄玉（托帕石）：主要产于云南、广西、湖南、四川等省（区）。常见的为无色和黄色两种，属中档宝石。

碧玺：产于新疆、内蒙古、云南、四川、西藏等省（区）。常见的为黑色和绿色两种。

石榴石：产于江苏、广东五华、新疆、陕西等地。有镁铝榴石、锰铝榴石、钙铝榴石、钙铁榴石、铁铝榴石等。多数以紫红色为基调，也有黄、绿色系列的，属中低档宝石。

锆石：云南产的锆石与蓝宝石、尖晶石共生，呈褐色，少量为粉红色，大多达不到宝石级；海南产的锆石以红色为主色调，加工出来的成品鲜艳美丽，但多数含有包体、裂纹，影响了质量；其他省（区）虽均有锆石发现，但多未开发利用。

橄榄石：主要产于河北、吉林。

辉石：主要产于河北、吉林、四川、新疆、内蒙古等地，主要有普通辉石和锂辉石两种。河北产的普通辉石已开发利用。吉林产的普通辉石虽尚未开发利用，但很有潜力。四川锂辉石资源丰富，有广阔的开发前景。新疆产的锂辉石，有的具猫眼效应。内蒙古等省（区）也发现有辉石。

水晶：主要产于江苏、海南、吉林、青海、广东、福建、西藏、新疆及其他省（区），其中以江苏年产量为最多，占全国年产量的半数，江苏东海素有“水晶之乡”的美誉。水晶一般为无色、紫色，少数为茶、烟、墨、黄等色，红色和绿色罕见。珍贵水晶品种有发晶、鬃晶、景观水晶、水胆水晶等。

芙蓉石：主要产于新疆、内蒙古、河南、江西、湖南、云南、青海等地，属石英质低档宝石，呈粉红色。新疆产的星光芙蓉石颇受欢迎。

磷灰石：主要产于安徽、新疆。

石英猫眼石：产于贵州省罗甸，是新发现的品种。

绿帘石：主要产于陕西、安徽。

透辉石：主要产于新疆，颜色鲜艳，透明度好；其稀有品种方柱石具猫眼效应，是较珍贵的品种。

红柱石：主要产于河南。

金红石：主要产于安徽。

锡石、白（黑）钨矿均主要产于江西。

天青石、鱼眼石在自然界中罕见，是一种珍贵的宝石。宝石级天青石主要产于江苏，宝石级鱼眼石则产于江苏。

附件2

我国玉石的产地分布

软玉：和田玉是产于新疆的软玉，是中国的名贵玉种，驰名中外，其雕刻品在国内外市场上深受欢迎，是新疆目前开发的主要品种。在四川、辽宁与江苏均发现了软玉矿床，具有较好的开发前景。台湾软玉也很有名，但由于逐年开采，产量减少，现已近于停采。

硬玉：宝石级的硬玉在我国发现极少。

蛋白石：主要指欧泊，因欧泊的主要成分为蛋白石。具有变彩效应的优质蛋白石，作为首饰原料，目前在国内还未发现。云南、陕西、江苏等地产的都是普通蛋白石，属低档玉料。云南产的普通蛋白石，加工效果不好，易碎，只能加工一些首饰和小件工艺品。

独山玉：以产于河南南阳独山而得名，石英质玉。质地细腻，色彩鲜艳。有时可采得1 000 kg以上的多彩大玉料，为制作巨型雕件创造了条件。

梅花玉：产于河南，用于制作玉镯、花鸟、器皿等工艺品。

五彩玉（九龙壁）：产于福建，早在明、清时代就已出名，玉石具有五彩缤纷、争奇斗艳之特点，资源丰富，开采条件好。

蔷薇辉石（桃花玉、京粉翠）：主要产于湖南、四川、青海、北京、江苏等地，是较好的玉雕原料。湖南生产的石狮子、大象以及花、鸟、鱼、虫，栩栩如生。四川用其雕琢的兽类，特别是用其雕琢的门狮，曾为国内外人士抢购的热门货。北京由于储量逐年减少，目前处于零星开采状态。青海尚未专门开采，仅在开采锰矿时，顺便少量采出。江苏至今尚未开发利用。

绿松石：主要产于湖北、陕西、安徽、青海、新疆，在江苏、河北、云南、四川、甘肃、河南等地均有少量产出。

孔雀石：主要产于湖北、广东、云南、新疆，在河南、江苏、四川也有产出。湖北孔雀石色带清晰，质量上乘，但现已少见。

萤石：主要产于内蒙古、浙江、辽宁等约16个省（区），内蒙古萤石资源丰富，居全国前列，有绿、紫黄、无色等。萤石主要用于雕刻装饰品、陈列品，多用作其他玉石代用品，更多用作观赏石和矿物标本。

鸡血石：主要为产于内蒙古巴林的巴林鸡血石和浙江昌化的昌化鸡血石。

叶蜡石：主要为产于浙江青田的青田石、福建寿山的寿山石和江苏溧阳石。

巴林石、昌化石、青田石、寿山石和长白玉（高岭石）是中国"五大印章石"。此外，广绿玉（绢云母）、溧阳石、商雒翠玉（白云母）、平塘花石、黄陵玉、东兴石、紫袍玉带石等都是雕刻印章的理想材料。

第四节　国外宝玉石资源分布

世界宝玉石矿产资源分布广泛而又相对集中。宝玉石遍布五大洲，但集中分布在少数几个国家和地区，以东南亚、非洲、澳大利亚等地区和国家较多，欧洲资源则相对贫乏。

非洲中南部、澳大利亚西部和俄罗斯的西伯利亚是世界产出钻石最多的地区，斯里兰卡、缅甸、澳大利亚、巴西和哥伦比亚则是世界有色宝石的五大产出国。

一、亚洲

缅甸是世界上著名的有色宝石王国，盛产优质红宝石、蓝宝石和翡翠，以及其他各种宝石。缅甸的红宝石、蓝宝石是世界上质量最好的，曾产出一颗"鸽血红"红宝石，重 15.1 克拉，优质的蓝宝石是天鹅绒蓝。缅甸的翡翠产于隆肯地区，产出的翡翠也是世界上最好的。

斯里兰卡的宝石资源丰富、品种多、分布广。斯里兰卡宝石矿床规模巨大，许多是世界级超大型矿床，其特点是原始矿源层宝石丰度高，后期内成矿作用形成外生(砂)矿床。

在欧洲有琥珀、紫晶、黄玉、金绿宝石等。在俄罗斯有玉髓结核等。在西伯利亚有玛瑙、钻石、紫晶等。在远东有欧泊。在克兹库斯坦有萤石、翡翠、孔雀石等。在中亚有绿松石、玉髓等。在帕米尔地区有红宝石、方柱石、电气石等。在亚美尼亚和格鲁吉亚有玛瑙、绿松石等。俄罗斯还有独一无二的恰拉石。

尼泊尔的红、蓝宝石主要产于北中部靠近中国边境地区，由两个大型矿和一系列小矿床组成，矿床为大理岩型，脉石为方解石与白云岩，宝石具明显的颜色分带特征。

老挝地处欧亚板块与印度板块缝合线东侧，构造、岩浆活动强烈，宝石资源丰富，有很大的潜在价值。老挝位于柬埔寨—泰国宝石成矿带，具有多种宝石资源的远景。占巴塞省的蓝宝石砂矿多半来自波罗芬玄武岩。紫水晶主要产于该省流纹岩的晶洞或裂隙中。该省冲积物中还产出锆石和黄玉。绿柱石产于桑怒省伟晶岩岩墙群中，为最有远景的绿柱石带。

巴基斯坦有优质富铬祖母绿。产自西北部弗兰特省的祖母绿，呈美丽富铬的绿色，其颜色可与哥伦比亚祖母绿相媲美。所发现的蓝宝石，可能是一个新的"克什米尔"蓝宝石矿床。其红宝石与缅甸产的红宝石类似，商业级原料极为丰富。

越南蓝宝石产自南方平顺省、林同省、同奈省和多乐省的玄武岩分布区，产出的地质环境与东南亚和中国的碱性玄武岩中所产蓝宝石相似。这些地方的冲积与残积矿床都是通过风化和机械作用使宝石级刚玉富集而产生的。同时，也伴生有锆石、尖晶石和石榴石。

泰国是世界有色宝石之都，90%的红宝石和蓝宝石都产在尖竹汶和 TRAT 省的三个矿区。第一区位于尖竹汶以西，为泰国最著名的蓝宝石矿区；第二区横跨尖竹汶和 TRAT 省，包括 21 个红、蓝宝石矿区；第三区位于 TRAT 省，只产红宝石，其红宝石颜色最好。目前，桂河桥为泰国主要蓝宝石矿区。

印度除产金刚石外，还产有世界上价值最高的蓝宝石，称为"克什米尔蓝"，是蓝宝石中的珍品，另外还产有多种有色宝石。

二、非洲

南非金刚石资源十分丰富，金刚石年产量曾超过 1 000 万克拉，近几年也有 800 万～1 000 万克拉，其中宝石级金刚石占 35%，是世界上最大的钻石生产国。戴比尔斯是南非最具代表性的钻石矿之一，也是世界最主要的钻石出口基地之一。

博茨瓦纳有丰富的金刚石资源，各种级别金刚石储量近 4 亿克拉，其中宝石级和近宝石级金刚石资源量居于世界前列。金刚石主要分布在靠近南非和津巴布韦的东部卡拉哈里地区。博茨瓦纳的其他宝石还有玛瑙和光玉髓。

刚果金刚石工业储量 1.5 亿克拉，基础储量 3.5 亿克拉，主要以工业金刚石为主。矿床类型有冲积型和原生型两种，砂矿主要集中在开赛河流域，以奇卡帕河为中心的西部地区，原生型矿床主要分布在以巴克旺为中心的姆布吉马伊地区。

纳米比亚金刚石储量丰富，主要分布在纳米比亚南部和南非接壤的奥兰治河流域一带以及大西洋沿岸一带，为砂矿型，分布面积广，宝石级金刚石超过90%。

坦桑尼亚金刚石成矿主要发生在太古代克拉通分布区内，有数以百计的金伯利角砾岩筒，其中大部分含金刚石，有经济意义的多集中在姆万拉—库尼昂加—图腊一带。

马达加斯加宝石多达50余种，是世界上著名的宝石产出国之一，有天然宝石矿的“博物馆”之称，其主要品种有电气石、绿柱石、石榴石、水晶、锆石、尖晶石、红宝石、蓝宝石、祖母绿等。宝石矿床的类型以伟晶岩及其次生的砂矿型为主，还有部分属变质和火山岩型。

三、美洲

美洲的宝玉石产地主要集中在西部的科迪勒拉—安第斯山脉一带和东部的巴西地区。该区盛产祖母绿、海蓝宝石、黄玉、碧玺、紫晶、橄榄石、绿松石、软玉等。哥伦比亚出产世界上最好的祖母绿晶体，其产量占全世界总产量的75%，总价值居各种有色宝石之首。美国是世界上产宝石较多的国家，圣地亚哥的喜尔拉雅矿床是世界上最大的碧玺矿床之一，科罗拉多、亚利桑那、内华达等州有世界上最大的绿松石矿，其质量仅次于伊朗优质绿松石。

巴西是世界上宝石品种最丰富的原料生产国，包括数量可观的极具经济价值的祖母绿、海蓝宝石、电气石、黄玉、变石、金绿猫眼、欧泊及紫晶、金绿柱石、玉髓等。巴西东部分布有祖母绿矿床，巴西是世界上重要的祖母绿产出国。

四、大洋洲

大洋洲的宝玉石资源主要分布于澳大利亚，该国是世界上宝石大国之一，主要有金刚石、红宝石、蓝宝石、欧泊等品种。澳大利亚的南威尔士是宝玉石之乡，其中欧泊和蓝宝石在宝石工业中居重要地位，到20世纪末，该州就已发现了许多贵重宝石品种。

澳大利亚的昆士兰州有蓝宝石、绿玉髓，宝石资源的找矿潜力很大。优质的澳玉、欧泊在昆士兰和新南威尔士边界呈带状出现，并发现有出色的黑欧泊矿床。

南澳洲也发现了金刚石，澳大利亚西部还发现了大的含金刚石金伯利岩岩筒和冲积砂矿床。

第二章 矿床学总论

第一节 矿床学概述

矿床学是一门既古老而又新颖的学科，它随着社会生产特别是矿业生产的发展而产生，同时又随着近代科学理论与技术的发展尤其是矿业生产技术的进步而充实更新，形成了一门技术经济与地质学相结合的综合性学科。矿床学的发展大体经历了以下主要阶段。

一、近代矿床学的萌芽和初步发展阶段(16～17世纪)

虽然人类对矿产的认识远自史前时期，但作为一门自然科学的近代矿床学，其形成和发展始于16世纪中叶。当时正处在资本主义生产方式的雏形阶段，由于采矿冶金业的发展，在找矿实践中逐渐积累了关于矿床学的丰富知识，因而有些学者能进行初步地归纳和总结，进而提出早期的成矿理论。

二、成矿理论的形成与发展阶段(18～19世纪初)

自18世纪以来，对矿床成因解释最有代表性的是“水成论”和“火成论”两种学术观点。水成论者(Neptunist)认为所有岩石和矿床都是在大洋水中沉积形成的，而且所有脉体，包括矿脉也是这样形成的。这一学派的代表人物是德国弗莱堡矿业学院的维尔纳(1755年)。到19世纪初，波伊(1822年)和尼克而(1832年)都指出火成岩与矿床之间存在着联系。火成论者(Plutonist)否认地球内营力在地球发展演化中的作用，他们提出，硅酸盐和硫化物都不溶于水，因此矿石只能是地球深部火成的溶液或溶化物质注入地壳裂隙中而成的，这一认识的代表人物有美国人郝屯(1726～1797年)等。这场“水火之争”尽管在两派的学术观点上都有事实根据和认识上的片面性，但在矿床学发展初期，促使人们收集大量矿床实际资料，推动了人们对矿石、岩石的成因研究，因而在一定程度上促进了矿床学的发展，对矿床学理论的建立起了很大的作用。

三、矿床学全面发展阶段(19世纪中叶至20世纪初)

19世纪中叶至20世纪初由于资本主义工业发展迅速，冶金、电器、能源等工业对矿产的需求猛增，扩大了对铁、锰、铬、铜、铅、锌、钨、锡、钼、煤炭、熔剂材料等的需求量，促进了采矿实业的发展，极大地推动了矿床地质研究。一大批矿床地质学者在投身于实践研究的同时，从不同角度提出了一系列矿床成因的概念和比较系统的矿床形成理论体系，使矿床学成为一门新颖而独立的学科。由于该时期矿业技术水平的限制，主要是开采较富的矿石和地下浅部的矿石。产在火成岩体内部或其附近的矿床，以其矿石较富、数量众多、分布广泛而成为主要的找矿和采矿对象，与之有关的岩浆热液成矿研究受到广泛重视。以美国的W.林格仑、艾孟斯，瑞士的尼格里，挪威的J.H.L.伏格特，德国的斯奈特洪，苏联的A.E.费尔斯曼、C.C.斯米尔诺夫、A.T.别捷赫金等为代表，建立了"岩浆－热液成矿"观点为主导的学派。他们认为大部分金属矿床都与岩浆－热液作用有关。这些观点逐步地系统化，从而发展成为岩浆－热液成矿论，影响矿床成因认识整整达半个世纪之久。

四、矿床学快速发展阶段(20世纪)

20世纪是人类历史上发展最快的一百年，矿床学也得到了迅猛发展。20世纪所发现的矿产资源都是空前的，因此可以毫不夸张地说，20世纪是矿业世纪。20世纪初期以来，由于工业经济逐步发展，矿产资源的大规模开发与利用，被开采的矿床日益增多，提供了丰富的矿产地质方面的信息，促进了矿床学研究的全面展开，加之物理、化学、地质学等其他学科的发展，人们对矿床的认识程度逐步提高，越来越逼近于真实，形成了许多新的成矿理论。同样，人们找矿能力日益增强，新的矿种、矿床不断被发现和开采，为经济的发展提供了不可或缺的物质基础，因此在一定程度上促进了人类的发展与进步。

20世纪60年代以来，物理学和化学广泛地渗透到地球科学中，测试方法和技术的提高、实验地质学与野外地质的结合，成岩成矿实验研究的广泛开展，使矿床学的理论研究由单纯的现象分析进入到实验论证阶段。与此同时，矿床学的边缘学科有了较快的发展，这一时期发展和创立了同位素地质学、矿床地球化学、地球物理学、数学地质、海洋地质学等，它们不同程度地促进了矿床学理论的发展。尤其20世纪六七十年代，板块构造学说的建立和发展是地质学的一次重大革新，也为成矿作用时空背景研究提供了新的契机，极大地推动了矿床形成的宏观分析，对区域成矿理论的发展具有决定性意义。

我国矿床学的研究始于新中国成立以前。20世纪30年代起，翁文灏、谢家荣、孟宪民、丁道衡、徐克勤、冯景兰、王竹泉等一批地质学家先后发现或调查、指导了白云鄂博铁矿、攀枝花铁矿、个旧锡矿、东川镍矿、赣南钨矿、湘黔汞矿等金属矿产及若干煤、石油和非金属矿产，发表了不少论文和专著，为中国矿床学的发展铺下了基石，但由于当时恶劣的政治、社会环境和有限的经济技术条件，作为一门专业学科来说，矿床学的发展极为迟缓。

新中国成立后，矿床地质工作得到了前所未有的重视。20世纪50年代起，一批老一辈矿床学家带领地质队伍对全国重点矿床进行了系统的勘察工作。程裕祺等在鞍山铁矿，郭文魁等在铜官山铜矿，宋叔和等在白银厂铜矿，王植等在中条山铜矿以及其他一些学者在大冶铁矿、白云鄂博铁矿、赣南钨矿等矿床进行了全面的矿床地质勘探和研究，撰写发表了一批重要的论著。与此同时，一批学者结合生产实践进行了矿床学科的专题研究，侯德封、叶连俊研究了我国锰矿的成因和分布规律，李瑛、王恒升研究了我国铬铁矿的类型和成因，李瑛、涂光炽等研究了祁连山地质及成矿作用，郭承基、司幼东开展了稀有金属矿床研究。他们的研究成果和发表的论著至今还指导着这一领域的生产、科研工作，为我国矿床事业的崛起和矿床学的发展奠定了基础。

第二节 矿产资源及其在社会发展中的意义

一、矿产资源及其特点

矿产，是自然界产出的由地质作用形成的有用矿物资源。“矿产”一词，实际上是经济学或者是商业上的名称。具体而言，是指天然赋存于地壳内部或地表，由地质作用形成的呈固态、液态或气态的具有经济价值或潜在经济价值的物质。就地质研究程度而言，矿产资源不仅包括已发现的并经勘查工程控制储量的矿床，还包括目前虽然未发现，但经预测（或推断）是可能存在的矿物质；从技术经济条件来说，矿产资源不仅包括在当前经济技术条件下可以利用的矿物质，还包括因技术进步和经济发展，在可预见的将来能够利用的矿物质。

矿产资源是一种重要的生产资料和劳动对象。矿产同其他生产资料一样，它自己不能变成人类的必需品，而只是生产人类必需品的物质和条件。因此，对矿产资源的开发、利用是人类社会发展的前提和动力。矿产与其他生产资料的区别在于矿产是由地质作用形成的，分布在地壳的局部地段，人类不能创造它，而寻找和开发矿产又具一定的难度。

与其他自然资源相比，矿产资源有其显著的特点。主要表现在以下方面：

（1）矿产资源的不可再生性。矿产资源是在地球几十亿年的漫长历史过程中，经过各种地质作用形成的，一旦被开采利用，在人类历史进程中则难以再生出来。地壳上优质易采的矿产资源总是愈来愈少。也就是说，在一定的技术经济条件下，有经济价值的矿产是有限的。地下水作为一种矿产资源类型，其资源虽然在某种程度上可以再生，但也不是用之不竭的，尤其是深层地下水资源的恢复也是需要经过相当长的地质历史才有可能。该种性质告诉我们在利用已有矿产资源的同时应“开源、节流”。所谓“开源”，就是加强已知矿产形成分布规律的研究，找寻更多的矿产资源。“节流”，即对已知矿产资源节约、保护、合理开发和利用，利用中增加科技含量，与此同时，注重人造岩石、矿物、原料等代用品的开发利用。

（2）矿产资源的分布是不均衡的。由于地质历史时期地球上成矿活动的差异极大，加之成矿物质在地壳内的分布本来就不均一，以及成矿地质条件的制约，矿产资源分布的不均衡性十分突出。例如，在29种金属矿产中，有19种矿产储量的3/4集中在5个国家。有的矿产高度集中在一些国家和地区。如南非金、铬铁矿等5种矿产储量占世界总储量的1/2以上；中国的钨、锑占世界总储量的1/2多，中国的稀土资源占世界总储量的90%以上。能源矿产中的煤主要集中在中国、美国和苏联，约占世界总储量的70%。石油则主要集中在海湾国家。智利国土面积相当于我国青海省，但铜矿资源量列世界之首。

（3）矿产资源概念的可变性。在自然界，矿产资源是以各种形态的地质体（矿床或矿体）的形式存在的，只有在技术经济条件适合的情况下，矿床才能被开发利用，否则得不偿失。换言之，矿床是一个地学概念，更是一个技术概念，随着技术经济条件的变化，矿床的概念也会发生变化。科学技术是不断进步的，社会经济也是不断向前发展的，因此很多原来被认为不是矿床的地质体正逐渐成为可供人类开发利用的矿床。矿产资源的这一特点还进一步导致了矿产资源在数量上的不确定性。由于界定矿床的技术经济条件在不断变化，这就使得矿产资源在数量上总是处于动态变化之中。

(4)矿产资源赋存状态的复杂多样性。矿产资源只有少部分出露地表，绝大多数隐藏在地下。矿体的形态、产状及与围岩的关系等因素的千变万化，不是热液和简单的模式所能概括。寻找、探明矿床需要进行大量的地质调查和矿床勘探工作。开采过程中，对尚未揭露部分的矿体了解不够，随时可能发生预想不到的变化。因此，探矿采矿工作具有很大的风险性。此外，随着生产的不断发展，采矿速度的加快，近地表的矿产资源日益减少，找矿任务也日益艰巨，开采、冶炼的条件日益困难和复杂。

(5)矿产资源具有多组分共生的特点。矿产资源主要以矿床形式存在于地壳中。由于不少成矿元素地球化学性质的近似性和地壳构造运动、成矿活动的复杂多期性，自然界单一组分的矿床很少，绝大多数矿床具有多种可利用组分共生和伴生在一起的特点。此外，同一地质体或同一地质建造内，也可能蕴藏着两种或更多的矿体。因此，在矿产勘查过程中，必须注意综合找矿、综合评价；在开发利用中，必须强调综合开发、综合利用。

二、矿产资源的分类

按矿产的存在状态，可分为气体矿产、液体矿产、固体矿产三种类型；按矿产的有机、无机属性，可分为无机矿产和有机矿产；按社会发展的不同历史时期，可分为传统、现代、新型矿产资源。

按矿产的性质和用途，通常分为金属矿产、非金属矿产、可燃有机矿产（能源矿产）及水资源四大类（目前最常用的分类方案）。亚类的划分，金属矿产一般按可提炼的金属及其特性分类，又分为黑色金属、有色金属、轻金属、贵金属放射性金属，及稀有、稀土和分散金属等；非金属矿产亚类划分多不一致，有的按矿物和有用岩石进行分类，有的按矿产的用途进行分类，本书主要按两种特征联合分类。

(1)金属矿产——从中可提取某种金属元素或矿物的有用矿物资源。按工业用途可细分为：

①黑色金属——钢铁冶金金属（Fe、Mn、Cr、V、Co、Ni、Ti）。

②有色金属——非钢铁冶金金属（Cu、Pb、Zn、W、Sn、Bi、Mo、Co、Ni、Sb、Hg）。

③轻金属——K、Al、Mg。

④贵金属——Au、Ag、Pt、Pt 元素：Pd（钯）、Ir（铱）、Os（锇）、Ru（钌）、Rh（铑）。

⑤放射性金属——U、Th、Ra。

⑥稀有、稀土和分散金属——RE（稀有）：Nb、Ta、Li、Be、Rb、Sr、Cs（铯）、Zr、Hf；LREE（Ce 组稀土元素）：La（镧）、Ce（铈）、Pr（镨）、Nd（钕）、Pm（钷）、Sm（钐）；HREE（Y（钇）组元素）：Eu（铕）、Gd（钆）、Tb（铽）、Dy（镝）、Ho（钬）、Er（铒）、Tm（铥）、Yb（镱）、Lu（镥）；分散金属：Se（硒）、Ga（镓）、Cd（镉）、Te（碲）、In（铟）、Re（铼）、Ge（锗）、Tl（铊）。

(2)非金属矿产——从中可提取某种非金属元素或可直接利用的有用矿物资源，前者如 S、P 等，后者如金刚石、云母、石灰岩、石英等。按其性质和主要用途又可分为：

①冶金工业原料——萤石、菱镁矿、耐火黏土、石灰岩等。

②化学工业及肥料工业原料——磷灰石、钾盐、黄铁矿等。

③工业制造业原料——石墨、金刚石、云母、石棉、重晶石、刚玉等。

④陶瓷及玻璃工业原料——长石、石英等。

⑤压电及光学原料——压电石英、光学石英、冰洲石、光学萤石等。

⑥建筑业及水泥原料——砂、浮石、花岗岩、石灰岩、珍珠岩、石膏、白垩等。

⑦宝石及工艺美术材料——硬玉、软玉、玛瑙、水晶、琥珀、绿柱石、金刚石、石榴石等。

(3)可燃有机矿产——固体(煤、油页岩、地蜡、地沥青)、液体(石油)、气体(天然气)。

(4)水资源——地下饮用水、医疗矿泉水、地下热水及可提取某些有用元素的卤水。

三、矿产资源在社会发展中的意义

矿产资源是人类社会存在与发展的重要物质基础。目前,社会生产所需的80%以上的工业材料、95%以上的能源、70%以上的农业生产资料、30%以上的饮用水来自矿产资源。因此,矿产在很大程度上决定着社会生产力的发展水平和社会变迁。从石器时代到青铜器时代、铁器时代,以至现代的原子和电子时代,从木柴的燃烧到煤、石油、原子能的利用,人类社会生产力的每一次巨大进步,都伴随着一次矿产资源利用水平的巨大飞跃。矿产的丰富及其开发利用程度是社会发展水平的一个标志,是衡量一个国家经济发展和科学技术水平的重要尺度。

矿产资源是矿业生产的劳动对象。因此,矿产资源在国民经济中的地位和作用是由矿业生产的地位和作用来体现的。矿业是指在国民经济中以矿产资源为劳动对象,从事能源、金属、非金属及其他一切矿物资源的勘查、开采、选冶生产活动的产业。矿业在人类近代的经济社会发展中率先从农业中分化出来,逐渐发展成为一个独立的产业,为现代化工业的发展准备了必要的物质基础。

在我国目前的国民经济和社会经济发展中,矿业的地位和作用体现在以下几个方面。

(1)矿业对经济稳定发展具有支柱作用。矿业与其他产业相比,有似"本"与"标"的关系。人类生存、发展所需的多种物质和能源,主要依赖于有机的生物产品和无机的矿物原料。它们主要来源于农业和矿业两大基础产业。矿业以矿产资源为劳动对象,其产品又成为后续产业的物质基础。尽管矿业和农业这两个基础产业部门在经济发达国家的国民生产总值中只占4.5%,但却支持了其余占产值95.5%的其他产业,其他产值都是对各类原料加工增值的结果。

(2)矿业是国民经济发展中的先行产业,其后关联效应大。矿业同种植业一样,它既表现了基础性,又表现出明显的先行性。一般来讲,为了满足若干年后矿产的社会需求,从任务设计到完全达到生产能力,估计需要8~15年的时间。

(3)矿业是后发经济效益辐射面宽的产业。在我国主要工业部门中,冶金工业、有色金属工业、电力工业、核工业、建材工业及轻工业等部门的生产,或以矿产品为其燃料和原料,或以矿产品为其主要产品。此外,矿产资源还是交通建设布局的依据之一。我国铁路运输中,煤、石油、钢铁、矿物性建材的运量,占总货运量的64%,占运营车数的60%。

其他如医疗保健、旅游、工艺美术,甚至考古等行业都与矿业有直接的横向联系。矿业直接关系到经济部门的稳定发展。

(4)“发展矿业”是实现现代化难以逾越的阶段。从发展看问题,我国矿业基础仍较脆弱,能源和原料的供需矛盾突出。主要表现在矿石产量低,人均矿石产量只相当于美国人均矿石占有量的7.5%,相当于苏联人均占有量的10%;产值低,只相当于美国的18.69%,占工业总产值的比重小,比苏联低1~3个百分点,和英国1979年的水平相当。矿业发展滞后,导致我国国民经济中能源、原材料等短缺,不得不大量依赖进口。据统计,“六五”期间我国累计进口钢材近5 000万t,占同期国内产量的24.6%;进口有色金属300万t,占同期国内产量的近50%;进口化肥6 700万t,占同期国内产量的20%。

我国目前仍处于工业化起步中期阶段,而且今后20~30年将是对矿物原料需求增长最快的时期,如不大力发展矿业,不仅难以扭转目前产业结构失衡的状况,而且今后的经济发展也将失去后劲。

进入21世纪以来,矿产资源的需求特点是能源需求量有所增长,新的能源矿产结构逐步形成。21世纪,人类对矿产资源的需求有增无减,正如2000年8月在巴西召开的第31届国际地质大会上的预测那样,到2050年的50年中,人类对矿产资源的需求量(金属)将是2010年的5倍。非金属矿产需求发展迅速,金属矿产需求相对减弱。在金属矿产中,铁合金金属发展滞后,有色金属需求稳定,贵金属需求有所增加。稀有金属的新用途不断增加。

第三节　我国的矿产资源概况

我国幅员辽阔,东濒太平洋,属太平洋成矿带外带的一部分;西依帕米尔高原,西南为世界屋脊的青藏高原,为特提斯－喜马拉雅成矿带之东边部分,隔喜马拉雅山与印度次大陆相望。从成矿角度看,世界三大成矿带都进入中国领域,所以矿产资源丰富,矿产种类较为齐全。我国已发现矿产171种,其中已探明储量的有156种,已探明储量的潜在价值居世界第三位(翟裕生,2002)。有的矿产储量相当丰富,稀土金属、钨、锡、钼、锑、铋、硫、菱镁矿、硼、煤等居世界前列。如我国钨资源量占世界总量的43%(主要集中在华南地区);我国稀土金属的储量仅内蒙古的白云鄂博一个矿床即相当于国外总储量的3倍;我国锑资源量占世界探明总量的44%。

由于我国人口众多,经济技术目前还不够发达,而大规模的经济建设对矿产的需求量则日益增加,已发现并能利用的矿产资源有相当部分目前还不能满足经济建设的需求。因此,我国目前矿产资源形式仍不容乐观,有些矛盾日益突出。当前,我国矿产资源的总体形势是:

(1)成矿地质条件多样,矿产资源比较齐全,但人均占有量偏低。我国矿产潜量总值居世界第3位(仅次于美国和苏联),是世界上少数矿产资源比较齐全的国家之一,但若以国土面积平均,则居世界第6位,人均资源产值低于世界人均产值的1/3,居世界第53位。一些矿产品大部分可以自给,部分有余并可出口。

(2)具有一些优势矿种的同时,尚有一些急需短缺矿种,制约着国民经济发展。我国约有20种矿产资源名列世界前列，如钨、锡、锑、锌、钛、钒、稀土、硫矿石、菱镁矿、萤石、重晶石、石膏、石墨、铌、钼、汞、锂、煤等。但有的矿产资源不足，如富铁、铜、钾盐、铬铁矿、金刚石、硼、钴、石油、天然气等，不少金属矿产需要进口。

(3)多数矿种以中小型矿床为主，缺少大型、超大型矿床，如金、磷、铀、锰矿等；

(4)多数矿种的贫矿多，富矿少。我国探明铁矿储量仅次于苏联、巴西，但富矿却只占6%，需要进口；铝土矿探明储量居世界第5位，但质量低，冶炼难。

(5)伴生矿多，单一矿种少，综合利用程度低，浪费严重。我国许多矿石都不是单一矿种，常伴有多种元素。据统计(翟裕生,2002)，我国25%的铁矿、40%的金矿、80%的有色金属矿和大多数地区的煤矿都有其他矿产与之共生或伴生。这有利于资源的综合利用，但也给选矿和冶炼带来不少难题。例如钒，91%产于磁铁矿中；锡也是如此，虽然储量大，但有相当部分分散于硅酸盐或氧化矿物中，难以选矿和冶炼。

(6)矿产的地域分布极不均衡，有不少重要矿产位于边远地区。如北方富煤，南方富磷，需"南磷北运，北煤南调"；许多重要矿产资源位于边远地区，如西藏的铬铁矿、铜，新疆的石油和镍，广西和云南、贵州的锰、锡、铝土矿等，由于交通条件、自然地理条件等影响，开采较为困难。

此外，随着现有矿产资源的开发利用，隐伏矿多、露天矿少，找矿和开采难度越来越大，以及大型矿山资源接替明显不足等矛盾也日益突出。

需要说明的是，一个国家的矿产资源情况不是固定不变的，它随着社会经济的发展和科学技术水平的提高而呈现动态变化。从世界矿产资源发展的趋势来看，今后很长时间内矿产的储量和产量虽然不断生长，但是增长的速度却逐步降低，投资效益逐步下降；找矿难度越来越大，找矿方向从地表、浅部向地壳深部，从陆地向海洋发展；找矿重点从着眼于找含有用组分高的矿产，不得不转向找含有益组分较低的矿产。尽管再生性矿产品和代用品会减轻人类面临的资源不足的压力，但是这种压力并不会从根本上改变。在发展的21世纪，只有重视和把握矿产资源的形势和变化，加强对矿产资源形成条件和分布规律的研究，有针对性地进行地质探矿工作，查明更多的急需矿种资源，努力扩大矿产资源储量，才能满足社会主义建设需要。

在21世纪，矿产勘查也呈现出新的特点：

(1)找矿从发达地区逐渐转向边远地区，从发达国家转向发展中国家和欠发达国家；

(2)从陆地转向海洋；

(3)从地球浅部向地球深部发展；

(4)从主要寻找传统的矿产资源转向寻找非传统的矿产资源；

(5)新世纪的矿产勘查与开发要求和生态环境协调发展，走绿色矿业之路。

因此，新世纪的矿产勘查变得更为复杂和困难。要求有更多的资金投入、更科学的勘查技术、更实用的勘查理论和更具创新思维的勘查人员。

第三章 有关矿床的基本概念及基本理论

第一节 有关矿床的基本概念

一、矿床

矿床是地壳中由地质作用形成的，其质和量符合当前的经济技术条件，而能被开发和利用的地质体。

二、矿田、成矿区、成矿带的概念

（1）矿田：指地壳上某一成矿显著地段，存在着在地质构造、物质成分和成因上具有显著联系的两个以上矿床或矿点，面积一般为几十至百余平方千米。

（2）成矿区：也称成矿省，是在地壳中某种或某些矿产大量集中的地区，面积可达数千至数万平方千米。如胶东金矿成矿区、安徽铜陵铜金成矿区等。

（3）成矿带：全球性的成矿地带，面积几十万至几百万平方千米，如环太平洋成矿带、古地中海－喜马拉雅成矿带、长江中下游成矿带。

第二节 有关矿体的基本概念

矿床由两个基本部分（地质体）组成，这就是矿体和围岩。一个矿床可由单一矿体构成，也可由多个矿体组成。

一、矿体与围岩

矿体为矿石在三维空间的堆积体，通常构成独立的地质体。它占有一定的空间，具有一定的形态、产状和规模。矿体是构成矿床的基本单位，是矿山中被开采和利用的对象。

围岩有两重含意，一是指侵入体周围的岩石，二是指矿体周围的岩石，矿床学中主要指后者。矿体四周常被无实际价值的岩石所包围，这些围绕矿体产出的岩石，称为矿体围岩，简称围岩。矿体和围岩的界线可以是清晰的，如脉状矿体；但也可以是界线不清而呈逐渐过渡的，如由细脉浸染状矿石组成的斑岩型矿体。对于后者，则需根据化学分析结果，即根据矿石的边界品位加以圈定，凡未达到边界品位者，即为围岩。

根据矿体和围岩形成时间的关系，可把矿床分为同生矿床和后生矿床。

同生矿床是指矿体和围岩在同一地质作用下，同时或基本同时形成的矿床。例如，在表生沉积作用过程中形成的沉积矿床，岩浆结晶分异过程中形成的岩浆分结矿床等。

后生矿床是指矿体与围岩分别在不同的地质作用过程中形成的，且矿体的形成时间明显晚于围岩的矿床。例如，穿切岩浆岩、沉积岩、变质岩的含黑钨矿石英脉是这些围岩形成后，在另一地质作用下，含矿热液沿断裂、裂隙充填结晶而成的，故属于后生矿床。热液沿裂隙充填、交代形成的矿床均为后生矿床。

除同生矿床和后生矿床外，自然界还存在另一类矿床，它们是在早期形成的矿床或矿体上，又受到了后期成矿作用的叠加，此类矿床称为叠生矿床。叠生矿床可以是不同地质时期成矿作用的叠加，也可以是不同成因矿化的叠加。我国内蒙古白云鄂博铁稀土矿床普遍认为是典型的叠生矿床，中元古代沉积作用形成了含稀土的贫铁矿床在海西期叠加了岩浆热液型富铌稀土矿化，最终形成储量居世界之首的超大型稀土矿床。

在研究矿床时，还常常涉及成矿母岩和矿源层的概念。给矿床形成提供主要成矿物质的岩石称为成矿母岩，或简称母岩。如充填于裂隙中的含黑钨矿石英脉，是由花岗岩侵位冷凝时析出的含钨气水热液运移至裂隙结晶而成的，所以花岗岩便是含钨石英脉矿床的母岩。又如纯橄榄岩结晶分异过程中形成了铬铁矿矿床，斜长－辉长岩分异晚期形成了钒钛磁铁矿矿床，橄榄岩和斜长－辉长岩分别是铬铁矿和钒钛磁铁矿矿床的母岩。在一些矿床中，矿体的围岩即是母岩，如由岩浆结晶分异作用形成的超镁铁质岩中的铬铁矿矿床，这种富镁质超镁铁质岩石就是铬铁矿矿床的成矿母岩。

根据近代矿床学的研究，不少矿床是受地层控制的，而这些地层中往往相对富集了某些成矿组分，但还未达到工业要求。如炭质页岩中的 Cu、Pb、Zn 含量可分别达到$(20\sim30)\times10^{-6}$、$(20\sim400)\times10^{-6}$和$(100\sim1\ 000)\times10^{-6}$，较一般同类岩石高数十至数百倍。其他还有含铜的页岩、含铅锌的白云岩等。当后来有热液在这些岩层中活动时，可使成矿组分发生活化和转移，并在附近有利的岩层和裂隙构造中富集成矿。这些能为后期热液活动提供成矿物质的岩层，称为矿源层。它与成矿母岩具有相似的意义。

习惯上，母岩常指能提供成矿物质的岩浆岩，矿源层是指提供成矿物质的沉积岩层。

二、矿体的形态和产状

正确认识矿体的形态和产状，对矿床研究、找矿、勘探、评价和开采工作，均有重要的指导意义。

（一）矿体的形态

矿体的形态是指矿体在空间的产出样式和形状。根据矿体在空间三个方向延伸情况的不同，可把矿体划分成不同的几何类型。

1. 等轴型矿体

等轴型矿体是指在空间的三个方向上，矿体的延伸状况大体相同，如矿巢、矿囊、矿袋等。此类矿体一般规模较小，直径几米至几十米。

2. 柱状型矿体

柱状型矿体是指在空间上一个方向延长（主要指垂直方向），其余两向不发育或缩短的矿体。如矿柱、矿筒、矿管等。这类柱（筒、管）体的横断面直径一般为几米至几十米。已知的最大直径（金伯利岩筒）达百米以上，延深达 1 000 m 以上。

3. 板状型矿体

板状型矿体是指在空间上两个方向延伸大,第三个方向不发育的矿体,如矿脉、矿层等。

矿脉是产在各种岩石裂隙中的板状矿体,属典型的后生矿床。按矿脉与围岩的产状关系,又可分为层状矿脉和切割矿脉两种。前者指与层状岩石的层理产状相一致的矿脉,是顺层充填和交代作用的产物;后者指产在岩体中的或穿切层状岩石层理的矿脉。矿脉的规模不等,大者可延长千米以上,一般在几十米至几百米。厚度通常只有几十厘米至几米,甚至达十几米至几十米。延深一般几十米至几百米,少数可达千米以上。

矿层一般是指沉积形成的板状矿体,矿体与岩层是在相同的地质作用下同时形成的,因此二者产状一致,多属同生矿床。也有人将产于超镁铁质-镁铁质杂岩体中的层状铬铁矿矿体称为矿层。矿层的厚度较为稳定,走向延伸较大,可达几千米到数十千米,沿倾向延深可与走向长度相仿,厚度常达数米至数百米。

4. 过渡型矿体

自然界许多矿体的形状,实际上介于等轴状与板状之间,或介于板状与柱状之间,而不属于上述三种类型的任一类型,从而构成三种主要几何形态之间的过渡类型,即过渡型矿体如透镜状、扁豆状矿体等。

5. 复杂型矿体

一些矿体产出的形态异常复杂或极不规则,在空间上变化多样,成群出现,这类矿体即复杂型矿体。这类矿体的形态与构造裂隙形态的关系极为密切。一般来说,断裂或裂隙的形态即矿体的形态,如网格状矿体、鞍状矿体、梯状矿体、马尾丝状矿体、羽毛状矿体等。

(二)矿体的产状

矿体的产状是指矿体在空间上产出的空间位置和地质环境,其完整含义包括以下内容。

1. 矿体的空间位置

形态较规则的板状矿体的产状,一般根据其走向、倾向和倾角确定。但对凸镜状、扁豆状以及柱状矿体等一些产状较复杂的矿体而言,除测量走向、倾向和倾角外,还需补充测定其侧伏角和倾伏角。侧伏角是指矿体的最大延伸方向(即矿体轴)与走向线之间的夹角;倾伏角则指矿体的最大延伸方向与其水平投影线之间的夹角;倾角是矿体最大倾斜线与其在水平面上投影线之间的夹角。确定这类矿体的侧伏角和倾伏角对矿床的勘探及开采都有重要的指导意义。

2. 矿体的埋藏深度

矿体的埋藏深度指矿体系出露于地表,抑或隐伏于地下。如矿体大部分出露地表,或由于产出浅经剥离后可以开采的,称为露天矿。而完全隐伏的称为隐伏矿,也称盲矿体。

3. 矿体与围岩层理、片理的关系

矿体是沿层理、片理整合产出,抑或穿切层理、片理。

4. 矿体与火成岩的空间关系

矿体与火成岩的空间关系指矿体产于岩体内,还是产在接触带或位于侵入体的围岩之中。

5. 矿体与地质构造空间关系

矿体与地质构造空间关系指矿体产于何种构造单元中的何种部位，与何种构造类型密切相关。

影响矿体形态和产状的地质因素很多，其中矿床的成因、围岩性质以及构造条件具有决定性的意义。

第三节　有关矿石的基本概念

一、矿物、岩石和矿石

通常认为，几乎所有构成我们星球的原子，早在地球形成时便已存在了。原子又以各种形式相互结合。在自然界出现的元素，只有很少几种呈游离状态，大多数结合于各种化合物之内。

元素在各种地质作用的影响下，通过结晶作用、升华作用、化学（反应）作用等途径可形成矿物。迄今为止，自然界已发现的矿物在 3 000～3 300 种。

在地壳中，以硅酸盐、碳酸盐、氧化物等造岩矿物分布最为广泛，其中硅酸盐类矿物和石英占大多数（占地壳总重量的 82.6%），是在工业上具有重要意义的矿物（造矿矿物），其所占的比重甚低。

矿物以集合体形式出现者，即构成岩石。岩石可以由单一矿物或两种以上不同的矿物集合体组成。

如果岩石中含有经济上有价值、技术上可利用的元素、化合物或矿物，即称为矿石（Ore）。换言之，矿石是从矿体中开采出来的，从中可以提取一种或多种有用组分（元素、化合物或矿物）的天然矿物集合体。矿石也称原矿、粗矿或毛矿。

可见，虽然矿石与岩石都是由地质作用形成的天然矿物集合体，但矿石中含有在一定技术经济条件下可被提取和利用的有用组分。简言之，矿石即一种可利用的特殊岩石。

二、矿石的矿物组成和元素组成

（一）矿石矿物与脉石矿物

矿石通常由矿石矿物和暂时无用的脉石矿物组成。矿石矿物（Ore mineral）亦称有用矿物，是指可以被利用的金属或非金属矿物。如铜矿石中的黄铜矿、斑铜矿，石棉矿石中的石棉等。脉石矿物则指那些虽与矿石矿物相伴，但不被利用或在当前技术经济条件下暂时不能被利用的矿物。如铜矿石中的石英、绢云母等，石棉矿石中的白云石等。不过，矿石矿物和脉石矿物的划分只有相对意义而无绝对界线，尤其随着人类对新矿物原料的要求不断增长和采、选、冶技术的提高，一些目前尚无利用价值的脉石矿物，将来有可能变为矿石矿物。

应强调的是，并不是所有金属矿物都是矿石矿物，同样并不是所有非金属矿物都是脉石矿物。

根据矿石中矿石矿物与脉石矿物的相对含量，可将矿石分为块状矿石（矿石中矿石矿物含量大于80%）和浸染状矿石（矿石中矿石矿物含量小于80%）。

（二）夹石与脉石

在一个矿体内，物质成分的分布有时是极不均匀的。在局部地段，有用组分含量可增大构成富矿段；而在另一局部地段，可以骤然降低而达不到工业要求。矿体内这些达不到工业要求而不被利用的部分，一般称为夹石。当夹石的厚度超出允许的范围时，就得从矿体中剔除。

一般将矿床中与矿石相伴生的无用固体物质称为脉石，包括脉石矿物、夹石、围岩的碎块等。它们通常在开采和选矿过程中被废弃掉。矿体中围岩碎块和夹石的含量过多，就相对降低了矿石的品位，一般称其为矿石贫化。

（三）共生组分与伴生组分

前已述及，矿石是从中可以提取的有用组分的矿物集合体。除主要有用组分外，矿石中共生组分和伴生组分也是重要的研究内容。

共生组分，是指矿石（或矿床）中与主要有用组分成因上相关、空间上共存、品位上达标，可供单独处理的组分。这些组分虽具经济价值，但在一定的经济技术条件下工业意义小于主要有用组分。

空间上，共生组分与主要有用组分既可共生于同一矿体中（即“同体共生”），也常表现为二者彼此分离，甚至各自独立圈定矿体（即“异体共生”）。

伴生组分，是指矿石（或矿床）中虽与主要有用组分相伴，但不具有独立工业价值的元素、化合物或矿物，其存在与否和含量的多寡常影响着矿石质量。据对矿石质量的影响，伴生组分可分为伴生有益组分和伴生有害组分。

伴生有益组分指矿石中除有用组分外，可以回收的伴生组分，或能改变产品性能的伴生组分。如铜矿石中的Au、Ag，镍矿石中的Co、Se、Te，铁矿石中的V、Ti、Mn、Co等组分。伴生有害组分则指矿石中对有用组分的选矿、冶炼、加工有危害的某些组分。如铁矿石中的S、P、As、Pb、Zn，金矿石中的As等。

伴生有益组分可以提高矿床的工业价值，有时还可以适当降低对主要组分的要求。因此，查明伴生有益组分的含量及赋存状态有重要的现实意义。矿石中伴生有害组分的存在对矿石质量有很大的影响。例如铁矿石中含硫高，会降低金属抗张强度，使钢在高温下变脆；含磷高又会使钢在冷却时变脆等，因此需要限制有害组分的含量。可见，伴生有益组分和伴生有害组分也是衡量矿石质量和利用性能的重要标志。

根据矿石中所含有用组分的情况，可把矿石分为简单矿石和复杂矿石两类。前者指从中仅能提取一种有用组分者；后者则指从中可以同时提取数种有用组分者。

三、矿石的结构和构造

矿石结构，是指矿石中矿物颗粒的形状、大小和相互关系。矿石结构类型主要取决于矿物颗粒的形成条件，它是研究矿物生成顺序的重要标志。矿石结构现象有大型和小型之分，大型结构用肉眼即可分辨，小型结构通常在显微镜下观察研究。矿石结构类型甚为多样，有由熔体和溶液中结晶形成的结构，由固溶体分离作用形成的结构，由再结晶作用形成的结构，由沉积作用形成的结构，由压力作用形成的结构等。最常见的矿石结构有等粒自形结构、不等粒结构、纤维状结构、环带状结构、叶片状结构、乳滴状结构、胶状结构、破碎结构、骸晶结构、草莓状结构等。

矿石构造，是指矿石中矿物集合体的特点，包括集合体的形态、大小以及集合体之间的相互关系。矿石构造类型主要取决于各类矿物集合体的形成环境，是确定矿床成矿阶段的重要标志。矿石构造类型的形迹规模较大，通常都可通过肉眼在矿石研究中辨认，部分构造类型需在矿体露头上观察确定，少量显微类型则需通过显微镜确定。矿石构造类型甚为复杂多样，其中最主要和最常见的有块状构造、浸染状构造、斑点状构造、条带状构造、脉状构造、角砾状构造、梳状构造、环带状构造、晶簇状构造、鲕状构造、胶状构造、揉皱构造等。

矿石结构和矿石构造统称为矿石组构。矿石组构研究对认识矿床形成的物理化学环境，阐明矿床形成作用和形成过程具有重要意义，能为论证矿床成因提供重要信息。矿石组构研究还可了解矿床形成后的次生变化特点，矿石矿物的分布、粒度、形态等，可为矿石工业评价、技术加工工艺等提供重要数据资料。

四、矿石的质和量

（一）矿石品位及其表示方法

矿石中有用组分达到一定的丰富程度时，才能被人们所利用。因此，有用组分必须集中，这种集中的最低要求，就是工业对矿石品位的最低要求。所谓矿石品位（Tenor of Ore），是指矿石中所含有的有用组分的单位含量。因矿种不同，矿石品位的表示方法也不同。大多数金属矿石，如铁、铜、铅、锌等，以其中金属元素含量的重量百分比表示；有些金属矿石的品位则以其中氧化物的重量百分比表示，如 WO_3、V_2O_5 等；大多数非金属矿物原料的品位以其中有用矿物或化合物的重量百分比表示，如钾盐、明矾石等；原生贵金属矿石的品位一般以 g/t（10^{-6}或 ppm）表示；原生金刚石矿石的品位以克拉/t（1 克拉 =0.2 g）或 mg/t 表示；砂矿品位一般以 g/m^3 或 kg/m^3 表示；金刚石砂矿常用克拉/m^3 或 mg/m^3 表示。

矿石品位是衡量矿石质量好坏的主要标志。在矿床或矿体中，矿石品位常不均匀，甚至变化较大，通常要划分区段，按科学而又严格的方法系统取样、分析化验，才能得知矿段或整个矿体、矿床的平均品位。

（二）边界品位与最低工业品位

在找矿勘探工作中，还常使用边界品位和工业品位两个概念。前者是指在当前经济、技术条件下用来划分矿体与非矿体界限的最低品位。它是在圈定矿体时对单个矿样中有用组分所规定的最低品位数值。如铜矿的边界品位为 0.2% ~0.3%，钼矿为 0.02% ~0.04% 等。后者又称最低工业品位，是指在当前经济、技术条件下可供开采和利用矿段或矿体的最低平均品位。如铜矿的工业品位为 0.4% ~0.5%，钼矿为 0.04% ~0.06%。只有矿段或矿体的平均品位达到工业品位时，才能计算工业储量。工业品位是随着经济技术条件的发展和需求程度而不断变化的。例如 19 世纪到现在，铜矿的工业品位自 10% 降到 0.5%，甚至一些大型铜矿床的工业品位可降到 0.3%。另外，不同的矿床类型，其工业品位的标准也是不同的。

一般而言,工业品位主要取决于以下几个因素。

1. 矿床的规模

矿床的规模愈大,工业品位要求愈低。如对钼矿来说,大型矿床的工业品位为0.06%,而小型矿床则为0.2%~0.3%。又如大型残余硅酸盐镍矿,工业品位为0.5%,而小型的则要求为0.7%~0.8%。

2. 矿石综合利用的可能性

如在斑岩型铜矿床中伴生的钼,只要达到万分之几便可综合利用。由于钼等有用元素的存在,扩大了矿床的工业价值,因此对铜的工业品位要求也可适当降低。

3. 矿石的工艺技术条件

如钛矿石,对不易冶炼的钛铁矿矿石,要求其中的 TiO_2 含量不得低于8%~10%;而对易冶炼的金红石矿石,则 TiO_2 含量达到3%~4%时即有工业价值。对于自熔性铁矿石品位要求也比非自熔性铁矿石品位要求低。如菱铁矿矿石就比磁铁矿矿石的工业品位低,因在冶炼菱铁矿矿石时,可以不加或少加熔剂。

(三)矿石储量

储量是指经地质研究并利用地质勘探技术手段(如钻探、槽探、井探、坑探等)查明的矿产储藏量,是衡量矿床规模的重要依据。储量是根据矿石的体积、矿石的体重和其平均品位,按特定公式计算求得的。

矿石储量的单位,对于不同矿产往往不同,还有重量单位和体积单位之分。多数矿床以重量计算,通常单位为吨(t),如黑色金属(铁、锰、铬)、一般非金属(磷灰石、钾盐、石棉等)、稀有分散金属(铌、钽、锗等)、一般有色金属(铜、铅、锌等);稀少的贵金属(金、银等)常以千克(kg)为单位;一般建筑材料、石英砂等非金属矿产通常只计算体积,单位为立方米(m^3)。

各种矿产都要估算矿石储量,而有色金属、贵金属及稀有分散金属还要同时估算金属(或有用组分)储量。

显然,储量与品位之间存在密切关系。一个矿床的储量是随着最低工业品位的变化而变化的。不同矿产的储量表示方法不尽相同。如:黑色金属和非金属矿产主要以矿石量计算;贵金属、有色金属、稀有金属、稀土金属和放射性金属多以金属量计算;WO_3、BeO、V_2O_5、Nb_2O_5、Ta_2O_5、Li_2O、Cs_2O、ZrO_2、TiO_2、Cr_2O_3 等主要以化合物量计算矿产储量;而一些特种的非金属则以矿物量表示矿产储量,如金刚石、压电石英、冰洲石、云母、石棉、石墨等。

(四)矿石品级

矿石品级(或称技术品级、工业品级),主要是指根据矿石的品位及有益和有害组分对矿石质量划分的不同级别。例如磁铁矿矿石可分为平炉富矿石(TFe>55%)、高炉富矿石(TFe>50%)和需选矿的贫矿石(TFe>20%~25%)。对于某些非金属矿石,主要根据矿石或矿物的工艺技术特性以及不同的用途和加工方法,划分为一级品矿石和二级品矿石,如云母、石棉等。矿石品级的划分,同样是随着选矿和工艺技术的发展而变化的。在矿床勘探工作中,查明不同品级矿石的分布和储量,对资源的合理开采和利用是很重要的。

在评价某些非金属矿石时，除对矿石品位、伴生有益和有害组分有所要求外，还要对矿石的物理性能提出要求，例如水晶的压电效应和光学性能，云母的分剥性和绝缘性能，石棉的韧度和长度，蛭石和珍珠岩的膨胀率，滑石的洁白度以及煤的结焦性等。

由上可见，矿石的范围是可以随着生产的发展和工艺技术的改进而发生变化的。例如铂，早在两百多年前就已发现，西班牙政府曾在1753年颁布的一则法令中，把铂视为有害杂质而责令除去砂矿中与金一起采出的铂。可是当发现了干冶炼制取铂的方法，同时查明了铂的可贵性质后，铂便成为工业上极为重要的金属之一。

第四节　成矿作用总论

矿床是通过各种地质作用将分散于上地幔和地壳中的有用物质和成矿元素集中而形成的。简而言之，如果有用组分集中到可被人们开采、利用，这种地质体便是"矿"，否则就是一般的"岩"。矿床的形成是个概率极低的自然过程。例如，根据计算结果，目前世界上保有的探明金属储量，只相当于大陆地壳中金属总量的百万分之几至十亿分之几（任启江等，1993）。因此，只有在特定地质、物理化学条件下，成矿元素才得以集中成矿。查明有用矿物集中的条件、成因、方式和过程，是矿床学研究的中心课题之一。

一、影响矿床形成的主要因素

影响矿床形成的主要因素有以下几个方面。

（一）元素在地壳及上地幔中的分布量

矿床是地壳的一个组成部分。成矿物质主要来自地壳和上地幔。因此，了解元素在地壳及上地幔中的分布量，对研究矿床的成因和分布规律具有重要意义。

在矿床学的研究中，首先遇到的一些重要问题是，为什么有些元素能形成巨大的矿床（如铁、煤），有些只形成小规模的矿床（如金、汞）；有的则不能形成独立的矿床而呈分散的形式分散于其他矿床中（如镓、锗等）；有的元素成矿概率大，有的则相反；有的元素在矿石中含量高，可达百分之几到百分之几十，而有些却很低，只有10^{-6}。造成上述差异的原因很多，但其中最重要的是这些元素在地壳甚至地球中的分布数量或"丰度"。因此，我们应首先了解元素在地壳及上地幔中的分布规律。

表征元素分布的几个基本概念如下：

（1）元素丰度值：元素在地壳及上地幔和地球中的平均分布量。

（2）克拉克值（Clark Value）：某种元素在地壳中的平均含量，也就是说，一种元素只有一个克拉克值，如Au的克拉克值为4×10^{-9}；Fe的克拉克值为6%；Cu的克拉克值为0.01%。

（3）浓度克拉克值：某种元素在某一地质体中的平均含量与该元素克拉克值的比值，用N表示，$N>1$时，该元素相对富集；$N<1$时，该元素相对分散。

（4）浓度系数：元素在地壳中集中到能成为矿床的程度，为工业品位与该元素的克拉克值之比。

元素在地壳(或岩石圈)中的平均含量与矿床形成之间有一定的内在联系。首先,元素分布量会影响各类元素成矿概率的高低,一般情况是克拉克值高的元素容易形成矿床,因而世界上探明的矿床储量也较多,如 Fe、Mn、Al 等。但这种关系并非绝对的,例如 Rb 在地壳中的丰度远高于 Pb 和 Cu,但 Pb 和 Cu 矿床探明储量远大于 Rb,这是由于 Rb 的地球化学性质接近 K,使其容易分散于含 K 的岩石中构成类质同象置换。其次,元素分布量会影响到工业品位要求的高低,克拉克值越高的元素,通常其最低工业品位要求也较高。另外,元素分布量还影响到过程矿床时元素所需富集倍数的大小,一般情况下,元素的平均含量越高,则构成矿床所需富集的倍数越小,成矿可能性越大。

此外,元素分布量还影响到矿床规模划分的标准,元素的平均含量越高,往往构成大型矿床时对其储量的要求也较高,形成独立矿床的过程也越复杂,如克拉克值高的元素 Al、Mn、Fe、P 通过沉积作用即可成矿,而克拉克值低的元素 Au、W、Be、Sn、Li、B 等通常需要长期反复的地质过程,在更特殊的条件下才能形成矿床。

元素分布量只是影响成矿与否的因素之一,而不是主导因素,仅在一定条件下,对矿床形成过程和条件产生间接影响。影响矿床形成的直接原因是元素本身的地球化学性质和成矿的地质、物理化学条件。

(二)元素本身的地球化学性质

元素富集成矿的可能性,并不完全取决于元素在地壳(或岩石圈)中的含量,还取决于元素的地球化学性质。如金的克拉克值相当低,仅为 4×10^{-9},但其有较强的聚集能力,因而在地球中有大型金矿床产出;又如一些稀有和分散金属,它们的克拉克值在相当程度上超过了一些常见金属,但它们却很少聚集形成矿床,甚至不能形成独立矿床,如 Ga、Pb、Sb 的克拉克值分别为 0.001 8%、0.001 2%、0.000 06%,但 Pb 和 Sb 均能形成规模巨大的独立矿床,而 Ga 是典型的分散元素,极少能形成独立矿床。

在一定的地质和物理化学条件下,不同类型的元素可以出现不同的地球化学行为,而地球化学性质相近的元素,可以呈现出相似的地球化学行为,并在同一矿床中出现,即产生不同成矿元素的共生或伴生现象。地壳中,特别是矿床中,元素间常呈有规律的共生关系。研究地质作用中元素共生的基本规律,对于了解各类元素组合的迁移富集和矿床的形成具有重要意义。

B. И. 维尔纳茨基提出浓度克拉克值的概念。某元素的浓度克拉克值为其在某一地质体(矿床、岩体或矿物等)中的平均含量与克拉克值的比值。它表示某种元素在一定的矿床、岩体或矿物内浓集的程度。当浓度克拉克值大于 1 时,即意味着该元素在某地质体中比在地壳中相对集中;小于 1 时,则意味着分散。例如,锰的克拉克值为 0.1%,则软锰矿中锰的浓度克拉克值为 632,而含锰 50% 的硬锰矿中的浓度克拉克值为 500。因而,浓度克拉克值在研究元素的集散或在找矿实践中都是有意义的。

元素在地壳中集中到能成为矿床的程度,可用浓度系数来表示。所谓浓度系数即是工业品位与该元素的克拉克值之比。例如铁的克拉克值为 5.8%,工业品位为 30%,则浓度系数为 5,说明地壳中的铁必须富集 5 倍以上时,才能成为矿床。又如铜的克拉克值为 0.006%,工业品位为 0.5%,必须富集 80 倍才能成为矿床。一些元素的浓度系数见表 3-1。

表 3-1 元素浓度系数

元素	克拉克值（%）	工业品位（%）	浓度系数	元素	克拉克值（%）	工业品位（%）	浓度系数
Al	8.3	25	3	Pb	1.2×10^{-3}	1	833
Fe	5.8	30	5	Be	1.3×10^{-4}	0.4	3.76
Ti	0.64	10	18	As	2.2×10^{-4}	2	9 090
Mn	0.13	20	154	B	7.6×10^{-4}	5	6 578
Cr	0.011	10	909	Mo	1.3×10^{-4}	0.06	461
V	0.014	0.5	36	Sb	6×10^{-5}	1.5	25 000
Cu	0.006 3	0.5	79	Bi	4×10^{-7}	0.5	125 000
Ni	0.008 9	0.3	34	Ag	8×10^{-6}	0.02	2 500
Li	0.002 1	0.5	238	Hg	8×10^{-6}	0.08	10 000
Zn	0.009 4	2	213	Au	4×10^{-7}	0.001	2 500
Sn	0.7×10^{-4}	0.2	1 176	Pt	5×10^{-6}	0.000 15	30
Co	0.002 5	0.03	12				

（三）成矿体系的物理化学条件

成矿体系的物理化学条件是指影响成矿过程中元素迁移富集行为的外在因素，如温度、压力、各种组分的浓度（或活度）、pH、Eh 值以及生物和生物化学作用等。

由于成矿过程总是发生在一定的地质环境中，因此地质环境必定会对成矿过程产生重大影响。这种影响往往是通过成矿体系物理化学特征的改变显示出来的。

二、成矿作用及其类型

成矿作用是指在地球的演化过程中，分散在地壳和上地幔中的化学元素，在一定的地质环境中相对集中而形成矿床的作用。成矿作用是地质作用的一部分。因此，成矿作用和地质作用一样，按作用的性质和能量来源，可以分为内生成矿作用、外生成矿作用和变质成矿作用，相应地形成内生矿床、外生矿床和变质矿床。

1. 内生成矿作用

内生成矿作用主要指由地球内部热能导致矿床形成的各种地质作用。地球内部热能包括放射性元素蜕变能、地幔及岩浆物质的热能、在地球重力场中物质调整过程中所释放出的位能，以及表生物质转入地壳内部后释放出来的能量等。除与到达地表的火山活动有关的成矿作用外，内生成矿作用均是在地壳内部，是在较高的压力（深度）、温度及不同地质构造条件下形成的。内生成矿作用包括岩浆成矿作用和热液成矿作用两大类。

2. 外生成矿作用

外生成矿作用指发生于地壳表层，主要在太阳能的影响下，在岩石圈、水圈、大气圈和生物圈的相互作用过程中导致矿床形成的各种作用。除太阳能外，也有部分生物能、化学能、火山地区地球内部热能提供的能源。外生成矿作用可进一步分为风化成矿作用和沉积成矿作用两大类。

3. 变质成矿作用

变质成矿作用指由内生成矿作用和外生成矿作用形成的岩石和矿床，在其形成后如果地质环境发生改变，特别在区域变质作用时，因温度和压力的增高，会使原来的矿物成分、化学成分、结构构造、物理性质等发生不同程度的变化，或重新组合富集成为新的矿床，或使原矿床消失（如某些盐类矿床）。从本质上看，变质成矿作用属于内生成矿作用的一种不同形式。

此外，许多矿床的形成通常是长期成矿地质作用的结果，许多矿床甚至是经过多种成矿作用、多次成矿作用叠加而成的。因此，有人提出叠生成矿作用的概念（袁见齐等，1985），这是一种复合的成矿作用，在自然界是经常发生的，即在先期形成的矿床或含矿建造的基础上，又有后期成矿作用的叠加。这样，不但对原来矿床或含矿建造有所改造，而且常有新的成矿物质加入。如内蒙古白云鄂博稀土－铁矿床，据中国科学院贵阳地球化学研究所研究，在中元古代（约 15×10^8 年前）的沉积型含稀土的贫铁矿床基础之上，叠加了与海西期（约 3×10^8 年前）花岗岩有关的稀土－铌矿化。

三、成矿作用的主要方式

不同成矿作用的方式是不一样的，它们常常表现出许多不同的特点。

（一）内生成矿作用的方式

内生矿床的形成，最主要的是依赖于熔浆的作用和含矿气水溶液的作用。按其成矿的方式可分为以下几种。

1. 含矿熔浆的分异和结晶作用

当地下熔浆由起源部位侵入到地壳的特定位置时，由于温度和压力的降低而发生分异，其中所含的有用组分随着分异作用的进行而逐渐聚集起来。在此过程中，重力作用和动力作用是两个重要的因素。当重力作用占优势时，金属矿物往往由于其比重较硅酸盐矿物为大，而在分异过程中逐渐向下聚集，构成底部矿体。若在矿床形成时动力作用发挥重大影响，且由于含矿物质结晶温度较硅酸盐矿物为低，在分异结晶过程中成矿物质常聚集于残浆之中，在受到外部应力或自身内压力的影响下，这部分含矿残浆将被挤入已冷凝的岩体的碎裂部位（通常在岩体的边部和上部），构成贯入矿体。

2. 含矿溶液的充填作用

当含矿气水溶液在化学性质不活泼的围岩中流动时，因物理化学条件发生改变，其中的成矿物质沉淀在岩石的裂隙或空隙中，这种作用称为充填作用。引起充填作用的因素有溶液中矿化剂的散失、温度和压力的降低、溶液自身酸碱度的变化等。充填作用的实质是含矿溶液与围岩之间一般不发生化学反应和物质的交换。

由充填作用形成的矿体，具有以下特征：

（1）矿体的形状取决于被充填的裂隙形状，一般呈各种脉状体。矿体与围岩的接触界线清晰，多为突变而平整的接触关系。

（2）矿石常具特殊的构造，如对称带状构造、核状构造、晶洞和晶族构造、环状构造、角砾状构造等。

(3)矿物具有单向发育生长的特点,晶体一端一般发育完整。

(4)充填脉体中的矿物晶体,由脉壁(洞壁)向脉中心先后依次生长。晶体常平行排列生长并且垂直或近似垂直于脉壁,其发育的结晶面一般指向供应溶液的方向。因此,靠近脉壁的晶体是早期生成的,脉中心(晶洞内晶簇)是最晚生成的晶体。

3. 含矿溶液的交代作用

所谓交代作用是指溶液与岩石接触过程中,发生了一些组分的带入和另一些组分带出的地球化学作用,因此也称置换作用。例如,含矿溶液在运移过程中,与其周围介质(围岩)发生反应,在反应过程中围岩原有的成分发生溶解、排除,代之以新的矿物成分,此反应过程即称为交代作用。在交代作用过程中,岩石始终保持固体状态,并且保持体积不变。

交代作用是一种普遍的、极为重要的成矿方式,它比充填作用成矿要复杂得多。按交代特征可以分为扩散交代作用和渗滤交代作用两类。

扩散交代作用发生时,组分的移动是通过停滞的粒间溶液,以分子或离子扩散的方式缓慢地进行的。换言之,组分的带出和带入并非依靠溶液的流动,而是依靠组分的浓度差(浓度梯度)所引起的扩散过程进行的。扩散时,组分总是从高浓度向低浓度方向进行,因此浓度梯度便成为扩散的必要条件。扩散交代作用的效应半径为数十米。

渗滤交代作用的特征是,组分的带出和带入是借助于流经岩石裂隙的流动溶液进行的,即通过溶液的渗滤完成的。渗滤交代作用的效应半径较大,一般可达数百米。

由扩散交代或渗滤交代作用形成的矿床,通称为交代矿床。这类矿床的标志主要为:

(1)交代作用形成的矿体多呈不规则状,矿体和围岩的界线不清,而呈渐变过渡关系。

(2)矿体中常保存有未被完全交代的呈岛状残余的围岩碎块。有时,这些残余体往往仍保留原围岩的构造方位。

(3)矿体和矿石中常保存被交代岩石的结构和构造,如层理、交错层、片理、片麻理、斑晶以及化石等。有些大的构造外貌,如褶皱、角砾构造等有时也能保存下来。

(4)交代作用形成的矿物晶体,由于向各方向生长能力均匀,因此晶体各向发育完整。

(5)有些新矿物常呈现出被交代矿物的假象。

(6)矿石中发现不同类型的矿石结构和构造。

根据交代矿床的上述特征,一般易于和充填作用形成的矿床区别开来。不过,在自然界的成矿作用过程中,充填作用和交代作用经常是相互伴随的。严格地说,一个矿床的形成没有单纯的交代,也不会有单纯的充填。即使在明显的充填作用过程中,溶液和围岩之间的化学反应也是存在的。因此,当以充填作用为主时,交代作用表现微弱;反之亦然。

(二)外生成矿作用的方式

形成外生矿床的物质有岩石或矿物碎屑、胶体物质、易溶盐类和有机物质等。对于难溶的、沉重的微粒,多呈悬浮状或半悬浮状被地表水作机械搬运;另一部分则呈真溶液或胶体溶液状态被搬运。然而,不管以何种方式进行搬运迁移,物质的沉淀却并非同时,而是依一定的顺序依次沉淀(积)下来的。这种按一定顺序沉积物质的作用,称为沉积分异作用。

沉积分异作用，按其性质可分为机械分异、化学分异和生物分异作用。

1. 机械沉积分异作用

当砂、砾石、重金属矿物等碎屑物质被水流挟带离开原地之后，由于流速的逐渐降低，其挟带物质的能力也随之减小，最后则按微粒的大小、形状、比重和耐磨性等不同而依次沉积下来。一般来说，颗粒大和比重大的矿物或碎屑物质将首先沉积，颗粒小的和比重小的后沉积。碎屑的形状往往也会影响下沉速度，例如，一个球形体要比同等重量的薄而平的片状体具有较小的比面积，这样，前者就将比后者更早些沉积下来。因此，经常可以看到颗粒大的轻矿物与比重大而颗粒小的矿物共存，大片状的云母与细粒泥质沉积物共存。

2. 化学沉积分异作用

当物质以真溶液状态进行迁移时，通常按照沉积物的溶解度大小依次沉淀。这种以溶解度大小不同而顺序沉淀的作用，称为化学沉积分异作用。

在化学沉积矿床中，首先沉淀最难溶的物质，最易溶物质只是在最有利于沉淀作用的特殊条件下才能沉淀下来。氢离子浓度是一定的化学元素及其化合物的沉淀的指标，氧化－还原电位也具有很大的意义，因为环境中活泼氧的平均含量往往决定了成矿物质以何种化合物的形式发生沉淀。

3. 生物沉积分异作用

生物具有强烈的生命活动，通过生物活动所造成的物质分异现象非常普遍而且重要。例如，它会在盆地的某一地段，使多种化合物的堆积作用大大增强，生物的生长和堆积可造成碳、氮、磷、钾等元素的集中；植物躯体经泥炭化和煤炭化形成煤层，以低等生物为主的有机堆积可形成腐泥煤、油页岩和石油；硅藻的大量繁殖可形成硅藻土矿床等。

近年来还查明，生物有机质还积极参与了某些金属的富集过程。有机质在许多稀有、分散、放射性元素的表生地球化学循环或迁移富集过程中起着重要的、有时是决定性的作用。例如，铀常与煤、褐煤和页岩中的有机质共生，锗与煤共生，钒与沥青质页岩和石油共生等。生物分异常受气候和地理环境的控制。例如，温湿气候带的沼泽盆地是成煤的有利环境；温暖气候带的浅海最适于珊瑚的生长；大洋寒流与热流的汇合处，常发生生物磷块岩的堆积。

（三）变质成矿作用的方式

从本质上看，变质成矿作用是内生成矿作用的一种，但这里所指的变质成矿作用不包括岩浆岩的自变质作用和岩浆气水溶液的交代作用，也不包括沉积物在成岩阶段和表生阶段的各种后生变化，而主要是指地球内力影响，使固态的岩石或矿石不经过熔融阶段而直接发生矿物成分和结构构造改变的各种作用。

变质成矿作用就是在特定的地质和物理化学条件下成矿物质的迁移和富集过程。在地下深处，由于温度和压力的增高，成矿物质具有较大的活动性。在变质过程中，原来矿物或岩石中所含的结晶水、粒间水和层间水也可形成变质的气水溶液；在深变质作用条件下，岩石部分熔融产生一些类似岩浆的熔融体。从数量上来说，虽然它们在整个成矿过程中只占次要地位，但它们对促使成矿物质的迁移和富集都有相当重要的意义。在深变质条件下，由于构造变动常伴随有岩浆活动以及与之有关的热液活动，也可能参加变质成矿作用，带入新物质致使矿石质量产生变化。

变质成矿作用，按其产生的地质环境不同，可分为接触变质成矿作用、区域变质成矿作用和混合岩化成矿作用三类。

综上可见，矿床的形成方式是不同的。内生成矿方式和外生成矿方式的区别也是明显的。但应该指出，上述不同的成矿方式，有的既可在内生成矿作用中出现，亦可在外生成矿作用中出现。举例来说，在内生成矿作用的充填和交代过程中，矿质的沉淀也表现出不同的顺序，这实质上是矿质在溶液中的溶解度问题，也就是化学分异的表现；在外生成矿过程中，特别在成岩后期和期后，也常可发生充填和交代作用。因此，在一个矿床的形成过程中，成矿方式是交叉重叠出现的，而且有些矿床的形成既有内生成矿作用，也有外生成矿作用，即通过多种复杂的作用形成。

第五节　矿床的工业类型和成因类型

根据矿床的工业价值可进行工业分类，即矿床的工业类型（作为某些矿产的重要来源，在工业上起重要作用的矿床类型，称为矿床的工业类型）。

矿床成因分类是人们对矿床认识的概括和总结，它对于人们系统了解矿床成矿作用过程，研究和总结矿床形成条件，分析成矿规律，指导找矿勘探均有重要意义。在一定意义上说，矿床成因分类也是学习矿床学的重要指导性纲目。然而，要提出一个圆满解释各类矿床的分类方案是比较困难的。这就是为什么矿床分类研究已经历了两个多世纪，直到现在还没有一个为普遍接受的矿床成因分类方案的原因。18 世纪起，人们开始总结矿床特点，并试图对其进行系统分类。最初，主要是根据矿床的产状和矿体的形态分类，矿体的形态不能反映矿体的基本特征，也不具备矿床成因的全部内涵，难以分析矿床的成因和确定矿床的分布规律，对于矿床学的研究和矿床找寻意义不大，因此很快被弃之不用。

20 世纪初开始，矿床事业蓬勃兴起，自然科学研究深入，特别是物理学和化学研究的发展，矿床资料的日臻丰富。1906 年 W. 林格仑首先提出了以物理－化学为基础的矿床成因分类，1914 年他又把矿床划分为机械作用成因和化学作用成因两大类型，并进一步以形成温度、压力及组分等物理－化学条件，把两类矿床划分为多个亚类。这一分类方案具有鲜明的成因特征，是最早的、比较系统的矿床成因分类，也是矿床学科中岩浆热液“一元岩浆成矿论”的基础，反映了当时矿床学的研究水平，对矿床学科的发展起到了十分重要的作用。其后，德国学者施奈德洪、美国学者艾孟斯以及苏联学者 C. C. 斯米尔诺夫等进一步充实和丰富了“一元岩浆成矿论”，并进一步提出岩浆、沉积和变质三大矿床成因类型的分类方案，这一分类方案一直被矿床学界沿用。

20 世纪下半叶，大量的矿床地质研究和生产实践积累的丰富资料表明，矿床的形成作用是十分复杂的，因此“一元岩浆成矿论”是无法解释自然界众多矿床成因的。与此同时，大量的研究资料和测试数据显示，成矿物质是多种来源的。1961 年我国学者谢家荣提出了成矿的地面源、地壳表层源，硅铝层重熔岩浆源的成矿物质多源学说，并据此提出了多源矿床成因分类方案。

20 世纪 60 年代以来，地球物理学、地球化学、海洋地质学等多种地质及相关学科的蓬勃发展提供了大量深部地质资料及海洋地质资料，对成矿物理－化学条件的认识和成矿作用的分析更为深入完善。特别是板块构造学说的兴起，对那些原来无法圆满解释的全球性的矿床分布特征有了比较清晰的概念，矿床成因认识有了极大的发展，矿床的多源多成因认识已被普遍接受，矿床学的成因研究和成因分类进入一个新的历史阶段。现在普遍认为，一个完善的矿床成因分类应该反映出 3 个基本认识，即成矿物质的多源性、成矿作用的多种性和影响成矿因素的多样性，其中成矿作用是首位因素，是成因分类的基础。成矿环境是基本因素，影响着矿床的产生和分布；成矿物质来源是重要因素，是矿床形成的必要条件。本书沿用在传统成因分类（见表 3-2）。

表 3-2　矿床的成因分类

成矿作用	矿床成因分类	亚类
内生成矿作用	岩浆矿床	岩浆分异、结晶矿床
		岩浆熔离矿床
		岩浆爆发矿床
		岩浆喷溢矿床
	伟晶岩矿床	伟晶岩矿床
	气水热液矿床	接触交代矿床
		其他岩浆热液矿床
		地下水热液矿床
		火山－次火山热液矿床
外生成矿作用	风化矿床	残积/坡积矿床
		淋积矿床
		残余矿床
	沉积矿床	机械沉积矿床
		胶体化学沉积矿床
		生物化学沉积矿床
		蒸发沉积矿床
		可燃有机矿床
		火山－沉积矿床
内生－外生成矿作用	变质矿床	接触变质矿床
		区域变质矿床
		混合岩化矿床

第六节 矿床学的研究任务、内容和方法

一、矿床学的研究任务

矿床学必须解决两个最基本的问题，一是正确认识各类矿床的形成条件和形成过程，即查明矿床的成因；二是查明矿床形成的时间和空间位置，正确认识矿床在地壳中的分布规律，即查明在何种地质条件下，可以找到何种矿床。

二、矿床学的主要研究内容

为了解决上述两个基本问题，必须对已发现矿床进行深入系统研究，目前矿床学的研究已由过去的矿床学本身研究扩展到与之相关的岩石学、构造学、地球物理、地球化学等领域，具体包括以下主要内容。

(1)成矿地球动力学环境。

地球动力学强调岩石圈运动的动力源自深部。通常把板块构造活动导致地球各层圈相互作用、能量再分配及成岩成矿物质运动称为地球动力学。而将与其相关的区域成矿构造环境称为成矿地球动力学环境。以成矿地球动力学环境在宏观上指导对矿床的认识，或者说以成矿地球动力学环境作为矿床的宏观指示物，是现代矿床学的研究前沿。成矿地球动力学环境是矿床模型的重要建模参数，其主要指 1/500 000 或更小比例尺地质图件表示的反映成矿地球动力学环境的地质构造、火成岩活动和矿床区域展布等内容。按主应力方向，成矿地球动力学环境主要可分为挤压、拉张及挤压－拉张过渡等三种。

(2)矿床产出地质背景。

矿床产出地质背景也是矿床模型的重要建模参数之一。其主要指 1/50 000 地质图范围内，对分析矿床产出有宏观衬托作用的构造、火成岩和围岩性质，而不是局部的以及具体控矿的构造、火成岩和围岩条件。成矿地质背景对认识矿床本质特征、分析成矿条件和探讨矿床成因起宏观导向作用。

(3)矿床地质特征和矿床本质特征。

矿床地质特征如下：

①矿体特征——矿体的形态、产状(产状要素、产出地质位置)、矿体的规模，影响矿体形态、产状和规模的地质因素，矿体形态和规模的非地质属性；

②矿石特征——矿石中的矿石矿物与脉石矿物(含显微矿石矿物和脉石矿物)、矿石的构造和结构(含显微和超显微结构)、矿石的品位和品级、成矿元素在矿石中的赋存状态、有用组分与有害组分；

③围岩蚀变特征，尤其对于气水热液矿床，围岩蚀变的研究更为重要；

④成矿期、成矿阶段、矿物生成顺序；

⑤成矿深度；

⑥成矿时代。

(4)成矿条件分析。

成矿地质条件：成矿构造条件、成矿岩浆岩条件、容矿围岩条件。

成矿物理化学条件：成矿温度、成矿压力；成矿流体的盐度、密度、Eh 值、pH、硫逸度、氧逸度；成矿流体的组分。

(5)成矿物质来源。

成矿物质来源包括成矿的矿质源和介质源，两者可以是同源的，也可以是异源的，尤其对于气水热液矿床，成矿物质来源的研究对于研究矿床成因起着重要作用。

(6)成矿作用：成矿机制(成矿模式)。

(7)成矿后的变化。

(8)矿化富集及分布规律(成矿预测)。

三、矿床学的一般研究方法

在长期的实践过程中，人们逐步总结出一整套对矿床进行研究的一般方法。它包括野外工作、室内各种分析测试和综合分析三个阶段。这三个阶段适用于任何矿床的研究。

(一)野外工作

应充分收集已有基础地质、物化遥感资料，初步研究矿床产出的地质背景、控矿地质条件。

在此基础上，对矿床进行详尽的野外地质研究，应详尽地观察和记录，做好相应的图件，并采取各种标本和样品。尤其注意矿体的研究，应克服重室内、轻野外的倾向。

(二)室内各种分析测试

为了更深入地研究矿床，需要在实验室将野外采集的各种标本与样品运用各种仪器和手段进行鉴定、测试及分析，以了解矿石的化学成分、矿物组成、结构构造和形成条件。主要采取以下方法：

(1)应用偏光显微镜和反光显微镜鉴定矿石和岩石的矿物成分及其含量和相互关系等，结合野外观测，确定成矿期次和矿物生成顺序；

(2)通过光谱分析和化学分析定量查明矿石内的主要元素和微量元素含量；

(3)应用质谱仪、电子探针、电子显微镜等鉴定特殊的微量矿物；

(4)利用矿物中包裹体分析测定矿物的形成温度、压力和成矿流体组分等；

(5)用同位素地质法测定岩石、矿石的形成时代、物质来源(包括矿质和介质)等；

(6)研究矿石的技术加工特性和加工方法。

(三)综合分析

在野外工作和实验室工作的基础上，对所获得的资料加以系统地整理，编制综合性图件和专题性图件。还要对所有资料进行综合分析，透过现象，抓住本质，完成从感性上升到理性的过程。

第四章 岩浆矿床

第一节 岩浆矿床概述

一、岩浆矿床的概念

岩浆矿床是指各类岩浆在侵入地壳或喷出地表过程中，经过结晶作用、分异作用、熔离作用及爆发作用，使分散其中的有用组分发生聚集而形成的矿床。由于它们是在正岩浆期形成的，因此又称为正岩浆矿床。

地壳和上地幔中存在多种类型的岩浆，但能形成岩浆矿床主要是源于上地幔的镁铁质-超镁铁质岩浆。这是因为镁铁质-超镁铁质岩浆黏度较小，有利于分散其中的元素和成矿物质扩散、对流和聚集，从而形成矿床。中酸性岩浆虽然含有种类更多、含量丰富的各类成矿元素，但由于岩浆的黏度较大，金属元素等成矿组分不易在其中扩散、对流和聚集，故难以在岩浆的成岩阶段富集成矿，所以中酸性岩浆很少形成岩浆矿床。

二、岩浆矿床的工业意义

岩浆矿床具有十分重要的工业意义，因为火成岩中含有很多重要的矿产资源，但它们通常散布于整个火成岩体中，由于数量太少而无法利用，只有通过某些特殊的富集作用把这些有用资源聚集起来才能被开采利用，聚集的结果就是岩浆矿床。

世界上绝大部分的铬、镍、铂族元素以及大部分铁、铜、钒、钛、钴、磷、铌、钽和稀土元素等矿产资源均来自岩浆矿床。这些矿床大部分是钢铁工业的基本原料或国防工业、尖端工业必需原料的来源。它们大多在我国具有较富的储量，但有些比较稀缺，如铬、铂族元素等。因此，研究岩浆矿床的成矿条件、矿床成因和分布规律等具有重要意义。

第二节 岩浆成矿作用及矿床类型

岩浆中的有用组分析出、聚集和定位的过程称为岩浆成矿作用。按成矿作用的方式和特点，可以分为结晶分异成矿作用、熔离成矿作用和爆发成矿作用三种。

一、结晶分异作用及岩浆分结矿床

岩浆侵位和冷凝过程中，矿物按一定顺序（矿物的晶格能、键性和生成热降低顺序）依次从岩浆中结晶，并在重力作用下发生分异和聚集的过程，称为结晶分异作用。如果是在动力（流动）作用下发生分异和聚集，则称为流动分异作用。

由结晶分异作用和流动分异作用形成的岩浆矿床,称为岩浆分结矿床。

含矿的镁铁质-超镁铁质岩浆侵入地壳后,由于温度缓慢下降而开始结晶。最早晶出的金属矿物主要有自然铂(比重14~19)、铬铁矿(比重4.3~4.6)、金刚石、钛铁矿和稀土元素矿物等,与这些金属矿物同时或稍晚结晶的硅酸盐矿物有橄榄石、辉石、斜长石等。由于重力作用和对流作用的影响,比重大的矿物在岩浆内逐渐下沉,比重小的逐渐上浮,于是岩浆就发生了分异,结果在岩浆底部堆积形成镁铁质程度较高的铁镁硅酸盐矿物和铬铁矿、自然铂等金属矿物所构成的矿体。

当岩浆中富含熔点较低的金属矿物组分,或者由于岩浆中挥发性组分较多,并和金属组分结合成易熔化合物而降低了金属矿物的结晶温度时,这些金属组分便可长时间停留在岩浆中。随着硅酸盐矿物的大量晶出,金属组分在残余岩浆中相对富集,形成了含矿残余岩浆。在地质构造相对稳定的条件下,含矿残余岩浆中的金属矿物组分就地充填在硅酸盐矿物的粒间,胶结硅酸盐矿物,在岩体底部形成似层状矿体。

在地质构造比较活跃的条件下,受构造应力的作用,含矿残余岩浆可被挤入岩体的原生裂隙或附近围岩的构造裂隙中,形成贯入式矿体,这种成矿作用也称为残浆贯入作用或压滤作用。

根据有用金属矿物与硅酸盐矿物的结晶先后,岩浆分结矿床进一步分为:

(1)早期岩浆矿床:在岩浆冷凝、结晶分异的过程中,有用矿物早于硅酸盐矿物结晶,或与早期硅酸盐矿物同时结晶,分异富集而形成的矿床,称为早期岩浆岩矿床。此类矿床主要是产于超镁铁质岩中的铬铁矿矿床。

其特点是:①成矿岩体主要是镁铁质-超镁铁质岩体,岩性主要是纯橄榄岩、斜方辉橄榄岩、单斜辉橄榄岩和辉岩等;②由于结晶分异和重力沉降的影响,空间上矿体常分布于侵入体的底部或边部,矿体形态以透镜状或似层状为主,少数呈矿瘤、矿巢;③矿石的组成与母岩一致,矿体与围岩没有明显的界限,两者为渐变过渡关系,矿体边界需按品位圈定;④除铬铁矿外,矿石的矿物主要为铬尖晶石和部分橄榄石、辉石;⑤由于矿石矿物结晶较早,矿石常呈自形-半自形结构、包含结构,矿石构造主要是浸染状,少数为致密块状。

(2)晚期岩浆矿床:由于正常的岩浆分异结晶趋势或H_2O、CO_2等挥发分的影响,镁铁质、超镁铁质岩浆大部分结晶后可以产生一部分残余熔体。当这种残余熔体中富含熔点较低的金属矿物组分,或者由于岩浆中挥发分组分较多并和金属组分结合成易熔化合物而降低了金属矿物的结晶温度时,这些金属组分便可长时间地停留在岩浆中。随着硅酸盐矿物的大量晶出,金属组分在残余岩浆中相对富集,形成了含矿残余岩浆。在地质构造相对稳定的条件下,在岩体底部,含矿残余岩浆中的金属矿物组分,就地充填在硅酸盐矿物的粒间,胶结硅酸盐矿物,形成似层状矿体。在地质构造比较活动的条件下,由于受构造应力的作用,含矿残余岩浆可被挤入岩体的原生构造裂隙或附近围岩的构造裂隙中,形成贯入式矿体,这种成矿作用也称为残浆贯入作用或压滤作用。由于残余岩浆是大量造岩矿物晶出后产生的,成矿作用发生于岩浆作用晚期,故所形成的矿床被称为晚期岩浆矿床。

其特点是:由于晚期岩浆矿床大多数是由岩浆结晶分异末期聚集的残余含矿岩浆在原地冷凝结晶而成,所以矿化的富集与岩体的分异程度有关;在分异过程中,由于含矿残浆的比重较大，在重力作用影响下，逐渐沉降而集中于岩浆槽底部，所以矿体大多位于岩体底部，与基性程度较高的岩相伴生；矿体多呈层状、似层状，分布面积广，厚度比较稳定，与围岩之间无明显界线；矿石构造以浸染状和致密块状为主，浸染状矿石多分布于矿体的上盘，致密状矿石主要分布在矿体的中、下部，向外金属矿物逐渐减少；由于硅酸盐矿物结晶较早，晶形比较完整，金属矿物大多充填于硅酸盐矿物晶粒间呈他形胶结状产出，形成典型的海绵陨铁结构。

二、岩浆熔离作用及岩浆熔离矿床

（一）熔离作用

熔离也称为岩浆液态分离作用（不混熔），即高温下的一种均匀的岩浆熔融体随着温度、压力的下降，分离成两种或两种以上互不混熔的熔融体，该作用称为岩浆熔离作用。由岩浆熔离作用形成的矿床称为岩浆熔离矿床。

奥尔善斯基不混熔实验：将铁橄榄岩的硅酸盐组分和金属硫化物按一定比例放入坩锅中，加热到 1 300 ℃，保持 2 h，冷却后发现，出现两种情况：①熔离初期，金属硫化物呈微滴状分散于硅酸盐熔体中，进一步熔离硫化物微滴逐渐汇合、变大，并在重力作用下，在岩浆槽的底部汇聚呈熔融的金属硫化物层；②如快速凝固，硫化物熔浆来不及下沉而结晶则形成上悬矿体。

岩浆熔离成矿作用主要表现在铜镍硫化物矿床中。如温度在 1 500 ℃以上的镁铁质岩浆，当其含有挥发分时，可熔解一定数量的金属硫化物，据实验证实，镁铁质岩浆在 1 300 ℃以上时可熔解 6% ~7% 的 Fe – Ni – Cu 的硫化物。随着温度、压力的降低和挥发分的外逸，以及同化作用而使熔体中 SiO_2、Al_2O_3、CaO 增加，岩浆中金属硫化物的熔解度降低，从而发生熔离作用。在熔离作用的初期，金属硫化物呈微滴状分散在硅酸盐熔体中，随着岩浆的进一步熔离，硫化物微滴逐渐汇合、变大，并在重力作用下，在岩浆槽的底部汇聚呈熔融的金属硫化物层，于是均一的岩浆熔体就分离成硅酸盐熔体和金属硫化物熔体。随着温度的继续下降，两种熔体分别结晶，由于金属硫化物结晶温度较低，在硅酸盐完全结晶后的 300 ~200 ℃时结晶成矿，形成岩浆熔离矿床。

（二）熔离矿床的特点

熔离矿床的特点与晚期岩浆矿床相类似，表现在以下几个方面。

（1）成因上常与镁铁质岩（辉长岩、苏长岩和橄榄辉长岩）和某些超镁铁质岩（橄榄辉石岩和辉石橄榄岩）有关。

（2）熔离作用形成的硫化物矿体的空间位置有 5 种情况：

浅部熔离时：

①上悬矿体：熔离作用中，岩浆熔体快速凝固，滴状硫化物未能达到底部，形成上悬矿体，多呈浸染状，与母岩呈渐变过渡关系；

②底部层状矿体：缓慢凝固，硫化物沉于侵入体底部，多呈稠密浸染状或致密块状，与母岩呈渐变关系；

③脉状矿体：在构造作用下，硫化物熔体贯入到母岩原生裂隙或围岩裂隙之中。

深部熔离时：

①岩矿同体：深部熔离成富含硫化物的硅酸盐熔融体，同时上侵到地壳表部，侵位后整个岩体即为矿体，如红旗岭七号岩体；

②纯硫化物后成交切矿体：深部熔离成的硫化物矿浆沿岩体的裂隙、边部或底部充填形成。

(3)由于硫化物熔浆的结晶温度比硅酸盐矿物结晶温度低，形成典型的海绵陨铁结构，此外还可见到硫化物交代橄榄石、辉石、钛铁矿等。

(4)矿石中的金属矿物主要是磁黄铁矿、黄铜矿、镍黄铁矿、紫硫镍矿等，此外还有含铂族元素的矿物。

研究表明，除硫化物外，氧化物也可产生熔离作用，可形成一定数量的含矿熔浆甚至矿浆，沿着一定的通道喷溢至地表或贯入到火山构造中，冷凝形成矿床，这类矿床称为岩浆喷溢矿床，此类矿床分布非常局限，智利的拉科铁矿床最为典型。

另外，我国长江中下游宁芜地区某些铁矿(陶林式)也为熔离形成的铁矿浆喷溢形成(玢岩铁矿床)。

三、岩浆爆发作用及岩浆爆发矿床

(一)概念

经过岩浆的结晶分异或熔离作用后，岩浆上侵至近地表，当内压大于外压时，就产生了爆发，称之为岩浆爆发作用。由岩浆爆发作用形成的矿床称为岩浆爆发矿床。目前研究表明，由岩浆爆发作用形成的矿床主要是金伯利岩中的金刚石矿床。

金伯利岩是由上地幔富含 Mg 质、碱质的岩浆结晶而成的，主要矿物成分为橄榄石、金云母、镁铝榴石、金刚石，岩石具有角砾状构造，定名为角砾云母橄榄岩。因最早(1887年)发现于南非的金伯利地区，故名金伯利岩，该类岩石主要分布于地台边缘的深大断裂的火山角砾岩筒中，属“深源浅成”的岩石，主要形成时代为中生代和新生代，其次为晚古生代。

(二)爆发矿床的形成过程

(1)深源(上地幔—200 ~ 300 km)富 Mg、富碱的超镁铁质岩浆，首先晶出金刚石、橄榄石、镁铝榴石等；

(2)沿超壳型深大断裂快速上升(不能缓慢减压，否则金刚石就被炭化分解、熔融)达到地表；

(3)地表 2 ~ 4 km 盖层阻止了岩浆上升；

(4)岩浆降温、结晶，析出大量挥发分，当内压大于外压时，就产生了爆发作用，这种作用可能反复数次；

(5)爆发作用过程中，金刚石被岩浆带入岩筒、裂隙或爆发分散，爆发过程中也有新生细小的金刚石；

形成金刚石的碳质来源于上地幔，这已被碳同位素研究结果所证实，最适宜的压力条件为 $6 \times 10^9 \sim 7 \times 10^9$ Pa(上地幔—200 ~ 300 km)，温度为 1 200 ~ 1 800 ℃。

(三)爆发矿床的特点

(1)矿体产于金伯利岩(角砾云母橄榄岩)中，岩体即为矿体；

(2)岩体规模较小,呈岩管、岩筒、岩脉(少量)产出;

(3)矿床度产于深大断裂附近,受断裂控制明显;

(4)矿石中的矿石矿物是金刚石,而橄榄石、镁铝榴石、铬钛铁矿、金云母等是脉石矿物,矿石具斑状结构、角砾状构造。

第三节 岩浆矿床的成矿条件

一、岩浆矿床的总体特征

每种矿床的特点包括以下几个方面:

(1)时空分布。

(2)与相关地质体和构造的关系。

(3)矿床自身特点:①矿体的形态、产状;②矿石的矿物组合及组构。

(4)成矿的物理化学条件。

这里所讲的岩浆矿床特点是指所有岩浆矿床总的特点:

(1)矿床主要与镁铁质、超镁铁质岩石有成因联系,如纯橄榄岩、橄榄岩、辉岩、苏长岩、辉长岩以及斜长岩等,少数岩浆矿床与碱性岩或酸性岩有关。成矿作用和成岩作用往往同时进行,属于典型的同生矿床。少数岩浆矿床的成矿作用虽可延续到较晚的时间,但大体上不超过总的岩浆活动时期。

(2)矿体多数呈层状、似层状、透镜状、豆荚状等,产于岩浆岩体内,含矿围岩即为母岩,少数情况下矿体呈脉状、网脉状进入母岩之外的围岩中。矿体和围岩之间一般为渐变或迅速渐变关系,只有贯入式岩浆矿床的矿体和围岩界线清楚。

(3)除花岗岩中的稀有元素矿床因其成因特殊而有一定的围岩蚀变外,绝大多数岩浆矿床的围岩不具有明显的蚀变现象。

(4)矿石的矿物成分和围岩(成矿母岩)的矿物成分基本相同,当岩体内的有用矿物富集达到一定规模时就成为矿体。例如,橄榄岩中一般都含一定数量的铬尖晶石副矿物,Cr_2O_3 含量可达 1%,若其中的铬尖晶石局部富集,Cr_2O_3 含量达到 5% ~8% 时,即构成了铬铁矿矿体。

(5)由于成矿作用是与岩浆作用大体同时发生的,因此多数岩浆矿床的形成温度较高,一般认为在 1 200 ~ 700 ℃,但某些硫化物矿床的形成温度可低至 650 ℃,甚至 300 ℃左右。成矿深度变化也较大,一般都形成于地下几千米至几十千米,最深可达数百千米(如金刚石矿床)。

二、岩浆矿床的成矿地质条件

岩浆矿床主要源于岩浆,但并非所有岩浆都能形成岩浆矿床,也不是在任何地质条件下都能形成岩浆矿床。岩浆矿床是多种地质因素综合作用的产物,其中起主导作用的是岩浆活动、大地构造条件和地球化学性状等,其次有同化作用、挥发分作用以及岩浆的多次侵入作用等。

(一)岩浆条件

岩浆是形成岩浆矿床的必备条件,其对岩浆矿床的控制作用主要表现在以下几个方面。

1. 岩浆成矿专属性

所谓岩浆成矿专属性,是指一定类型的岩浆矿床的形成和分布受一定类型的岩浆活动控制。如前所述,铬铁矿床与镁铁质、超镁铁质岩浆岩有关(Mg/Fe 比值大于 6.5);钒钛磁铁矿床则与铁质和富铁质(Mg/Fe 比值为 2.5 ~0.5,有时 Mg/Fe 比值小于 0.5)岩浆有关;铜镍硫化物矿床则与镁铁质岩、部分超镁铁质岩浆岩有关(Mg/Fe 比值为 6.5 ~2.5)(辉长岩、辉石岩);金刚石矿床则产于富镁、富碱的金伯利岩中;稀土元素矿床主要与碱性岩和碳酸盐岩有关。

2. 挥发分含量

挥发分影响岩浆中有用元素的富集,一方面可与金属元素形成络合物,另一方面由于其流动性大,可把成矿组分带到有利部位成矿。挥发分主要在后期由于含量增加而对成矿作用影响较大。

岩浆中挥发分的种类和数量对岩浆的结晶分异及成矿组分的运移、富集也有一定影响,因而也称为矿化剂。当原始镁铁、超镁铁岩浆中含 H_2O、F、Cl、B、S、As、P 等组分时,由于它们的熔点低、挥发性强,能延缓岩浆的冷凝速度,使岩浆得到更充分的分异。含 Cu - Ni 硫化物的熔浆成矿时,H_2O、Cl 等组分使部分 Cu - Ni 组分进入溶液,形成 Cu - Ni 硫化物矿床中的部分脉状矿化,并促进和加强了超镁铁岩的蛇纹石化。当含钒钛的镁铁岩浆含磷较高时,其熔点降低,故大多数钒钛磁铁矿矿床形成于晚期岩浆阶段,并有不同程度的磷灰石和绿帘石化等蚀变伴生,局部地段还构成磷灰石矿体。此外,由于挥发分对压力变化特别敏感,富于流动性,故常将岩浆中的某些成矿物质,自下部带至上部,自高压地段带至低压带,集中到有利的构造部位富集成矿。

3. 岩浆的多期侵入

多个岩浆矿床的实际资料表明,含矿岩体往往具有如下特征:从区域上看,它们常常是同一构造运动所形成岩带中的较晚期产物;从一个矿区看,矿化主要与复式岩体的晚期岩相关系密切。如我国西南地区的铂族元素矿床,含矿岩体为一个先后连续侵入的镁铁质 - 超镁铁质杂岩体,其含矿性具有一定规律性:在闪长岩、辉长岩类中尚未发现矿化;继而侵入的橄榄辉长岩则含铜镍硫化物,但不含铂和钯;辉石岩开始含铂钯矿体,但品位较贫,最晚侵入的橄榄岩 - 辉橄岩,一般都含有铂钯矿体,品位也较富。此外,同源同期而不同阶段形成的复式岩体,其含矿性往往较单一岩相岩体好,稍晚侵入的岩体,往往分异较好,矿化较富。

复式岩体和岩浆多次侵入作用对成矿的控制,在铬铁矿矿床、铜镍硫化物矿床和钒钛磁铁矿矿床中都有明显的表现,对形成规模大、质量好的矿床有很大意义。

4. 岩浆的同化、混染作用

岩浆在其形成和向上运移过程中,往往会熔化或溶解一些外来物质(如围岩碎块),

从而使岩浆成分发生改变，这就是同化作用。岩浆侵位过程中对围岩的同化作用在一定程度上影响岩浆的成分，也影响着其中的成矿组分的分异和聚集能力。

岩浆侵位时，同化作用是十分普遍的。对岩浆成分、成矿概率的影响关键在于围岩成分，围岩成分与岩浆近似时，同化作用对岩浆成分影响不大；围岩成分与岩浆成分相差较大时，它既降低了岩浆中成矿物质的浓度，也影响成矿物质分异、聚集的程度。含铜镍硫化物组分的镁铁质－超镁铁质熔浆，当其同化数量足够的碳酸盐岩层时，它可降低熔浆的黏度，促进熔离作用的发生，使硫化物得以聚集而有利于成矿。但这类同化作用对铬铁矿石的聚集成矿及矿石质量十分不利，由于 $CaCO_3$ 的加入，镁铁质－超镁铁质岩浆中的铁大量游离形成磁铁矿。铬铁矿石中富含了磁铁矿，会使其铬铁比值降低，影响了矿石质量。

一般认为在地壳活动强烈地区、岩浆与被同化围岩成分差别越大、侵入体的规模越大、侵位越深、成分酸性越强、挥发分越多以及围岩破碎程度越高时，同化作用越强烈且完全。

（二）大地构造条件

多数岩浆矿床在成因和空间上与镁铁质－超镁铁质岩浆岩有关。由于镁铁质、超镁铁质岩浆是地幔物质部分熔融形成的，故切穿地壳而达到上地幔的深大断裂对岩浆矿床具严格的控制作用，如不同构造单元或同一构造单元中的次级构造单元交接地带。

地质构造环境对岩体的分异有重要影响。地质构造变动相对稳定的地区有利于岩体的分异和矿化的富集。相反，地质构造变动剧烈的地区岩体分异较差，矿化不易富集。一般而言，地槽晚期或地台期是构造运动相对宁静的时期，已知的一些大型铬铁矿矿床就是在这个时期形成的。

另外，不同的大地构造单元控制不同类型的岩浆深成体，因而形成不同的矿床类型。从槽－台构造体系和理论讲，造山带（槽区）形成阿尔卑斯型的铬铁矿矿床，台区主要形成层状铬铁矿矿床，如规模巨大的层状侵入体布什维尔德（6 734 km^2）、津巴布韦大岩墙（3 262.4 km^2）、肖德贝里（1 341.62 km^2）岩盆等；台区的边缘深大断裂形成金刚石矿床。

按板块构造学说，两个板块的交接带是地壳的强烈活动部分，它提供了地幔物质熔化、分异所需的物理化学条件和上升通道，因此常是镁铁质－超镁铁质岩的侵入地带。如现今的环太平洋岛弧及其外侧的深海沟，就是太平洋板块向欧亚板块俯冲所造成的。从印度尼西亚南缘向西，北经缅甸、我国西藏，往西到伊朗、土耳其、南斯拉夫，一直到阿尔卑斯和比利牛斯山，由于洋壳向两侧大陆之下俯冲，海槽逐渐变窄以至闭合。据此，将世界镁铁质－超镁铁质岩的分布划分为：①环太平洋带－岛弧型；②古地中海带－地缝合线型；③乌拉尔带－古地缝合线型；④非洲及欧洲层状铬铁矿带－裂谷型。

（三）岩浆矿床成矿元素的地球化学性状

如 Cu、Ni 易形成硫化物；Cr、V、Ti、Fe 易形成氧化物；PGE 元素易以自然金属、金属互化物、硫砷化合物产出；PGE 相对亲硫，故常常产于 Cu、Ni 硫化物中。超镁铁质岩一般不形成 Cu、Ni 硫化物矿床；而富铁的镁铁质岩易形成 Cu、Ni 硫化物矿床。

第四节 岩浆矿床的类型及典型矿例

一、超镁铁质-镁铁质岩浆岩中的铬铁矿床

铬铁矿是一种极为重要的矿产，是工业铬的唯一矿石矿物。铬是不锈钢及其他一些钢材和非铁合金必不可少的组分，铬铁矿还可作为耐火材料和型砂材料，在电镀、制革、颜料和染料等工业部门用作铬化工制品原料。对冶金级铬铁矿要求较高的铬铁比值（≥2.8），但随着冶金技术的提高，目前铬铁合金也常用 Cr/Fe≈1.5 的铬铁矿来生产。

铬铁矿几乎都采自超镁铁质和镁铁质火成岩中的块状、稠密浸染状矿石，由其风化剥蚀形成的砂矿产量只占产量的一小部分。

根据矿床产出的地质构造特征、矿床的几何形态以及含矿岩石的岩性特征，铬铁矿矿床可分为层状和非层状（阿尔卑斯型）两类。前者占世界铬铁矿总储量的98%，总产量的45%，后者分别占2%和55%。

二、产于镁铁质岩中的钒钛磁铁矿床

钒钛磁铁矿矿床不仅是重要的铁矿床类型，还是钒、钛的主要来源，也是钛金属的唯一矿床类型。在我国，这类矿床主要分布于四川西昌-攀枝花、河北承德、陕西汉中以及湖北襄阳地区。其储量约占全国铁矿总储量的15%。

此类矿床主要产于地台区或地台边缘，含矿岩体呈带状分布，受区域内的深大断裂控制。含矿母岩岩性主要有辉长岩、辉长岩-橄长岩-辉橄岩和斜长岩-辉长岩三种形式。矿床与镁铁质岩及镁铁质-超镁铁质杂岩中的基性岩相有关。矿体呈层状或脉状。矿石呈块状或浸染状构造，常具典型的海绵陨铁结构。矿石矿物主要由钛铁矿和磁铁矿组成，二者常呈格状或花片状的固溶体分解结构。

（1）钒钛磁铁矿床多形成于地台区，与镁铁质岩或镁铁质-超镁铁质岩中的镁铁质岩相有关。

（2）成矿岩体主要为铁质（Mg/Fe 比值为2.5~0.5），岩性为辉长岩-苏长岩-斜长岩，多为复式岩体。

（3）矿体也有层状和非层状之分，前者如四川攀枝花钒钛磁铁矿床，非层状矿体如河北省大庙钒钛磁铁矿矿床。

（4）矿石为块状构造或浸染状构造，常具典型的海绵陨铁结构，矿石矿物主要由钛铁矿和磁铁矿组成，二者常呈格状或叶片状的固溶体分解结构。

（5）矿石中含 Fe 35%~45%、TiO_2 6%~12%、V_2O_5 0.5%~2%，钒不形成独立矿物，而是以类质同象形式进入晶格代替铁形成含钒磁铁矿[$Fe(Fe,V)_2O_4$]。

（6）矿床成因上属晚期岩浆矿床。

三、金伯利岩的金刚石矿床

有工业价值的原生金刚石矿床主要产于金伯利岩中。

除金伯利岩外，目前在云斜煌斑岩（次火山岩）中也发现有金刚石矿床。

世界上金刚石矿床主要分布在非洲的阿扎尼亚、纳米比亚、坦桑尼亚、刚果、安哥拉、加纳、赛拉利昂，苏联，巴西等国，我国的山东、辽宁、江苏等地也有分布。

一直到20世纪70年代以前，人们都以为原生金刚石矿床只赋存在金伯利岩中，主要产地是非洲南部、中部及西伯利亚雅库特地区，金刚石矿床的成因及找矿模式都是立足于几个典型的金伯利岩体上。

20世纪70年代末期，这一局面开始被打破，在澳大利亚北部钾镁煌斑岩中找到了粒金刚石矿床，人们的找矿视野扩大了，开始注意到其他地幔来源的金刚石，如1998年Dibaev报道在1996年于乌兹别克斯坦发现的产于碳酸岩中的金刚石矿化，金刚石分布极不均匀，在15～20 kg的样品中，最多可能含数百颗。此外，在钾镁煌斑岩、云煌斑岩以及变质岩中均找到了金刚石。在一些陨石坑中也可以观察到星星点点的金刚石。

1982年前，主要基于几个典型金伯利岩筒的认识，矿床界普遍认为金伯利岩与金刚石是母子关系。但人们对这一见解开始产生怀疑，主要证据有：①在一些岩筒金伯利岩中的榴辉岩捕虏体中也找到了金刚石；②南非某些金伯利岩得到了0.1 Ga左右的同位素年龄值，但金刚石却老得多，年龄值是3.0～3.2 Ga，这一现象在其他地区也发现了。目前，倾向性的意见是金伯利岩是金刚石的寄主岩石，但金伯利岩浆上升时捕虏了榴辉岩，并挟带了地幔深处早已晶出的金刚石。

四、安山岩中的磷灰石－磁铁矿（赤铁矿）矿床

就目前所知，安山岩中的磷灰石－磁铁矿（赤铁矿）矿床是唯一有工业意义的矿浆喷溢型矿床，它在铁矿总储量中所占比例极小，但品位较高（含铁50%～60%），且成因特殊，对研究岩浆矿床具有重要的理论意义。智利的拉科铁矿床最为典型。

第五章　伟晶岩矿床

第一节　伟晶岩与伟晶岩矿床

一、概念

伟晶岩是矿物成分与母岩的矿物成分基本一致，矿物颗粒结晶粗大，具有一定内部结构构造特征的地质体，常呈岩墙、岩脉、透镜状形态。当其中的有用组分或有用矿物富集并达到工业要求时，即成为伟晶岩矿床。

二、伟晶岩的类型

按伟晶岩的成因，可将其划分为岩浆伟晶岩和变质伟晶岩两类。

岩浆伟晶岩是岩浆结晶分异演化的晚期阶段，由富含挥发组分的残余熔浆结晶和交代而形成的。根据其岩性可分为以下几类：

（1）花岗伟晶岩：成因上与花岗岩有关，分布最为广泛，工业意义最大；

（2）碱性伟晶岩：与碱性岩浆分异演化有关，常形成稀有、稀土金属矿床，分布局限；

（3）基性－超基性伟晶岩：成因上与基性－超基性岩浆活动有关，较少形成有工业价值的矿床。

变质伟晶岩是变质作用达到高级阶段，即混合岩化作用过程中伟晶岩化作用的产物。

本书中所涉及的伟晶岩矿床主要与岩浆伟晶岩有关，尤其是花岗伟晶岩。

三、伟晶岩矿床的主要特征

（一）伟晶岩的成分

伟晶岩的化学成分多种多样，至少集中了40种以上的元素，除S、Al、O、Na、K、Ca等造岩元素外，稀有、分散元素（Li、Be、Nb、Ta、Cs、Rb、Zr、Hf）、放射性元素（U、Th等）尤为富集，此外，W、Sn、Mo等金属元素和F、B、Cl、P等挥发分含量较高，这些元素的含量常是克拉克值的几倍、几十倍、几百甚至几千倍。化学成分的多样性造成了伟晶岩矿物成分的复杂性，可达300种以上矿物，主要包括：

（1）硅酸盐矿物：石英、长石、云母；

（2）稀有和放射性矿物：锂云母、铯榴石、锆石、绿柱石；

（3）稀土元素矿物：独居石、褐帘石；

（4）金属矿物：锡石、黑钨矿、辉钼矿、磁铁矿和钛铁矿；

（5）挥发分矿物：萤石（F）、电气石（B）、黄玉（F）、磷灰石（P）。

(二)伟晶岩的结构

(1)伟晶结构:矿物颗粒大于10 cm,是伟晶岩特有的结构,最大晶体长石可达100 t,绿柱石18 t,白云母5 m^2;

(2)文象结构和似文象结构:由石英和长石共结形成文象结构,由石英沿长石晶体的解理面或双晶面交代而形成似文象结构,是伟晶岩常见的结构;

(3)粗粒结构:长石和石英;

(4)细粒结构;

(5)交代结构:由白云母、钠长石、稀有元素组成,后期交代产物。

(三)伟晶岩的构造

带状构造是最主要且常见的,发育完好的带状构造自边缘到中心可划分为4个带:

(1)边缘带:伟晶岩边部与围岩接触带,细粒结构,由石英+长石组成;

(2)外侧带:由长石+石英+白云母组成,细粒结构、文象结构,有时可出现绿柱石;

(3)中间带:粗粒、伟晶结构,似文象结构,矿物成分复杂,除长石、石英、云母外,出现大量的稀有、放射性、稀土元素矿物,且交代作用发育,是伟晶岩矿床产出的主要部位;

(4)内核:伟晶-巨晶结构,由石英-长石或石英-锂辉石等矿物组成。

不是所有的伟晶岩都具有带状分带,而伟晶岩矿床主要是产在(3)中,尤其是稀有、放射性、稀土元素矿床。

(四)伟晶岩的形态、产状和规模

形态:变化较大,脉状、透镜状、网脉状、鞍状等。

产状:有的沿围岩层理/片理贯入,产状与围岩一致;有的沿构造裂隙贯入,与围岩呈切割关系;多呈陡倾斜状,少量呈水平状。

规模:长几米至几百甚至上千米,厚几厘米至几十米,延深几米至几百甚至上千米。

四、伟晶岩矿床的工业意义

与伟晶岩矿床有关的主要矿产为云母、长石、石英。有关的重要金属矿产有Li、Be、Nb、Ta、Cs、W、Sn、Mo、U、Th、REE。其他非金属矿床有萤石、磷灰石、压电石英等。常见宝石矿产是海蓝宝石(绿柱石)、碧玺(电气石)、黄晶(黄玉)、水晶等。

第二节 伟晶岩矿床的形成条件及成因

一、伟晶岩矿床的形成条件

(一)岩浆岩条件

与伟晶岩矿床有成因联系的岩浆岩主要是花岗岩类岩石,多呈岩基状产出,出露面积可达数百平方千米。岩浆岩在伟晶岩矿床形成中所起的作用主要表现在以下几个方面:

(1)提供成矿物质;

(2)空间上,伟晶岩矿床常位于岩体的顶部或附近围岩中;

(3)大的岩基或岩株有利于形成伟晶岩矿床;

(4)不同深度侵入的岩浆形成不同类型的伟晶岩。

(二)围岩条件

伟晶岩矿床往往产于区域变质作用较发育地区,围岩常是各类片岩、片麻岩、混合岩和花岗质围岩。围岩对伟晶岩矿床形成的影响主要表现为:

(1)围岩的产状和构造影响伟晶岩的形态,如在片岩化的围岩中易形成板状伟晶岩;混合岩、片麻岩和花岗岩质岩石中常形成透镜状和柱状伟晶。

(2)围岩化学性质影响伟晶岩成分,如富硼页岩易形成含电气石的伟晶岩,富云母页岩易形成含云母的伟晶岩。

(三)地质构造条件

花岗伟晶岩主要分布在褶皱带、地台边缘的断裂带及不同构造单元结合处,具分级控岩控矿特点,具体可分为:

(1)伟晶岩带:受规模较大的构造活动带控制(如地槽褶皱带、地块边缘断裂带及不同构造单元结合处),大量伟晶岩所形成的区带,延长几百千米,宽几千米至几十千米;

(2)伟晶岩田:伟晶岩带中伟晶岩成群出现的地段,常受不同地质体接触部位(背斜核部、断裂带)控制;

(3)伟晶岩脉:受级别更小的构造控制。

此外,地质构造环境对伟晶岩的形态、分带特征及矿化富集影响较大,如相对稳定的构造环境,形成的伟晶岩形态简单,分带性好,矿化富集。否则,形态复杂,分异分带性差,富集性差。

(四)物理化学条件

温度条件:伟晶岩矿床形成温度范围很大,为 100 ~ 800 ℃、400 ~ 600 ℃最有利,且从边缘(700 ~ 600 ℃)向中心(150 ~ 600 ℃)形成温度逐渐下降。

压力条件:伟晶岩矿床形成深度较大,一般认为形成于地表以下 3 ~ 9 km,各类伟晶岩矿床形成深度不同,如水晶伟晶岩矿床深度 1.5 ~ 3.0 km,稀有金属伟晶岩矿床深度 3.5 ~ 7 km,云母伟晶岩矿床深度 7 ~ 8 km 至 10 ~ 11 km,陶瓷原料伟晶岩矿床深度大于 11 km。

二、伟晶岩的成因

对伟晶岩的成因至今仍有不同认识,归纳起来有两种成因观点。

(1)岩浆伟晶岩的成因主要有以下两种成因观点。

①以费尔斯曼为代表,认为在高温、高压下,挥发组分能无限溶解于岩浆中。因此,在岩浆结晶末期,形成富含挥发组分的岩浆,在高温、高压条件下,缓慢冷却而结晶形成伟晶岩。

②以 A. 查瓦里斯基为代表,否认挥发组分在岩浆中无限溶解,因此不存在伟晶岩浆。他们认为,每一种岩浆冷凝过程中都有残余的气体溶液,这种溶液富含成矿物质、挥发分和硅酸盐,是一种超临界状态的流体,在封闭条件下,作用于早期形成的矿物之上,使之发生重结晶,形成粗粒或伟晶结构的岩石——伟晶岩,以后在开放的系统中进一步发生交代作用,形成伟晶岩矿床。

肯尼迪(1962)的试验证明,在一定的温压条件下,硅酸盐熔融体中可溶解大量的水(25%),因此认为伟晶岩浆存在的可能性增大,那么,观点①成立。

(2)变质伟晶岩的成因:由超变质的深熔作用和选择重熔作用形成的一种深熔流体,随着挥发组分的聚集,对固态岩石发生重结晶作用和交代作用,形成伟晶岩。

三、伟晶岩的形成演化过程

对伟晶岩矿床的形成演化过程,A. 费尔斯曼、杰翰斯、A. N. 金兹堡以及我国的邹天人等学者提出了不同的看法,但归纳起来,可总结为两个阶段:

岩浆结晶分异阶段:富含挥发的伟晶岩浆缓慢冷却结晶,形成颗粒粗大的伟晶岩,矿物组合主要为长石+石英+云母+少量的锂辉石+绿柱石等,该阶段主要形成非金属矿床,如陶瓷原料、微斜长石、水晶、压电石英等。

交代阶段:由伟晶岩浆结晶残存的更富挥发组分和成矿物质的残余溶液,对已形成的矿物发生交代作用,或者由于碱质与稀有、稀土元素等结合的络合物,由于化学反应发生沉淀,从而形成了大量的稀有金属矿物和稀土矿物,从而形成稀有、稀土和放射性元素矿床。

交代作用首先是碱金属K、Na的交代,之后是稀有、稀土等Li、Ta、Rb、Cs…的交代作用。

由此可见,伟晶岩矿床的形成,实质是岩浆结晶分异作用和岩浆气水热液交代作用的总和,因此也是岩浆矿床与气水热液矿床的过渡类型。它既具有岩浆矿床的特点又兼有气水热液矿床的特征。

四、伟晶岩的分类

K. A 符拉索夫分类如下:

第一种类型——文象和等粒型伟晶岩,边缘带,无工业价值。

第二种类型——块型伟晶岩,中心带,由长石或石英块体组成,巨晶-伟晶结构,云母和陶瓷原料。

第三种类型——完全分异型,伟晶岩已分三带:文象或花岗结构伟晶岩带、微斜长石和石英带,云母和陶瓷原料,有时可产出有工业价值的锂辉石和绿柱石。

第四种类型——稀有金属交代型,独立的交代带,独特的矿物组合,发育在石英和钾、钠长石的接触带中,矿物有钠长石、各种云母、绿柱石、铌钽铁矿、铯榴石、磷灰石、铀矿物等。

第五种类型——钠长石-锂辉石伟晶岩,主要由钠长石、锂辉石、石英和大量的稀有元素矿物组成,化学成分复杂,矿物种类较第四种类型少,说明分异作用不如第四种类型完善。

第三节 伟晶岩矿床的主要类型及地质特征

伟晶岩矿床的类型很多,根据有用组分的不同,伟晶岩矿床可分为稀有金属伟晶岩矿床、稀土元素伟晶岩矿床、放射性元素伟晶岩矿床、白云母伟晶岩矿床、长石伟晶岩矿床、水晶伟晶岩矿床和刚玉伟晶岩矿床等。

一、稀有金属伟晶岩矿床

稀有金属伟晶岩矿床是 Li、Be、Nb、Ta 等矿床的主要类型。

(1)此类矿床空间分布与相关的花岗岩密切相关,在内外接触带或其伟晶岩之中;

(2)发育复杂的交代作用,即钠长石化和稀有矿物交代作用;

(3)矿物成分十分复杂;

(4)工业价值巨大,国内如我国新疆的阿尔泰,国外如加拿大、美国、印度、巴西、阿扎尼亚等地。

二、稀土元素伟晶岩矿床

(1)空间上、成因上与花岗岩、变质岩(混合岩和混合花岗岩、片岩)有关;

(2)伟晶岩分异作用不明显,内部构造较简单;

(3)除造岩矿物外,有较多的稀土元素矿物;

(4)工业意义不大。

三、白云母伟晶岩矿床

(1)分布于深变质岩中(花岗片麻岩、片麻岩、结晶片岩、大理岩以及角闪质岩石等);

(2)矿石矿物简单,交代作用不发育;

(3)除云母外,长石可作陶瓷原料。

实例:内蒙古土贵乌拉白云母矿床是典型代表。

四、含水晶伟晶岩矿床

(1)分布于花岗岩顶部接触带附近;

(2)水晶产于伟晶岩体膨大部位石英带内的晶洞中。

五、长石伟晶岩矿床

(1)产于花岗岩、片麻岩和结晶片岩中;

(2)矿体呈规则的板状,长几十米到数百米,厚几厘米到 20 m;

(3)主要由钾长石和石英组成;

(4)具有分带结构的长石伟晶岩矿床,长石常形成巨大的晶体,质量好,不具有分带结构的长石伟晶岩矿床,质量较差;

(5)单个矿体一般不大,但在一个区域往往成群分布,故总的储量是大的。

第六章 气水热液矿床总论

第一节 含矿气水热液与气水热液矿床

一、基本概念

(一)含矿气水热液

在一定深度下形成的,主要由水和挥发性组分(F、Cl、S、B、P等)组成的,有一定温度、压力的溶液,称为气水热液。如果气水热液中含有一定量的成矿物质,则称为含矿气水热液。由于气水热液主要由水组成,呈液态,故可简称为热液。

(1)含矿气水热液由成矿物质(Au、Ag、Cu、Pb、Zn、W、Sn、Mo等)和介质(水、挥发性组分)两部分组成,二者可同源,也可异源。

(2)温度50~600 ℃、压力最多可达几亿帕。临界温度以上是气态,降到临界温度以下呈液态(纯水临界温度374 ℃,如溶有其他物质,其临界温度可提高到400 ℃)。

(3)高温情况下,气、液两相并存,故称之为"气水溶液"或"气-水热液",中低温情况下(临界温度以下)则呈液态出现,故统称为热水热液或热液。

(二)热液矿床

含矿气水热液在一定的地质构造中运移时,由于温度、压力、组分浓度、物理化学条件等发生变化,其中的某些成矿物质通过充填和(或)交代的方式在一些有利的部位发生沉淀、聚集,形成的矿床称为气水热液矿床。

二、气水热液矿床的工业意义

气水热液矿床在矿床学领域中占着十分重要的地位,这是由于:

(1)矿床类型繁多。如亲硫组分矿产(W、Sn、Bi、Mo、Cu、Pb、Zn、As、Sb、Be、Hg、Fe)、贵金属和放射性金属矿产(Au、Ag、U等)、稀有和稀土元素矿产(Li、Be、Ga、Ge、In、Cd等)及非金属矿产(萤石、石棉、重晶石、冰洲石、硫等)。

(2)丰富和发展了成矿理论。自20世纪中叶以来,特别是20世纪末期,由于科学技术的不断发展与研究手段的进步,热液矿床由单一的岩浆热液一元成矿论发展成由岩浆水、地下水、海水、变质水等多源的多源成矿说,同时促进了成矿物质来源向多源论发展。此外,研究表明,热液运移方向已由单一的由下向上发展为可以环流,不仅可以单独成矿,而且可以组合形成矿床。

第二节　含矿气水热液的来源、组成和性质

含矿气水热液的来源问题，实际上包括气水热液的产生和成矿物质来源两方面内容，该问题也是矿床学领域的基础理论之一，人们对该问题的争议很大。目前，由于科学技术的进步和相关学科的发展，特别是同位素地质学、成岩成矿试验以及气液包裹体测定在矿床学中的广泛应用，大量的研究资料表明，气水热液是多源的，介质和矿质既可是同源的，也可是异源的。

一、含矿热液的来源

（一）成矿介质（水）的来源

根据多种数据、资料的综合研究结果，可以确定参与热液成矿作用的成矿介质（水）的来源有以下五种。

1. 岩浆水（原生岩浆水）

岩浆水（原生岩浆水）指与岩浆处于平衡状态的、包含在岩浆中的水，是岩浆体系的重要组成部分。在岩浆结晶过程中释放出的水，常含有 H_2S、HCl、HF、SO_2、CO、CO_2、H_2、N_2，具有很强的搬运金属络合物的能力。岩浆热液包括深成岩浆热液和火山－次火山热液。认为热液来自岩浆的主要依据有：

（1）大量的气水热液矿床的实例表明，它们与岩浆侵入体之间存在着密切关系。空间上，矿床分布于侵入体内部、接触带或附近围岩中，不同类型矿床或矿种常围绕侵入体呈水平或垂直分带；时间上，与侵入体有关的脉岩与矿体有相互穿插关系，表明二者形成时间相近。

（2）成矿专属性，如W、Sn矿床与花岗岩有关；Fe、Cu矿床与中酸性花岗闪长岩和中性山长岩有关；斑岩Cu（Mo）矿床主要与中酸性－酸性斑岩体有关。

（3）矿石的微量元素组成与岩体中的微量元素及副矿物具一致性。

（4）试验研究：葛朗松（1937）、肯尼迪（1962）关于水在二氧化硅熔融体中溶解度的试验研究表明，水在岩浆中可溶解，而且当达到上临界点时，其溶解是无限的，不存在独立的水相，当含水的岩浆温度、压力降低，达到临界点之下时，含水的硅酸盐熔融体可分离出一个富水相和一个富硅酸盐相，各自沿着结晶曲线演化，最终都可形成气水热液；岩浆含水资料表明，酸性岩浆含水2%～10%，基性岩浆含水1%～6%，因此酸性岩浆可分离出更多的水。

（5）同位素地质研究、包裹体成分、温度的测定都表明了热液是来自岩浆的。

2. 地下水

地下水包括任何地质时期的天水、冰川水、河水、湖水、海水和浅部地下水。

地表水（大气降水）、地下水沿构造裂隙可渗透到地下深处（可达10 km以上），由于地热梯度、岩浆烘烤、放射性元素衰变以及与岩浆热液的混合等，均可使之加热，水温可达几十甚至几百摄氏度，成为地下水热液。如果该热液通过含盐地层，萃取其中的大量盐类物质，则形成热卤水。

无论是地下水热液或地下热卤水，当它们流经地层或已形成的矿体时，都会溶解其中的成矿元素，从而成为含矿热液。当温度、压力、物理化学条件改变时，成矿物质沉淀、聚集形成矿床。

认为地下水热液存在的依据主要有：

(1)美国的撒尔顿湖地区附近，地下 1 600 m 的地下水，温度高达 360 ℃，富含 K、Na、Cl 和 Fe、Mn、Au、Ag、Cu、Pb、Zn 等，是一种含矿地下水热液。

红海底部正在形成的地下水热液，在海面以下 2 000 m 存在有 3 个深 150 m 的热卤水海渊，水温达 34～56 ℃，含盐度 25.5%，比重 1.20，其中含 K、Na、Cl 和 Fe、Mn、Au、Ag、Cu、Pb、Zn 等金属组分，并常见针铁矿、闪锌矿、菱锰矿等沉积物。据研究，它们是下渗红海海水受异常的地热梯度影响，受热后发生环流，溶解围岩中的盐和金属组分，并沿裂谷上升到海渊底部沉积形成的，是一个正在形成的地下水热液矿床。

(2)许多热液矿床，其周围数十千米的范围内没有火成岩出露，深部又无火成岩隐伏体，且矿体围岩又未发生区域变质作用，那么成矿热液既非岩浆，又非变质，其来源只有地下水热液，同时测定同位素(δ_D、δ_O、δ_S)、包裹体成分同样表明是地下水热液。如我国贵州万山汞矿，美国密西西比地区铅锌矿等。

3. 变质热液(变生水)

变质热液(变生水)是在区域变质作用过程中，岩石(矿物)的脱水作用或原岩的埋藏水(矿物中的结晶水、吸附水、薄膜水、粒间水、孔洞水等)而形成的。沉积岩的平均含水量为 5.54%，少数可高达 15%，在变质作用过程中，这些水可以被排出；低级变质岩(如绿片岩)在高温、高压变质作用下转变为高级变质岩(如角闪岩相和麻粒岩相变质岩)的过程中，也可排出水。如果沉积岩在变质过程中释放出 4% 的水，则 1 km^3 沉积岩将释放近 1 亿 t 水，这些水也具有溶解和迁移金属络合物的能力。

变质水受地质体成因、变质作用强度和变质作用类型等因素控制，一般随着变质程度增加，释放水量增加，如沉积岩含水 20%～30%，发生绿片岩相变质时含水量变为 6%，发生角闪岩相变质时含水量减少为 1%～2%，而发生麻粒岩相变质时含水量仅为 0.5%；在基性岩中含水量为 5%，但在绿片岩相、角闪岩相和麻粒岩相中，分别降到 3.15%、1.03% 和 0.35%。

4. 幔源挥发分流体(初生水)

幔源挥发分流体是地幔释放出来的，从未进入水圈的水或来自地球内部第一次出露在地球表面附近的水。

应该指出的是，气水热液成矿往往不是单一的，特别是岩浆热液、地下水热液和海水热液，某些矿床经常是它们之中的两种热液混合作用的结果。

(二)气水热液矿床的成矿物质来源

热液中的组分的来源很难确定。对于大多数热液来说，成矿物质主要有以下几种来源。

1. 来自深源岩浆(上地幔或地壳深部)

岩浆(特别是一些中酸性岩浆)中含有少量的硫和很少量的造矿金属元素(Cu、Pb、Zn、Mo、Ag 等)，它们在岩浆的结晶过程中，较难进入造岩矿物的晶格，所以会在剩余的岩浆中逐步富集。随着岩浆分出独立的水相,这些矿质也遵循分配规律,一部分留在剩余岩浆中,一部分进入分出的水相,形成含矿的水溶液。越到岩浆演化的后期,剩余岩浆中的水和矿质也越多,也就越容易形成含矿的热水溶液。

2. 来自浅源(上地壳或近地表岩石)原生沉积物

一方面,地壳浅部沉积物沉积成岩过程中和变质作用过程中,伴随同生建造水和变质水产生,可溶解原来沉积物中含有的 Pb、Zn 等成矿组分,并将其随之带出,形成含矿热液。

另一方面,热液沿围岩的裂隙、孔隙运移时,可以和围岩发生水 - 岩反应,萃取(溶解)围岩中的一部分物质,使热液中金属组分含量升高,并使围岩中原有金属组分的含量减少。如江西德兴铜矿,远离矿体的九岭群中元古界火山 - 沉积岩系中平均含铜 55 ppm,紧邻矿化 - 蚀变带的外围有宽 2 ~ 5 km 的含铜量低值区,平均含铜 40 ppm,而在矿化 - 蚀变带中含铜 100 ~ 1 000 ppm。研究表明,矿化 - 蚀变带中的铜一部分来自铜元素降低的围岩。

由此可见,①成矿介质的来源是多方面的,它可以是深源的,也可以是浅源的,可来自岩浆、天水、海水、变质水甚至幔源流体,也可以是两种或几种不同来源流体的混合;②气水热液中的成矿物质也是多源的,可以是岩浆源的,也可来自围岩地层,更可以是多种来源的;③介质和矿质既可同源,又可异源;④对于某个或某类矿床而言,成矿介质和矿质的来源又有主次之分,其主要来源常是影响成矿作用的主因和确定热液矿床类型的主要依据。

(三)含矿热液来源的判别

判别成矿物质来源的方法和手段有多种,大致归纳如下。

1. 矿床形成的地质背景

矿床形成的地质背景是判断成矿物质来源的最基本和最根本的方法。所谓地质背景,应包括与成矿有关的地层、构造活动、岩浆作用,以及它们在时间、空间及成因上与成矿作用的联系。有些矿床根据其成矿地质背景可以一目了然地判断出成矿物质来源,如金刚石矿床、铬铁矿矿床的成矿物质主要来自上地幔,而有些化学和生物成因矿床的成矿物质主要来自地壳表层(煤、石油、天然气、磷块岩等),但对于大多数气水热液矿床和某些变质矿床而言,成矿物质来源较为复杂,难于直接判断,根据其成矿地质背景判断的同时,尚需辅以其他方法。

2. 同位素地质法

如硫、铅同位素组成可判别矿质源,$\delta_{34S} \approx 0$ 时代表幔源硫,δ_{34S} 为大的负值时,代表生物硫;不同源区的铅同位素组成具有明显区别,通过铅同位素组成可判别铅的来源,进一步判别成矿物质来源。δ_D、δ_{18O}、δ_C 也普遍用于成矿物质来源的判别,如不同成因水的 $\delta_D - \delta_{18O}$ 组成图,虽然主要用于判别成矿介质来源,也可间接判断成矿物质来源,如成矿介质来源于原始岩浆水,则成矿物质可能主要来自上地幔或岩石圈,再通过其他方法进一步判断。随着科学技术的进步和相关学科的发展,同位素地质学近年来得到了长足发展,应用范围不断扩大,如 Sm - Nd 同位素、He 同位素等。

3. 稀土元素地球化学分析方法(REE)

REE 是相当稳定的元素,在地质作用中不易分馏,或作有规律地分馏。在地球的不同构造层、不同类型岩石、不同地质作用中,REE 的分布形态是不同的。利用这些特征,也可以判别成矿物质来源,其方法主要是 REE 的球粒陨石标准化曲线、一些 REE 参数(如∑REE、LREE/HREE)。

4. 矿石与相关地质体的微量元素组成及对比

我们经常通过测定矿石和与之有关的地质体的成矿元素、相关微量元素的含量,并与克拉克值进行对比的方法判断成矿物质来源。如对于产于绿岩带中的金矿床而言,如果测定绿岩地体中金的丰度远远超过金的克拉克值,在一定程度上确定了绿岩带中金矿床的矿质金主要来自绿岩;再如,我国北东部广泛分布中生代燕山期的金矿床,通过对其周围相关地质体成矿元素 Au 和相关微量元素 Cu、Pb、Zn、Ag、Hg 等测定和对比发现,燕山期某一阶段的中酸性侵入体成矿元素背景值较高,因此可以认为,金矿床在成因上与这些中酸性岩浆侵入有关,从而间接判定金的来源可能是地壳深部岩石圈的部分熔融。

5. 矿石中的包裹体成分也是成矿物质来源的重要信息

如美国 MVT 型铅锌矿石包裹体中含有大量的盐类子矿物或高盐度卤水,说明矿床是地下热卤水作用的结果,那么 Pb、Zn 等金属成矿物质也应该来自岩石圈某一层位。

6. 其他方法

随着相关学科的进步和发展,判断成矿物质来源的方法越来越多,如最近美国地质学家采用 N-Ne-Ar 三角图解对变质矿床和热液矿床成矿物质来源进行了有效判定。

二、气水热液的组成和性质

气水热液成分复杂,目前很难直接观测成矿时气水热液的组成,主要是借助一些研究方法进行分析。

(一)气水热液组成的研究方法

(1)气水热液矿床的矿石矿物及其围岩蚀变特征,如萤石(F)、绢云母(K)、石英(Si)、钠长石(Na)、电气石(B)。

(2)矿石中矿物的流体包裹体组成的测试。

(3)现代火山喷发物及火山活动区的现代沉积物的观测。

(4)现代深层地下水成分分析(超深钻)。

(二)气水热液的成分及其作用

气水热液的组成是非常复杂的,而且是多变的,但是其中的主要成分是水;造岩元素和一些阴离子是基本组分(Si、K、Na、Ca、Mg、Al、Cl^-、F^-、SO_4^{2-}、CO_3^{2-})。此外,尚有气体组分(CO_2、H_2S、HCl、CH_4、NH_3、SO_2)和金属元素(亲硫元素:Cu、Pb、Zn、Hg、Sb、As;亲铁元素:Fe、Co、Ni;贵金属:Au、Ag;稀有、稀土、放射性元素)。

1. 水

水是主要组分,而且在成矿过程中起重要的作用:

(1)是成矿物质的载体,是搬运成矿物质的介质;

(2)溶解、萃取成矿物质,特别是热卤水,可使热液变成含矿溶液或富含成矿物质的

热液,为成矿提供成矿物质基础;

(3)使溶解的成矿物质发生水解,促使其沉淀;

(4)水可电离成 $H^+ + OH^-$,改变热液的 pH,直接影响成矿物质的搬运和沉淀。

2. 硫

当温度大于 400 ℃时,H_2S 分解成气态 $H_2 + S_2$;400 ℃时为中性,H_2S 不参与化学反应;当温度降低时,H_2S 在溶液中溶解度降低,离解度也增大,$H_2S \rightarrow H^+ + S^{2-}$, S^{2-} 参与化学反应生成金属硫化物,说明了硫化物矿床中金属硫化物多在中低温条件下形成的原因。

3. 氧

氧主要通过影响环境的氧化程度(Eh)来控制元素迁移富集。

(1)氧的状态:地表呈氧化状态,深部氧呈还原状态;

(2)深部游离氧少,故易形成低价化合物及硫化物矿床,在浅部游离氧多,故常形成高价氧化物和硫酸盐;

(3)亲氧、亲硫元素在深部形成硫化物,在浅部形成氧化物;

(4)当 O^{2-} 有一定量时,与硫形成 SO_4^{2-},与金属化合成硫酸盐,易溶而不易沉淀成矿,若 O^{2-} 更高,则有些金属(Cu、Zn)不参加置换和分解反应,当然也不能形成矿床。

4. 二氧化碳

CO_2 易溶于水,分解成 H^+ 和 CO_3^{2-}。CO_2 与温度成反比,高温下溶解度很低,故在高温下碳酸盐矿物少,随着温度下降,CO_2 作用增强,因此在中、低温度下碳酸盐矿物比较多,并且常发生以碳酸盐化为主的围岩蚀变。

这里还应该强调气水热液矿床的成矿物质来源,岩浆气水热液的成矿物质来源有两种,即岩浆结晶分异演化时某些成矿元素进入热液中(这是主要来源),或气水热液运移过程中从围岩中萃取;地下水热液、海水热液、变质热液中的成矿物质主要是从围岩(或矿体、矿源层)中萃取的。

三、气水热液的性质

(1)物理性质:具一定温度、一定溶解度和侵蚀力。

(2)化学性质:化学性质是可变的,不同阶段 pH 值不同,可能是碱性—酸性—碱性(柯尔仁斯基),也可能是酸性—碱性(林格伦等),不过,大多数化学反应是在中性、弱碱性和弱酸性环境中进行的。

第三节 气水热液中成矿元素的搬运和沉淀

一、气水热液运移的原因

(1)压力差:压力差产生的原因是岩石静压力和地质构造;

(2)密度差:地下水与被加热的地下水热液密度不一致,导致对流,使气水热液运移;

(3)内应力:岩浆气水热液温度高,又有一定挥发分,内应力较大,使气水热液运移;

(4)热源作用:下渗热液在一定深度上受热(岩浆、地热、放射性、构造、变质),上升,形成循环流动。

二、气水热液运移的通道

气水热液运移的通道有原生裂隙和次生裂隙。

(一)原生裂隙

造岩矿物的粒间间隙、层间裂隙，喷发岩的晶洞和空洞，均属原生裂隙。岩石中，原生裂隙与岩石体积的比值称之为孔隙度。如花岗岩的孔隙度为0.37%～0.5%，火山岩和凝灰岩可达50%，灰岩5%，砂岩15%，页岩30%。

相互连通的溶液可以通过的孔隙称为有效孔隙。其体积与岩石体积的比值称为有效孔隙度。有效孔隙才是气水热液的通道，有效孔隙度越大，渗透性越好。

(二)次生裂隙

次生裂隙可分为非构造裂隙和构造裂隙两种。

(1)非构造裂隙：溶解空洞、岩石膨胀产生的裂隙、矿物重结晶形成的裂隙、崩塌角砾裂隙、火山角砾裂隙等。

(2)构造裂隙：由构造运动产生的裂隙。

按照构造对气水热液运移和沉淀的作用可将构造分为：

(1)导矿构造：气水热液运移的通道；

(2)储矿构造：使矿体定位，并决定其形态、产状、规模及其部分组构的构造。

在某些情况下，导矿构造也可能为储矿构造。

三、成矿元素在气水热液中的搬运形式

成矿元素在气水热液中的搬运形式有4种假说。

(一)以硫化物的真溶液的形式搬运

提出的依据：气水热液矿床矿石中含大量硫化物。

可能性：硫化物在水中的溶解度极小，仅为10×10^{-6}～2.310^{-24}克分子/升，要形成硫化物矿体，需要多得不可估量的水，不可能实现大量聚集而形成矿床。据估算，要形成几吨的硫化物矿石，就需要整个地中海那么多的水。

(二)以卤化物的形式搬运，矿石中的硫化物是化学反应结果

提出的依据：①矿石矿物的包裹体中的含盐度很高，甚至有NaCl子晶出现；②火山喷出物中有As、Fe、Zn、Cu、Pb、Sn等可溶性氯化物和氟化物；③有的气水热液矿床中可见到Cl或F的矿物，如$PbCl_2$、$CuCl_2\cdot3Cu(OH)_2$(氯铜矿)、CaF_2等；④金属氯化物在水中溶解度较大。

存在的问题：①许多高价阳离子卤化物不稳定，易水解；②亲硫元素卤化物常因H_2S存在而沉淀形成硫化物，如$FeCl_2+H_2S\rightleftharpoons FeS\downarrow+2HCl$，使卤化物不稳定，不能进行远距离搬运。

可能性：有可能，但局限于高温气水热液矿床，如钨、锡矿床。在低温条件下，水溶液中H_2S的溶解度增大，金属卤化物很容易与H_2S反应形成金属硫化物沉淀，基本不存在或可能性很小。

(三) 以胶体溶液的形式搬运

提出的依据:①许多金属硫化物在胶体溶液中的含量要比真溶液中大百万倍;②胶体溶液可以在各种温度、压力条件下形成;③在矿石中已发现胶体溶液沉淀形成的胶状组构。

存在的问题:①高温下不稳定,只有低温下才稳定,因此一些高温热液矿床很难用此解释;②黏度大,不能远距离搬运,也不利于渗透;③有围岩电解质加入,破坏胶体状态,使成矿物质沉淀,难以远距离搬运;④很深条件下,压力很大,很难形成胶体溶液。胶状构造的形成是快速降温的结果。

可能性:可能性是有,不过不重要。在低温环境下的一些成矿作用(近地表)作用较大。

(四) 以易溶的络合物形式搬运

提出的依据:①自然界绝大多数金属原子都可以构成络合物的形成体,并与其他元素结合形成络合物,而且许多金属元素在不同性质、不同成分的热液中可形成不同种类的络合物;②溶解度很大,比简单的化合物大几百倍,且相当稳定;③络合物发生电离,产生金属离子,然后发生化学反应,形成矿物沉淀;④成矿物质大多数可形成硫氢络合物 $R_n[Me(HS)_m^{n-}]$ 或卤化物络合物 $R_n[MeF_m]^{n-}$(Me 代表金属离子,如 Cu、Zn 等)。

可能性:大量野外和室内研究结果表明,成矿物质的这种搬运形式的可能性较大,因此它是一种重要的形式。

四、成矿物质的沉淀

引起成矿物质沉淀的因素和条件很多,归纳起来主要有以下几种:

(1)温度降低:①温度降低可能会引起成矿元素、化合物或络合物的溶解度减小,导致成矿物质沉淀;②温度降低增加 H_2S 的溶解度,S^{2-} 的浓度增大,有利于硫化物的形成并沉淀;③温度变化可使某些化学反应得以进行。

(2)压力降低:①压力降低引起热液沸腾,增加组分浓度,饱和则沉淀;②压力降低,溶解度减小,则沉淀;③压力降低,气体逸出,碱性增高,降低搬运能力,则沉淀;④压力降低,导致挥发分化合物分解,发生沉淀,如 $Fe(HCO_3)_2 = FeCO_3\downarrow + H_2O + CO_2\uparrow$。

(3)氧化-还原反应:由氧化反应而发生的沉淀:$Na_2HgS_2 + H_2O + O_2 \rightarrow HgS + 2NaOH + S$;

由还原反应而发生的沉淀:$U^{6+} \rightarrow U^{4+}$;$[UO_2(CO_3)_2]^{2-} + 2e \rightarrow UO_2 + 2CO_3^{2-}$。

(4)不同性质溶液的混合:破坏溶液系统化学平衡,产生化学反应,形成沉淀,如:

①贫硫化氢溶液与含金属的富硫化氢溶液混合,导致硫化氢浓度降低,引起沉淀;

②不含金属的富硫化氢溶液和重金属卤族元素化合物混合,发生化学反应,可导致硫化物沉淀。

(5)与围岩反应,如 $Na_2WO_4 + CaCO_3 \rightarrow CaWO_4$(白钨矿)$\downarrow + Na_2CO_3$,因此白钨矿常产于灰岩中。

(6)水解作用,如 $NaFeCl_6 + H_2O \rightarrow Fe_2O_3 + NaCl + HCl$。

第四节 气水热液矿床的成矿方式

气水热液矿床的成矿方式(引起矿质沉淀)有充填和交代两种。

一、充填作用

含矿气水热液运移流经化学性质稳定的岩石时,不与围岩进行化学反应和物质交换,而主要由于物理化学条件(温度、压力等)的改变,引起成矿物质直接沉淀于所在的构造中形成矿床,这种成矿作用称之为充填作用。由充填作用形成的矿床称为充填矿床。

充填矿床的特点如下:

(1)矿体形态与容矿裂隙一致,多为脉状,矿体与围岩界线清楚;

(2)矿石具有特征性组构,如梳状构造、晶簇构造、带状对称构造、角砾状构造及同心圆状构造等;

(3)矿物沉淀具有单向发育生长的特点,常是自脉壁(或洞壁)向中心生长,其最发育晶面指向热液供应方向;

(4)形成较浅,围岩蚀变较弱。

二、交代作用

含矿气水热液与围岩发生化学反应或置换作用,使成矿物质得以沉淀、聚集从而形成矿床,称之为交代作用,所形成的矿床为交代矿床。交代作用前后,岩石始终保持固态,且体积不变。

交代作用的方式有以下两种:

(1)扩散交代作用:含矿气水热液中组分浓度差(梯度)导致物质组分的带入带出的交代作用,它总是由高浓度向低浓度进行,其交代作用效应半径为数十米。

(2)渗滤交代作用:压力差而导致含矿溶液的流动(已进入储矿场所),在流动过程中产生组分的带入带出的交代作用。

影响交代作用的因素很多,包括组分的活性与浓度、温度和压力、围岩的物理化学性质等。

交代矿床的特点主要有:

(1)矿体形态不规则,多呈不规则块状、脉状或似层状等,与围岩呈渐变过渡关系;

(2)矿体中常有围岩的残留体,往往保存原岩的结构构造;

(3)广泛发育交代结构;

(4)由于交代作用形成的矿物晶体向各个方向生长能力均匀,故晶体向各个方向发育完整;

(5)围岩蚀变发育。

应该强调的是,气水热液成矿过程中,充填作用和交代作用往往同时发生或相继发生,因此充填矿床和交代矿床有时没有严格界限,但往往以某一种方式为主。

第五节 气水热液矿床的围岩蚀变

一、围岩蚀变的概念及研究意义

(一)围岩蚀变的概念

气水热液作用于围岩时,发生一系列旧矿物为新的、稳定的矿物所代替的交代作用,使围岩的成分、结构、构造、物理性质发生变化,围岩的这种变化称为围岩蚀变。

(二)围岩蚀变的研究意义

理论上:由于围岩蚀变是含矿气水热液成矿作用的必然产物,它始终贯穿于成矿作用的全过程,因此通过蚀变围岩矿物成分、矿物组合、化学成分、蚀变类型及强度的详细研究,可以了解成矿热液的可能成分和性质,分析成矿热液的搬运形式,了解成矿时的物理化学条件、矿物沉淀的原因、矿物聚集及分布规律等,对判断矿床成因、丰富和发展成矿理论有重要意义。

实践上:围岩蚀变是一种重要的找矿标志,虽然蚀变岩石并不都伴生矿床,但是所有的热液矿床都有明显的围岩蚀变现象。在没有围岩蚀变的地方,一般不会有热液矿床的存在。具体而言,①根据围岩蚀变类型,可推测矿产的种类,如云英岩化——W、Sn;黄铁绢英岩化——Au 和多金属;钾化、青盘岩化——斑岩 Cu - Mo 矿床等;②据围岩蚀变的分布范围、蚀变强度,可判断矿体位置、矿化强度等;③有些矿床的蚀变围岩即是矿体,如胶东地区蚀变岩型金矿(焦家、三山岛等)。

二、围岩蚀变的命名原则

以蚀变产生的主要矿物命名:绢云母化、绿泥石化、石英化、黄铁矿化,这是最早采用的命名方法。

以蚀变矿物的共生组合命名:如云英岩化、绢英岩化、矽卡岩化、青盘岩化。

从热液中加入的特征性元素命名:钾化、钠化、硅化、碳酸盐化。

围岩蚀变的种类繁多,但其广度和强度以及蚀变产物都受下列因素的影响:

(1)围岩的化学成分、矿物成分和物理性质,例如,酸性火山岩中的主要蚀变类型是绢云母化、泥化、硅化和黄铁矿化;中性和基性岩的蚀变类型是绿泥石化、碳酸盐化、绢云母化、黄铁矿化和绿青盘岩化;碳酸盐岩中的主要高温蚀变是矽卡岩化;页岩、板岩和片岩中的特征性蚀变是电气石化。

(2)气水热液的化学成分、组分浓度以及酸碱度等。

(3)温度和压力。

此外,蚀变作用时间的长短、围岩裂隙的发育程度和岩石的渗透性对蚀变也有很大的影响。

三、围岩蚀变类型及相应的矿化类型

围岩蚀变的类型繁多,下面仅列举几种常见的重要的围岩蚀变(见表 6-1),并对它们

的形成条件、矿物组合、原岩类型及相应矿化类型进行介绍，希望能举一反三，了解和认识更多的围岩蚀变类型。

表 6-1 常见的围岩蚀变类型

围岩蚀变类型	主要的矿物组合	形成条件	原岩的主要类型	有关的矿产
云英岩化	石英+白云母（有时伴生电气石、黄玉、萤石）	热液交代钾长石	花岗岩类，有的产于砂页岩中	W、Sn、Bi、Mo、稀有金属
钾长石化	钾长石（微斜长石、天河石、透长石、正长石、冰长石）+黑云母	高温—中低温均可，K^+的带入	花岗岩和次火山岩（斑岩）	Cu、Mo、Au、稀有金属
钠长石化	钠长石	高温—中低温均可，斜长石分解或Na^+交代	中基性火成岩、碱性岩	稀有、稀土、分散元素以及 Au、Cu、Pb、Zn、Fe、FeS
青盘岩化（变安山岩化）	绿泥石、绿帘石、黄铁矿、钠长石、碳酸盐（方解石、白云石、铁白云石、菱铁矿、菱锰矿）	中—低温，热液中富含CO_2、S、H_2O，在近地表条件下形成	安山岩、玄武岩、英安岩、部分流纹岩、中酸性火山岩	Cu、Mo、Au、黄铁矿、多金属
绢云母化 绢英岩化 黄铁绢英岩化	绢云母+石英（少） 绢云母+石英 绢云母+石英+黄铁矿（>5%）	中低温，K^+交代或钾长石分解	中酸性火山岩、泥灰岩、钙质页岩及黏土岩	Cu、Pb、Zn、Mo、Bi、Au、Ag等
绿泥石化	绿泥石	中低温由含镁铁的矿物（角闪石、辉石、黑云母等）蚀变	安山岩、玄武岩、闪长岩、辉长岩； 酸性岩和泥质岩	Cu、Pb、Zn、Au、Ag等，矿化蚀变不单独出现绿泥石化
硅化（石英化、似碧玉化、石髓化、蛋白石化）	石英（石髓、蛋白石）相伴绢云母	高—中低温，尤以中低温最为发育，二氧化硅来自热液，另外是化学反应产物	各种岩石类型	Cu、Mo、Pb、Zn、Au、Ag、Hg、Sb、黄铁矿等

续表 6-1

围岩蚀变类型	主要的矿物组合	形成条件	原岩的主要类型	有关的矿产
黏土化	地开石、高岭石、叶腊石(深度黏土化);高岭石、蒙托石(中度黏土化)	中—低温,近地表,主要由斜长石蚀变而成	各类火成岩,尤以中酸性火山岩最为发育	Cu、Pb、Zn、Au等
碳酸盐化	方解石、白云石、菱铁矿、菱锰矿	中—低温,尤以低温常见,一是碳酸盐交代,二是原岩褪色	镁铁质—超镁铁质-中性-碱性岩、碳酸盐岩石	Cu、Pb、Zn、Hg、Au、Ag以及稀有、稀土等元素
蛇纹石化	蛇纹石、滑石	超镁铁质自变质,碳酸盐类(白云岩)热液交代,高—中温	超镁铁质、白云质碳酸盐岩	石棉、滑石、菱镁矿

通过对比蚀变前和蚀变后的岩石成分,可以知道围岩在蚀变过程中发生的化学变化。矿液通过与围岩反应,pH逐渐升高,溶液甚至有可能变成中性或弱碱性;同时,蚀变改变了矿液的成分,矿质有可能形成难溶的反应产物,也就是矿石矿物,大量聚集的结果,就形成了矿床。

第六节　气水热液矿床成矿温度、压力(深度)条件的测定

一、成矿温度的测定

成矿温度的测定包括以下3种方法。

(1)矿物测温法。

①矿物的熔点,如自然铋264~271 ℃,自然硫119 ℃;

②多形矿物的转变点(同质异象转变点),如α石英—β石英573 ℃,正方晶系黄铜矿—等轴晶系黄铜矿500 ℃;

③固溶体分解温度,如黄铜矿-磁黄铁矿250 ℃,斑铜矿-黄铜矿300 ℃,黄铜矿-方黄铜矿450 ℃;

④矿物重结晶温度,如自然银200 ℃、自然铜450 ℃重结晶;

⑤共结温度,如辉铜矿-方铅矿-辉银矿400 ℃时共结连生,磁铁矿-钛尖晶石500 ℃共结共生;

⑥矿物的物性变化;

⑦矿物组合;

⑧热发光效应；
⑨用人工合成法制造人工矿物；
⑩矿物的晶体习性。
(2)矿物包裹体测温法。
①均一法；
②爆裂法。
(3)稳定同位素测温法。

二、成矿压力(深度)的测定

成矿压力(深度)的测定包括以下两种方法。
(1)矿物包裹体测定压力法。
(2)地质测定压力法。
①据岩浆岩和岩浆热液矿床深度相的一致性，如近地表小侵入体和喷出岩发育地区，相应发育有浅成热液矿床。
②计算剥蚀深度。表成：地表至地下几百米；浅成：地下几百米~1.5 km；中深：地下1.5~3.0 km；深成：大于3.0 km。

第七节　气水热液矿床的成矿期、成矿阶段和矿物生成顺序

矿床的形成，尤其是气水热液矿床，多数是经过长期的、多次反复矿化的结果，因此为了建立矿床的成因机制，应准确划分成矿期、成矿阶段，确定矿物生成顺序。

一、成矿期(矿化期)

气水热液矿床在形成过程中，由于成矿介质的物理化学条件的显著改变，因而形成不同的矿化时期，称之为成矿期。矿化期一般根据显著的物理化学条件变化加以确定，如接触交代矿床一般可划分出矽卡岩期和石英-硫化物期两个成矿期。

矿化期代表一个较长的矿化作用过程，每个矿化期除物化条件不同外，还形成相应的矿物组合，因此矿化期的划分可根据成矿物化条件和矿物组合两方面因素来考虑。

应当指出，气水热液矿床的形成并非都可划分为几个矿化期，只有那些成矿时间长、成矿作用复杂的矿床才能划分为若干矿化期。

二、成矿阶段(矿化阶段)

成矿阶段是指同一成矿期内，时间间隔较短，并在相同或相似的地质条件和物理化学条件下进行的矿化作用阶段。一个成矿阶段内常形成一组矿物。一个成矿期通常包括几个成矿阶段，每个成矿阶段都与构造裂隙的阶段性发育和含矿溶液的多次活动有密切联系，都代表着一次成矿溶液活动和物理化学条件变化不大的成矿过程。如接触交代矿床的石英-硫化物期可划分为早期硫化物阶段、晚期硫化物阶段和碳酸盐阶段等不同的成矿阶段。

确定成矿期和成矿阶段，不仅可以说明成矿作用过程，而且有助于查明不同矿物组合在时间上和空间上的分布规律。鉴别成矿期和成矿阶段，需要详细的野外观察和室内对手标本、光薄片的仔细鉴定和研究，划分成矿阶段的主要标志（矿相）有：

（1）早阶段生成的矿脉被晚阶段的矿脉切割，在矿石构造上表现为脉状、交错脉状、网脉状构造。

（2）早阶段生成的矿石经破碎并角砾岩化后，被晚阶段的矿物所胶结，并有不同程度的交代现象，矿石上表现为角砾状、环状构造。

（3）早阶段矿石被晚阶段矿石所交代，具有明显的交代特征，如矿石表现出残余构造，选择阶段形成的条带状构造等。

（4）不同成矿阶段常具有不同的围岩蚀变。如高温成矿阶段常伴生云英岩化蚀变，中低温成矿阶段则伴生硅化、绿泥石化、碳酸盐化等。

三、矿物生成顺序

同一成矿阶段中不同矿物的先后结晶顺序称为矿物生成顺序。一般符合晶格能降低的顺序，同时受溶液浓度、pH、Eh 值等变化的影响，必须根据多种因素全面综合确定。主要有以下几种方法：

（1）截穿（穿插）：一个矿物截穿另一个矿物或几个矿物，则被截穿者形成较晚。

（2）包裹：某种矿物的全部或部分被另一种矿物包围。被包围者为先生成矿物，如果被包围矿物有被截断现象，其先后关系更为明显。

（3）交代：先生成矿物被后生成矿物所交代，矿石显示出明显的交代残余结构。

（4）粒间生长：后生成的矿物赋存于先生成的矿物颗粒之间，类似于“胶结物”。

（5）蚀变：先生成的矿物在溶液的作用下，变成另一种新矿物，如长石变成白云母。

（6）假象：先生成的矿物被交代后，尚保留原矿物的晶形，如磁铁矿变成假象赤铁矿。

（7）矿石构造：在对称带状构造中，外带矿物早于内带矿物；在环带构造中，外圈矿物晚于内圈矿物；在皮壳状构造中，外层矿物晚于内层矿物；在晶洞构造中，晶洞中心的矿物晚于洞壁上的矿物。

第八节　气水热液矿床的带状分布

热液矿床的分带性是指彼此有一定成因联系的元素、矿物、矿物组合、矿石组构等围绕同一矿床、矿体在空间上呈规律性的带状分布，或在一定的区域范围内不同类型的矿床在空间上呈有规律的带状分布。水平上呈带状分布叫作水平分带，垂向上呈带状分布叫作垂向分带。

分带性不局限于热液矿床中，在其他类型的矿床中也存在，但热液矿床的分带性往往更明显、更复杂。

带状分布的范围大小各异，大到区域，小到矿体。按规模和级别，分带性可划分为以下三级：

（1）区域分带性。

区域分带性指在较大范围的构造岩浆活动带或构造单元中，在成因上有联系的矿床或矿床类型在空间上分布的规律性。区域分带性主要受成矿区域构造背景的控制，是区域成矿学的主要研究内容之一。

(2)矿田分带性。

矿田分带性指在成因上有联系的矿床组成的矿田中，具有不同矿化特征的矿床在空间上分布的规律性。如在辽宁兴城地区杨家杖子钼矿田中，在中酸性岩体中出现斑岩型钼矿床(兰家沟矿床)，在岩体与碳酸盐岩接触带及附近形成矽卡岩型钼矿床，而在远离岩体的围岩中常表现为石英脉型钼矿化。

(3)矿床或矿体的分带性。

矿床或矿体的分带性指在矿床或矿体范围内，沿水平或垂直方向上元素、矿物、矿物组合的变化规律性。如美国南部康瓦尔地区，历来作为最为典型的矿区分带的矿例，该区围绕花岗岩侵入体水平方向由内向外：Sn→W→Bi→As→Cu→Pb→Zn→Ag 和 Sb，在垂向上由上而下为 $FeCO_3$、$MnCO_3$→SnS→ PbS、ZnS、Ag→CuFeS→W_2O_3→SnO_2

第九节 气水热液矿床的总体特征和矿床分类

一、气水热液矿床的基本地质特征

气水热液矿床的基本地质特征如下：

(1)该类矿床是含矿气水热液沿一定构造运移沉淀而成的，故成矿作用一般晚于围岩形成，为典型的后生矿床；

(2)成矿物质和成矿介质均具有多源性(矿质：地壳表层、岩石圈、上地幔和宇宙源；介质：岩浆水热液、火山热液、地下水热液、变质热液、幔源流体和混合热液)，由此导致此类矿床类型复杂，矿种多(Fe、Cu、Pb、Zn、W、Sn、Bi、Mo、Au、Ag、U 等)，具重要的工业价值；

(3)成矿作用往往受围岩岩性及构造条件的控制和影响，构造是成矿热液运移通道和成矿物质的沉淀富集场所，故矿体形态和产状明显受构造控制，主要呈脉状、透镜状、似层状等，与围岩呈突变关系；

(4)成矿作用方式以充填和交代为主；

(5)含矿气水热液的多期活动以及断裂构造的间歇性活动，致使成矿作用常具多期多阶段性，因此热液矿床矿石物质成分复杂，金属矿物主要有硫化物、氧化物、砷化物、含氧盐类，非金属矿物则以硅酸盐、碳酸盐、硫酸盐和石英为主，矿石组构复杂多样，矿石主要呈晶洞状、晶簇状、条带状、浸染状、块状构造；

(6)在成矿过程中往往伴有不同类型、不同程度的围岩蚀变。气水热液成分改变的同时，可引起成矿组分的变化；

(7)矿物物理化学条件变化较大，成矿温度介于 50 ~ 400 ℃，少数为 500 ~ 600 ℃，成矿深度不等，深成 1.5 ~ 4.5 km，浅成至近地表 <1.5 km。

二、气水热液矿床的分类

热液矿床的成矿作用很复杂，涉及多方面因素，如含矿气水热液的成分、温度、压力，围岩的成分、渗透性、围岩的温度和压力等。显然，气水热液矿床的分类问题也很复杂。

热液矿床的分类方案很多，如根据成矿温度和深度（林格伦），可把热液矿床分为高温深成矿床（成矿温度 300 ~ 500 ℃）、中温中深成矿床（成矿温度 200 ~ 300 ℃）和低温浅成矿床（成矿温度 50 ~ 200 ℃）。

根据成矿温度和压力，可以将热液矿床分为 5 类：①深成高温矿床；②中深成中温矿床；③浅成低温矿床；④深成低温矿床；⑤浅成高温矿床。

按成矿热液的主要来源，又可将气水热液矿床分为岩浆热液矿床、地下水热液矿床、火山热液矿床及变质热液矿床等。

本次分类主要考虑以下因素：①成矿热液的主源；②不同类型矿床的工业价值；③成矿系列，即在侵入体的不同部位常出现成因上有联系的不同类型矿床。据此将热液矿床分为：①斑岩型矿床；②接触交代矿床（狭义的矽卡岩矿床）；③其他岩浆热液矿床；④地下水热液矿床；⑤火山 - 次火山热液矿床。

第七章 热液矿床各论

第一节 产于岩体内或附近围岩中的岩浆热液矿床

一、概述

(一)概念

由岩浆结晶分异过程中分出的气水溶液,在侵入体内部及附近围岩的有利构造中,通过充填和交代的方式形成的矿床,称为岩浆热液矿床。

(二)工业意义

岩浆热液矿床类型众多,包括大部分有色金属矿产(W、Sn、Mo、Cu、Pb、Zn、Hg、Sb、As)、贵金属(Au、Ag)和重晶石、萤石、硫、水晶、菱镁矿等非金属矿产,其中不乏大型、超大型矿床,价值巨大。

二、岩浆热液矿床的成矿作用概述

(一)岩浆热液的产生与运移

在深部高温高压条件下(温压条件为600~300 ℃,深度为8~4 km),岩浆的演化导致超临界流体的分离,当冷却至临界点之下就变成热液。当内压大于外压时,它们就从岩浆房分出。由于大量挥发分的存在,提高了金属在溶液中的溶解度。金属离子在溶液中主要呈硫化物、氧化物、氟化物、氯化物等形式被搬运。

(二)岩浆热液的早期成矿作用

在岩浆气液作用早期,由于F^-、Cl^-大量存在,溶液pH低,多呈酸性、弱酸性。若围岩是非钙质酸性岩浆岩或硅铝质岩石,当溶液分出后,未经长距离的搬运,即在酸性岩体的顶部或其上覆围岩中沉淀成矿。由于在较深的环境下,降温缓慢,其他物理化学条件的变化也不显著,酸性溶液不易被中和,因而有利于高温矿物的沉淀;蚀变是长石水解为粗-中粒的石英和白云母——典型的云英岩化,伴随大量的W、Sn等矿物结晶、富集形成高温热液脉状矿床,即云英岩型钨、锡石英脉矿床。

(三)岩浆热液的中期成矿作用

在中温(200~300 ℃)、中深(1~3 km)的条件下,由于热液的温度降低,金属硫化物开始相对聚集,在向构造裂隙或减压部位运移过程中,特别是流经灰岩、泥灰岩和其他碳酸盐岩石时,溶液很快被中和,使原来酸性-弱酸性含矿溶液变为中性溶液,甚至呈弱碱性,不能在酸性溶液中沉淀的硫化物开始沉淀;如矿液具有足够的温度和相当的活泼性,溶液和围岩则可发生交代作用,形成交代矿床。伴随绿泥石化、绢云母化、黄铁绢英岩化、硅化、碳酸盐化以及蛇纹石化，形成以硫化物、复硫盐类为主的多金属矿床。它们虽然与侵入体关系较密切，但在空间上仍有一定距离。

（四）晚期岩浆热液作用

热液温度在 50 ~ 200 ℃，成矿压力小于 1×10^7 Pa(0 ~ 0.5 km)，含矿溶液多变成弱酸性，某些金属则以碳酸盐岩形式从热液中沉淀出来，形成菱铁矿、菱锰矿、菱镁矿等矿床。此外，还可形成滑石、纤维蛇纹石石棉等非金属矿床。

三、岩浆热液矿床的分类及主要类型矿床特征

（一）岩浆热液矿床的分类

根据成矿温度和压力（深度），可将岩浆热液矿床分为三类：

（1）高温热液矿床：成矿温度 300 ~ 600 ℃，成矿压力 $2 \times 10^7 \sim 1 \times 10^8$ Pa(1 ~ 4.5 km)（浅成高温矿床成矿深度小于 1 km），如石英脉型钨、锡矿床；

（2）中温热液矿床：成矿温度 200 ~ 300 ℃，成矿压力 $1 \times 10^7 \sim 5 \times 10^8$ Pa(0.5 ~ 2.5 km)，如自然金 - 多金属矿床、铅锌矿床、一些非金属矿床（石棉、水晶、萤石矿床）、放射性铀矿床等；

（3）低温热液矿床：成矿温度 50 ~ 200 ℃，成矿压力小于 1×10^7 Pa(0 ~ 0.5 km)，如菱铁矿、菱锰矿、菱镁矿等矿床。

（二）主要类型矿床特征

1. 云英岩型钨、锡石英脉矿床

成因和空间上与云英岩化蚀变围岩有关的矿床称为云英岩型矿床。含钨、锡石英脉矿床是最主要的云英岩型矿床，也是钨矿的最主要矿床类型。此类矿床以产钨为主，伴生锡、钼，可综合利用，有些还伴有铍、铜、铅、锌等。我国钨矿极其丰富，储量和产量都占世界首位，它们大多属于云英岩型矿床。矿床规模一般为中小型，少数规模很大，为重要的矿床类型，如钨矿的储量可以达到几吨至几十万吨。

（1）矿床成因和空间上都和花岗岩类有关，特别是规模较小的岩株状、岩枝状和钟状花岗岩体和成矿的关系更为密切。规模巨大的岩基状花岗岩多为多期形成的复式岩体，其中的钨矿化都与晚期旋回的花岗岩有关。

（2）含钨石英脉多分布于岩体顶部、边缘或距接触带不远的围岩中（< 1.5 km），围岩成分主要为轻微变质的砂岩、板岩、千枚岩等。

（3）裂隙构造控矿特征明显，成矿方式以充填作用为主。

（4）矿体多呈脉状、网脉状充填于剪切裂隙和张剪复合裂隙中，当这些裂隙和岩体的原生裂隙重叠时，往往扩大和加深了原生裂隙，含矿热液充填于这类裂隙时，可以形成形态规则、规模巨大的脉状矿体或矿脉群，矿体规模大小不等，根据矿脉的形态和产状，可分为大脉型矿体（脉宽 30 ~ 50 cm）、中 - 薄脉带型矿体（脉宽 10 cm 左右）、网脉型矿体（细脉宽 1 ~ 2 cm，少数 5 cm）。

（5）矿石中的金属矿物主要为氧化物（黑钨矿、锡石、赤铁矿、磁铁矿），其次为金属硫化物（磁黄铁矿、辉钼矿、辉铋矿、毒砂等），非金属矿物有石英、长石、锂云母、角闪石等。矿床主要由充填作用形成，所以矿石常具有对称条带状构造、梳状构造、晶洞状构造等特

征。在网脉型矿体中常可见到浸染状构造的矿石，金属矿物多呈自形晶散布于石英脉或云英岩中。

(6)由于成矿温度高，且矿液中富含挥发分，因而近矿围岩和岩体内部经常发育强烈的蚀变现象，重要蚀变类型主要有云英岩化，其次为钠长石化、电气石化、钾长石化、黄玉化等。

(7)近年来发现，云英岩型含钨、锡石英脉矿床和花岗岩中的铌、钽、铍等稀有元素矿床之间经常出现明显的垂直分带现象，钨、锡矿床往下为花岗岩中的铌、钽、铍矿床所替代，两种矿床类型构成一个成矿系列。

在垂直方向上，大多数矿区锡石在上，黑钨矿在下，有的矿区表现出相反的规律。硫化物一般都分布在黑钨矿和锡石之下，少数与之共生或分布在黑钨矿、锡石之上。黑钨矿和锡石是同一阶段形成的，硫化物则为晚期阶段产物。矿石中的脉石矿物主要为石英，构成含矿石英脉的主体，有时伴生有黄玉、电气石、萤石，个别矿脉中还有石榴石和钾长石等出现。

目前，认为含钨花岗岩是由深部硅铝层重熔的重熔岩浆侵入而成的，钨、锡等成矿物质来自重熔前的矿源层。通常认为矿床形成于高温热液阶段，挥发分在成矿过程中起着一定作用。

2. 脉状多金属矿床

脉状多金属矿床分布十分广泛，与之有关的矿产主要有 Sn、Cu、Pb、Zn、Au 等，除 Au、Sn 外，大型矿床少见，多以中小型为主。这类矿床的地质特征主要表现为：

(1)这类矿床多与中酸性岩浆岩有一定的空间和成因联系，矿区附近一般都有花岗岩、花岗闪长岩等中深成岩浆岩出露，岩体以中小型规模居多，常成岩株状产出，出露面积多为数十平方千米，少数成巨大的岩基状产出。矿脉很少直接产于岩浆岩体内，大多分布在岩浆岩附近的围岩中。

(2)含矿围岩主要为化学性质比较稳定的铝硅酸盐岩石，如板岩、千枚岩、片岩、页岩、石英砂岩等，当围岩是碳酸盐岩时，脉状多金属矿床往往和接触交代矿床伴生。

(3)断裂构造对这类矿床的产出位置、矿脉的形态、规模有重要影响，矿脉可分为以下三种类型：

①单脉：主要受张扭性的断裂控制，成矿作用方式以充填为主。与围岩界线清晰，围岩破碎不明显，厚度一般可达十几米至数十米，长数百米至上千米不等，矿化带的整体形态规则而简单；

②薄脉带：受平行断裂组控制，矿化带内的矿体形态复杂多变，有呈分枝、复合的脉状，也有不很规则的透镜状，在断裂带中或断续出现或斜列分布，每一单脉厚度不超过 1 ~ 2 m；

③网脉带：主要受压扭性的断裂破碎带控制，由数条至数十条相互交织的单脉构成。除脉状外，有时尚有似层状、透镜状、柱状矿体。

(4)矿床的围岩蚀变多样，常见的有硅化、绢云母化、绢英岩化、黄铁绢英岩化、钾长石化、碳酸盐化、绿泥石化等。

(5)矿石的矿物成分复杂，以各种金属的硫化物和硫盐为主，脉石矿物以石英和碳酸盐类矿物为主。主要的金属矿物有:黄铜矿、黄铁矿、斑铜矿、黝铜矿、方铅矿、闪锌矿、辉银矿、赤铁矿、自然金、自然银、自然铋等;主要的非金属矿物:石棉、滑石、菱镁矿、萤石、水晶、石英、方解石、白云石、绿泥石、绢云母等。

由于构造断裂的多期活动和矿化的多期作用,矿石构造往往比较复杂,在一个矿床中经常同时出现多种矿石构造类型,常见的有块状构造、角砾状构造、脉状构造,网脉状构造、条带状构造和晶洞状构造。

一般认为脉状多金属硫化物矿床的成矿物质主要来自岩浆或深部岩石,与围岩的成分无多大关系,矿床是区内花岗岩类演化、分异的产物,属于岩浆中温热液矿床。

根据矿物组合和矿产类型,脉状多金属矿床可进一步划分为若干矿床类型,其中主要的有三类:

(1)脉状金矿床:我国北东部及西部大多数金矿床均属此类,如胶东、辽南、冀东、内蒙古、小秦岭地区、新疆等地的金矿床。

这类矿床矿石成分复杂,以金－黄铁矿型矿石最为常见,除自然金、黄铁矿外,经常伴生有方铅矿、闪锌矿、黄铜矿、辉铜矿等。脉石矿物为石英以及相当数量的碳酸盐类矿物和重晶石等。常见围岩蚀变为绢云母化、绿泥石化、硅化等。

(2)脉状铅锌矿床:湖南桃林铅锌矿床是此类矿床的典型代表。

此类矿床可产于各类岩石中,在碳酸盐类中常见以交代作用为主,形成的不规则透镜状、筒状、板状、巢状矿体;在硅质岩石(砂页岩、酸性喷出岩、花岗岩、变质岩等)的裂隙和破碎带中常见以充填作用为主的矿脉和矿带。矿石成分主要是方铅矿、闪锌矿、黄铁矿;脉石矿物为方解石、石英,有时见萤石和重晶石等。围岩蚀变为硅化、绢云母化、绿泥石化和碳酸盐化。

(3)锡石多金属硫化物矿床:此类矿床是锡矿床的重要类型,在我国广西、云南等省有分布。

矿产在成因上与中酸性花岗岩类岩石有关。矿体形态复杂,多为脉状、网脉状和透镜状,也有似层状。矿石成分复杂,锡石与铁的硫化物(磁黄铁矿和黄铁矿)、铁铝硅酸盐矿物及铁的氧化物(磁铁矿)共生,在某些矿区也广泛发育铜、铅、锌的硫化物和锡的硫盐矿物。围岩蚀变以硅化为主。

除上述几个矿床类型外,常见的岩浆热液矿床类型还有五元素(U、Ni、Co、Bi、Ag)建造矿床、含铜石英脉矿床、滑石和菱镁矿矿床、石棉矿床和水晶矿床等。

第二节 地下水热液矿床

一、概述

地下水热液矿床:与岩浆活动无直接关系,在地壳浅部和表层的地热异常区,由地热或地热增温率导致的岩层内同生水或循环地下水活动性增强,萃取围岩中的成矿物质形成的含矿溶液,称为地下水含矿热液。地下水含矿热液运移到有利构造和围岩中,通过充填和交代的成矿方式形成的矿床称为地下水热液矿床。

工业意义：主要金属矿产有 Pb、Zn、Hg、Sb、As、Au、Ag、U、Ni、Mo 等；非金属矿产有水晶、冰洲石、石棉、蛇纹石、重晶石等，有些矿床可以称为大型、超大型矿床（MVT 型铅锌矿床、贵州万山汞矿床）。

二、地下水含矿热液的形成作用

(1)侧分泌作用：热液可能是大气降水、原生水或结晶时的释放水。热液流经围岩时，成矿组分从附近围岩中析出进入热液，形成含矿气水热液，矿质被热液带到附近有利空间沉淀成矿。

(2)压实热液作用：岩石在压实过程中，岩层中的孔隙水受压而被释放出来。如原为海相沉积物，在成岩、压实过程中，可释放出以卤化物为主的热卤水。在这些热液的作用下，可形成后生的金属和非金属矿床，如某些泥质岩中的铅锌矿脉可能是这种成因造成的。

(3)下渗水环流热液作用：下渗水沿断裂、裂隙带循环，通过加温，使围岩中有用组分活化转移，进入热液，并在有利的岩性条件下富集。

(4)热泉堆积作用：一般发生在年轻和正在进行矿化的地区。热泉水基本上是大气降水，一般含有较高的 Hg、As、F 等元素，随着温度下降，有用组分沉淀堆积可形成矿床，如美国加利福尼亚州的汞矿床就是一例。

三、地下水热液矿床的特征

地下水热液矿床的总体特征与岩浆热液矿床大体相似，但还有自己的特点，即：

(1)矿床及其附近一般无岩浆岩体出露，即使有，也与矿床无直接关系。

(2)矿化明显受一定地层、岩性（岩相）控制，矿床常产于一定层位中，矿体常集中在某些岩性段：①海相、泻湖相碳酸盐岩（多与白云质碳酸盐岩和礁相杂岩）；②红色碎屑岩系中的浅色带及接触带；③黑色页岩。

(3)矿床受构造控制明显，主要是褶皱、断裂、裂隙及岩层的层间构造带，矿体多为两向至三向延长过渡的凸镜状、囊状或脉状矿体，在空间上沿一定层位呈带状分布。

(4)矿石成分简单，与围岩成分基本相似，金属矿物常为方铅矿、闪锌矿、自然金、辉锑矿、辰砂、雄黄、雌黄、黄铁矿、黄铜矿、辉铜矿、斑铜矿等，矿物颗粒较大，并呈带状分布，有时晶体生长完好。

(5)围岩蚀变弱，主要为低温蚀变，如硅化、碳酸盐化、黏土化、重晶石化等。

(6)成矿温压低（$T=50\sim200$ ℃，$p<3\times10^7\sim5\times10^7$ Pa，$D<1.5$ km），同位素变化大（δ_{34S}变化范围为 $-12.2‰\sim+36.1‰$），矿石年龄可大于围岩年龄，也可小于围岩年龄。

四、地下水热液矿床的主要类型

（一）碳酸盐建造中的金矿床

碳酸盐建造中的矿床主要是由地下水在沿碳酸盐地层层间破碎带、断裂和裂隙运移过程中，萃取围岩中的成矿物质，以充填和交代的方式在有利的地层及构造部位富集成矿。

矿床产于碳质薄层砂泥质碳酸盐岩中(灰岩或白云岩),金矿体或呈浸染状分布于蚀变岩中,或以石英脉的形式出现。矿石矿物除金矿物外,还有黄铁矿、雄黄、雌黄、辉锑矿、辰砂等;围岩蚀变主要为硅化和白云岩化;金矿化与砷、锑、汞明显相关;金矿物的粒度细。以20世纪60年代发现于美国内华达州的卡林为典型代表,因此又称为"卡林型"金矿床,在我国分布于陕西二台子、金厂等,川西北康定地区。

此外,在贵州尚有该类型的含金方解石脉型金矿床。

(二)层状铅锌矿床

层状铅锌矿床规模大、地质构造简单、埋藏浅、易开采,因此具重要的工业意义。以美国密西西比河河谷地区的铅锌矿为代表,因此又称为密西西比型铅锌矿床(MVT)。

(1)矿床产于一定层位地层中,就一个矿床而言,成矿局限于1~2层位;

(2)矿区内无火成岩,或与火成岩无关。

(3)容矿岩层以白云岩为主,常夹有礁灰岩(如美国密西西比型铅锌矿床),有的矿床产于砂页岩中的层状铅锌矿床,以我国云南金顶铅锌矿为代表,产于中生代白垩和第三纪砂岩中。

(4)矿体有似整合和不整合两类,前者矿体与围岩呈似整合,矿体呈似层状,与地层产状一致;后者矿体与围岩不整合,矿体呈脉状、网脉状,受断裂、裂隙控制明显。

(5)金属矿物主要为方铅矿、闪锌矿及少量黄铜矿(闪锌矿>方铅矿),矿石品位低,但储量大,矿石矿物多呈浸染状沿岩层微层理分布。

(6)围岩蚀变以硅化、白云岩化为主。

(7)成矿温度50~150 ℃(<200 ℃),成矿溶液盐度15%~20%(30%),包裹体成分以Na、Ca、Cl为主,有时含石油,$\delta_{34_S} = -8.03‰ \sim +31.36‰$。

(8)方铅矿年龄或与围岩年龄接近,或大于围岩年龄。

典型矿例:美国密西西比型铅锌矿床、云南金顶铅锌矿床、辽宁关门山铅锌矿床。

(三)层状锑汞矿床

我国湘黔一带的锑汞矿床多属此类。

(1)矿床具有层控性,矿体赋存于灰岩向白云岩过渡地带,与角砾岩关系密切,且区内无岩浆岩出露。

(2)矿体有两种产状:①呈层状、似层状、透镜状,沿层断续分布,产状与围岩基本一致,有多层的特点;②呈脉状,受地层(褶皱)张裂隙控制。两种产状的矿体中①是主体。

(3)矿石成分简单,锑矿床中,矿石矿物主要是辉锑矿,脉石矿物主要是石英、白云石、方解石等;汞矿床中,矿石矿物除辰砂外,尚有雄黄(AsS)、雌黄(As_2S_3)、辉锑矿、闪锌矿、黄铁矿等;脉石矿物为石英、方解石、白云石。

(4)围岩蚀变为硅化和碳酸盐化,硅化普遍发育。

(5)成矿温度低,在50~130 ℃。

我国贵州万山汞矿床为该类型的典型矿床。

(四)碳酸盐岩、硅酸盐岩和砂页岩中的脉状水晶矿床

世界上分布最广泛的水晶矿床是产于硅酸盐岩中的含水晶石英脉,其围岩是石英岩、砂岩、石英片岩及片麻岩等。矿床多产于强烈褶皱或断裂破碎带中,脉体形态复杂,规模大小不等，数量较多。脉体的膨大部位晶洞发育，大小悬殊，充填于其中的石英晶体直径由几厘米至几十厘米，重量由几十克至几千克，乃至几吨。此类矿区内常常不见岩浆岩，目前研究表明为地下水热液所成。

我国广西发现产于碳酸盐岩(灰岩)中含水晶方解石脉型水晶矿床，也是地下水热液所成。

辰砂也叫朱砂、丹砂，是一种硫化汞的结晶，具猩红色，金刚光泽。比手指甲略硬，小刀能轻易刻动 。比同体积的水重 8 倍。以前，以湖南辰州(今沅陵)所产者最佳，所以取名为辰砂。

贵州省东部的万山汞矿是我国的“汞都”。1980 年，那里曾发现一颗“辰砂王”，它长 65.4 mm，宽 35 mm，高 37 mm，重 237 g。虽则重量不足 250 g，可它是迄今世界上最大的辰砂矿物晶体，是一颗无价之宝。西方中世纪的炼金术士和中国古代的炼丹家，为什么对辰砂那么感兴趣呢？因为用火把辰砂煅烧之后，其中所含的硫会生成二氧化硫气体跑掉，剩下的便是水银。假如再把水银与硫黄掺和共同加热，则会得到黑色的硫化汞粉末。经过隔火煅烧，在器皿内壁上方又会凝结出红色辰砂。他们把辰砂叫“丹”，并且当成长生不老药。

全世界已探明汞的储量为 15.5 万 t。有万吨以上储量的是西班牙、意大利、中国、美国和阿尔及利亚 。其中，西班牙储量近 5 万 t，那里还发现一个体积 0.5 m^3 的“水银坑”，内有近 2 t 天然水银。我国的汞矿主要产于云南、贵州、湖南、广西和陕西。贵州省汞探明储量和年产量均占全国总量的 80% 左右 。近年，四川、湖南新发现几个大型汞矿床。

第八章 沉积矿床

第一节 沉积矿床概述

地表岩石(矿石)的风化产物、有机物残骸及陨石或火山喷发物质,被水、风、冰川、生物等外营力(介质)搬运到有利的沉积环境中,经沉积分异作用而沉积下来,当有用组分达到工业要求时便构成了沉积矿床。

一、沉积矿床的特点

(1)沉积矿床与周围的沉积岩(沉积物)是在同一地质作用中同时或近于同时形成的,因此属同生矿床;

(2)常产于一定地层中,并与一定的岩性、岩相具有密切的空间及成因联系(成矿专属性),具区域可比性,如华北沉积铁矿产于震旦的串岭沟组(宣龙式),华南则产于泥盆系(宁乡式),耐火黏土矿床发育在含煤岩系中,并且产于煤层的底部,生物化学成因的层状铜矿床产于黑色页岩中;

(3)矿体呈层状、似层状、透镜状,具明显的层理,顺层产出,矿体与围岩产状一致;

(4)矿石的矿石矿物组成极其复杂,有氧化物、盐类、卤化物、硫化物、有机物、自然元素等,但一个具体矿床的物质成分相当简单,矿石常具有沉积岩的组构特点,基本不发生交代作用;

(5)沉积矿床一般规模大,厚度、品位相当稳定,空间连续性好。

二、沉积矿床的工业意义

沉积矿层是沉积岩系的组成部分,而沉积岩系在全球有广泛的分布,大陆70%以上为沉积盖层,海洋中则几乎都为沉积岩和沉积物所覆盖。因此,沉积岩系中蕴藏着十分丰富的矿产资源。例如,盐类矿产、能源矿产(煤、石油、天然气、油页岩)都是沉积成因的;黑色金属原料(铁、锰等),化肥原料(磷、钾等)和建筑材料等大部分来自沉积矿床。金和放射性矿产大部分与现代或古老的沉积岩系有关。有色金属(铜、铅、锌等)、稀有和分散金属,由沉积矿床所提供的储量占有很大的比重。据统计,人类开采的矿产有75%~85%来源于沉积矿床,铁矿的90%(包括变质的沉积铁矿床),铅锌矿的40%~50%,铜矿的25%~30%,锰和铝的绝大部分皆为沉积矿产。

近年来对沉积矿床的研究方面也有很大进展,除加强沉积矿床形成的地质构造条件、古地理、古气候、岩性岩相条件以及成矿方式、成矿作用的研究外,还注意了沉积环境,成岩作用、后生作用和微生物活动等对矿床的影响。总之,沉积矿床有自己的形成、发展和分布规律,掌握和正确运用沉积矿床的成矿理论,就能寻找到更多的矿产。

第二节 沉积矿床的形成及分类

一、沉积矿床的形成条件

沉积矿床的形成条件包括成矿物质来源、气候条件、岩性岩相条件、地质构造条件等。

(一)成矿物质来源

成矿物质来源有:①风化产物(岩石、矿石);②火山喷发物;③生物遗体、残骸;④陨石。

大陆风化产物乃是沉积岩和沉积矿床的主要来源,其次还有火山喷出物以及生物残骸。它们分别在特定的地带沉积下来。这样,研究盆地流域内的岩性特点和含矿性就显得非常重要。例如,在原生金矿带内的河流冲积层中常发现砂金矿床;我国山东荣成县的锆英石砂矿床,发育在富含锆英石副矿物的正长岩海岸带;华北中石炭统铝土矿矿床发育在奥陶系的碳酸盐岩长期风化面之上,显然系碳酸盐岩风化残余铝土矿再沉积而成;纯净石英砂或石英岩来源于花岗岩或古石英岩;青海柴达木盆地察尔汗现代盐湖中的石盐和光卤石来自其西部第三系含盐岩系和盆地南绕昆仑山花岗岩类的风化水溶物。祁连山和秦岭地槽带的重晶石矿床都发育在寒武系海底火山喷出岩系中,钡来源于火山喷出物。生活在湖海盆地中的硅藻摄取水中的硅造成它们的躯体,死亡后遗体大量堆积可形成硅藻土矿床。生物的钙质骨骼堆积形成生物灰岩矿床。

(二)气候条件

气候条件对沉积矿床的形成问题越来越受到重视。因为像蒸发沉积的盐类矿床只有在干旱的气候环境中才能形成。近年来对盐类物质与金属、非金属矿床的关系问题展开了讨论,越来越多地发现 Cu、Pb、Zn 的硫化物矿床与盐类矿物或矿床共生。有些 Cu、U、Ag 矿床产于红色岩系中。有的 Pb、Zn 矿床与礁灰岩关系非常密切,并且都具有沉积成因特征。因此,认为它们同属于干旱或季节性干旱气候环境中的产物。

温暖、炎热、潮湿气候,并且是准平原化地区的海或湖盆地边缘地带,发育沉积型铝土矿;而温暖潮湿环境则发育沼泽铁矿。潮湿和干旱季节性交替气候带,则发育沉积型鲕状铁、锰矿床。所以,在研究沉积矿床时,对于古气候的研究是很重要的。

(三)岩性岩相条件

岩性岩相与沉积矿床有极为密切的联系。海相沉积赤铁矿矿层发育在石英砂岩和页岩系中,乃潮下浅水相环境产物;海相沉积锰矿层发育在硅质岩、碳酸盐岩、粉砂岩和黏土岩系中,从含矿岩系的岩石及矿石的物质成分、结构构造特点来看,系潮下深水相环境产物;海相沉积的含磷岩系主要是粉砂岩和碳酸盐岩,乃是滨海潮下相沉积。对于盐类矿床的含盐岩系则有陆相碎屑岩系、海相碎屑岩系和碳酸盐系。因此,研究岩性岩相条件对于分析矿床的成因和找矿预测有很大的意义。

(四)地质构造条件

任何沉积矿床和沉积岩的形成都是地壳发展的产物,它们严格地受大地构造条件控制。在地台区，下沉盆地的沉积盖层中常常有各种沉积矿床。例如，我国华北地台中的燕辽沉降带有震旦纪海相沉积铁矿床和海相沉积锰矿床；华南地台中的下沉盆地则有泥盆纪海相沉积铁矿床；柴达木、塔里木等下沉内陆盆地中则发育一系列盐湖矿床等；松辽沉降带和华北平原是我国最重要的成油区域；其他还有煤、铝、磷、膏盐等，它们发育在地台的沉积盖层中。

在地槽带，细碧角斑岩系中有含铜黄铁矿矿床，基性－中性火山岩系中含有铁矿床和重晶石矿床。地槽发育的晚期阶段所产生的断陷盆地中，常有盐类矿床的产出。

二、成矿物质的搬运和沉淀

（一）成矿物质的搬运形式

成矿物质的搬运形式有4种：①碎屑颗粒；②胶体溶液或机械悬浮物；③真溶液；④生物－化学物质。

（二）引起成矿物质沉淀的因素

（1）运矿介质（水体）流速、比重、黏度等变化，导致碎屑颗粒或成矿物质沉淀；

（2）带有相反电荷离子的两种胶体溶液的混合，电解质的加入、胶体溶液浓度的变化，溶液 pH 的变化都能使胶体凝聚、沉淀；

（3）pH、Eh 值的变化、温度及压力的改变则影响真溶液中成矿物质的沉淀。

（三）沉积成矿作用（沉积分异作用）

不管以何种方式进行搬运迁移，物质的沉淀却并非同时，而是依一定的顺序依次先后沉淀（积）下来，这种按一定顺序沉积物质的作用，称为沉积分异作用。

按沉积分异作用的性质不同可分为机械分异成矿作用、化学分异成矿作用和生物分异成矿作用，由此相应地形成机械沉积矿床、化学沉积矿床和生物沉积矿床。

1. 机械沉积分异成矿作用

当砂、砾石、重金属矿物等碎屑物质被水流挟带离开原地之后，由于流速的逐渐降低，其挟带物质的能力也随之减小，最后则按微粒的大小、形状、比重和耐磨性等不同而依次沉积下来。一般来说，颗粒大和比重大的矿物或碎屑物质将首先沉积，颗粒小的和比重小的后沉积。碎屑的形状往往也会影响下沉速度，例如，一个球形体要比同等重量的薄而平的片状体具有较小的比面积，这样，前者就将比后者更早些沉积下来。因此，经常可以看到，颗粒大的轻矿物与比重大而颗粒小的矿物共存；大片状云母与细粒泥质沉积物共存。

尽管如此，搬运介质（例如水流）仍然起着十分重要甚至是决定性的作用。众所周知，流水搬运固体物质的能力取决于速度，并与速度的平方成比例地变化。例如，湍急的洪水能挟带缓流所无法挟带的物质，而当速度加倍时，水的搬运能力会增加4倍，如果水的流速减半，那么许多被搬运来的负荷就会逐渐下沉。由于流速的变化，加之碎屑颗粒自身的比重、大小和形态在水中所表现出来的不同动态，就有可能使混杂的物质分开，并加以聚集。

如果由河流进行分选和集中，便可形成冲积的砂矿床；如果河流把物质带到海口，并由海洋的波浪作用（如底流、涨退潮流等）进行分选和集中，则可形成滨海砂矿床。

2. 化学沉积分异作用

当物质以真溶液状态进行迁移时，通常按照沉积物的溶解度的大小依次沉淀。这种以溶解度大小不同而顺序沉淀的作用，称为化学沉积分异作用。

当物质以胶体状态进行迁移时，由于胶体具带电性，胶体间的吸附作用是主要影响因素。

沉积物发生化学分异，除其溶解度因素外，盆地中水的氢离子的浓度和氧化－还原电位也是重要的因素。

因此，在化学沉积矿床中，首先沉淀的是最难溶的物质，最易溶物质只是在最有利于沉淀作用的特殊条件下才能沉淀下来。而氢离子浓度乃是一定的化学元素及其化合物的沉淀的指标。至于氧化－还原电位也具有很大的意义，因为环境中活泼的氧的平均含量往往决定了成矿物质以何种化合物的形式发生沉淀。

3. 生物沉积分异作用

生物具有强烈的生命活动。生物活动所造成的物质分异现象非常普遍而且重要。例如，它会使在盆地的某一地段上的多种化合物的堆积作用大大增强，生物的生长和堆积可造成碳、氮、磷、钾等元素的集中；植物躯体经泥炭化和煤炭化造成煤层，以低等生物为主的有机堆积可形成腐泥煤、油页岩和石油；硅藻的大量繁殖可形成硅藻土矿床等。

近年来还查明，生物有机质还积极参与了某些金属的富集过程。有机质在许多稀有、分散、放射性元素的表生地球化学循环或迁移富集过程中起着重要的、有时是决定性的作用。例如，铀常与煤、褐煤和页岩中的有机质共生；锗与煤共生；钒与沥青质页岩和石油共生。

生物分异常受气候和地理环境的控制。例如，温湿气候带的沼泽盆地是成煤的有利环境；温暖气候带的浅海最适于珊瑚的生长；大洋寒流与热流的汇合处，常发生生物磷块岩的堆积。

4. 火山沉积矿床

火山沉积矿床是指成矿物质直接来自火山活动的沉积矿床。很多古老的火山沉积矿床都遭受了强烈的变质作用，已属受变质矿床。

(四)沉积矿床的分类

根据成矿物质来源、成矿作用、沉积分异作用等可将沉积矿床分为以下5类：

(1)机械沉积矿床(砂矿床)；

(2)蒸发沉积矿床；

(3)胶体化学沉积矿床；

(4)生物－化学沉积矿床；

(5)火山－沉积矿床。

第三节 沉积矿床的主要类型

一、机械沉积矿床(砂矿床)

(一)概念

地表岩石或矿石风化形成的碎屑物质，在水、风、冰川等介质搬运过程中，当介质的搬运能力由强变弱时，碎屑物按体积、比重分别沉积，富集形成机械沉积矿床。

按形成时代，砂矿床可分为古砂矿床和现代砂矿床两类。新第三纪以前形成的砂矿床称为古砂矿床；而第三纪以来形成的矿床称为现代砂矿床。

很多矿产资源来自砂矿，以金、铂、金刚石、锡石、锆石、铌钽铁矿最为重要，此外尚有刚玉、水晶、金红石等。砂矿床可作为原生矿床的重要找矿标志。此外，砂矿出露于地表，易于开采，风化作用还可导致一些无用组分流失，降低了开采和选矿成本。

（二）砂矿床的形成条件

（1）成矿物质的来源及性质：成矿物质来自原生矿石或岩石（尤其是岩浆岩和变质岩中的副矿物）。形成砂矿的物质具有化学稳定性、物理坚固性和比重大等特性。

（2）成矿物质的搬运和成矿：搬运的介质为水、冰川、风，在搬运的过程中，由于介质搬运能力的变化，发生机械沉积分异作用，使有用组分或矿物富集形成矿床。

（3）气候条件：砂矿床的形成与气候条件有明显关系，在温暖潮湿地区，化学风化作用强烈，水系发育，为砂矿床的形成提供了必要的物质和介质条件，而在干燥地区，尽管物理风化作用强烈，碎屑来源充足，但雨量少和地表水缺乏，不易形成有价值的砂矿床。

（4）地貌条件：地貌条件对砂矿床的形成已有相当影响，如高山区虽剥蚀强烈，物质供应充足，但因流速过大而无法分选，不易形成砂矿床；平原区，物质来源相对不足，也不利于形成砂矿床；只有那些低山丘陵的河谷地区和滨湖、滨海区等，才有利于形成砂矿床。

（三）砂矿床的分类及主要矿床类型

砂矿床按其形成时间可分为古砂矿床和现代砂矿床两类，按其搬运介质又可分为风成砂矿、冰川砂矿和水成砂矿。其中，以水成砂矿最为重要，而水成砂矿又可分为洪积砂矿、冲积砂矿、湖滨砂矿和海滨砂矿等，其中以冲积砂矿和海滨砂矿最为重要。

（1）冲积砂矿床：由含重砂矿物的原岩或矿床经风化，被河流搬运到适当地方，经机械分异作用而形成。一般有明显的层序，自上而下为：

①土壤层：富含腐殖质和生物残骸；

②泥炭层：砂、黏土和有机质的沉积物；

③小砾石层：有时有重砂矿物；

④粗砾石层：主要含矿层；

⑤基岩：砂矿的基底岩石。

冲积砂矿床的富集地段主要是：

①河流流速变化地段：河流由宽变窄、河流由陡变缓、两条河流汇合处、河道拐弯处的内侧部位；

②河床底凹凸不同地段：与河底岩石的产状和岩性有关，如河流横切岩层走向、两种不同的岩层互层、碳酸盐岩石（易溶蚀）；

③河流切过古砂矿的部位。

冲积砂矿可分为：

①河床砂矿：分布于河流河道中的砂矿；

②河谷砂矿（河漫滩砂矿）：砂矿分布在由冲击层形成的河漫滩中，一般河谷砂矿要比河床砂矿大得多；

③阶地砂矿：赋存于阶地中的砂矿。

一般河谷砂矿由河床砂矿演变而来，而阶地砂矿是由于河谷抬升，导致河谷砂矿变为阶地砂矿。

冲积砂矿主要类型有：

①砂金矿床：如吉林省珲春砂金矿，黑龙江桦南、团结沟等地的砂金矿床；

②金刚石砂矿床：如湖南沅水金刚石砂矿床；

③砂铂矿床；

④砂锡矿床；

⑤刚玉砂矿床。

（2）海滨砂矿床：由海水的波浪及岸流作用，使重砂矿物在海滨的浪击地带富集而成。成矿物质可由河流搬运来的陆源碎屑，也可由近岸地带岩石或矿床经海浪的侵蚀冲刷得来。

主要的矿种有：磁铁矿、钛铁矿、锆英石、独居石、石英砂等，如美国佛罗里达海滨砂钛矿床和我国山东荣城海滨锆英石砂矿矿床。

（3）古砂矿床一般较少，目前被开发利用的古砂矿主要是砂金矿床，但有的已变质，如南非维特瓦特斯兰德式变质金－铀砾岩型（Witwatersland Gold Deposit，产量占发达国家的70%～75%，每年产量100～700 t，品位可高达200 g/m^3，为一湖相沉积砂矿床，金来自含金－铀盆地边缘富金绿岩带中，除金外，富含U、Cr、Cu、Mo、Ni等）、澳大利亚东部石炭－二叠纪的含金砾岩、俄罗斯东部西伯利亚地区的含金砾岩等。

砂矿床有埋藏浅、易采、易选等特点，因此具有较大的经济价值。同时，也可以通过砂矿寻找原生矿床。

二、蒸发沉积矿床

（一）概念

蒸发沉积矿床是指水盆地中某些溶解度较大的无机盐类物质，经蒸发浓缩而沉淀、富集形成的矿床。蒸发沉积矿床的矿物成分主要是氯化物、硫酸盐、碳酸盐、重碳酸盐、硼酸盐以及硝酸盐等盐类矿物，因此又称盐类矿床。

蒸发沉积矿床产出的盐类矿物已有一百余种，其中主要有石盐、钾石盐、光卤石、水氯镁石、石膏、硬石膏、芒硝、无水芒硝、硫酸钾石、泻利盐、钾镁矾、软钾镁矾、钾芒硝、杂卤石、水碱（苏打）、天然碱、硼砂、钠硝石和钾硝石等。盐类矿物虽然很多，但它们有一些共同特点：一般为无色或白色，比重均小于3，硬度低于4，易溶于水，有味感。

（1）氯化物：$NaCl$、KCl、$MgCl_2 \cdot 6H_2O$、$KCl \cdot MgCl_2 \cdot 6H_2O$。

（2）硫酸盐：$CaSO_4$、$CaSO_4 \cdot 2H_2O$、Na_2SO_4、$Na_2SO_4 \cdot 10H_2O$、$MgSO_4 \cdot 6H_2O$。

（3）氯化物和硫酸盐的复盐类：$KCl \cdot MgSO_4 \cdot 3H_2O$（钾盐镁矾）、$2CaSO_4 \cdot K_2SO_4 \cdot MgSO_4 \cdot 2H_2O$（杂卤石）等。

（4）碳酸盐类：$Na_2CO_3 \cdot 10H_2O$（水碱）、$Na_2CO_3 \cdot NaHCO_3$（天然碱）。

（5）硝酸盐类：$NaNO_3$（智利硝石）、KNO_3（钾硝石）。

（6）硼酸盐类：$Na_2B_4O_7 \cdot 10H_2O$（硼砂）、$NaCaB_5O_9 \cdot 8H_2O$（钠硼解石）。

（二）盐类矿床的特点

（1）常由红色碎屑岩系、蒸发碳酸盐岩与盐层构成一套含盐岩系，盐岩与白云岩、石灰岩及黏土岩等互层产出，反映了当时干燥炎热的气候条件；

（2）矿床多形成于造山作用之后的山前或山间凹地或陆台的内陆凹陷盆地；

（3）由于盐类矿层具有很大的可塑性，易发生强烈的塑性变形，因此盐类矿床除呈层状、透镜状外，还可构成各种复杂的形态，亦有呈液态存在的卤水层；

（4）具有明显的沉积韵律和旋回性，即从碳酸盐岩、石膏或硬石膏、石盐到钾盐的沉积韵律，钾盐之上又依次沉积了石盐和石膏，为一旋回，这是由于沉积过程中含盐水溶液出现反复的浓缩和淡化，引起盐类矿物出现周期性沉积的结果。

（5）矿石多呈青白色、淡红色或无色透明的结晶粒状和板状集合体。

（三）盐类矿床的形成条件

（1）成矿物质来源：①地表原岩风化产物中的易溶物质（主要来源）；②火山喷发物（尤其是硼）；③深部含盐岩系；④地下热卤水或热泉水。

（2）气候条件：干旱炎热气候，蒸发量大于降水量，如内陆盆地、泻湖、海湾、内陆海。

（3）岩相、岩性条件：碎屑岩建造（砂岩、粉砂岩、页岩），反映强烈的干旱条件，常具泥裂现象；碳酸盐建造（灰岩、白云岩组成）。

（4）构造条件：封闭或半封闭的构造盆地（如我国柴达木盆地，南有昆仑山，东北有祁连山，西有阿尔金山，构成了半封闭的盆地，其中有大量的盐类矿床形成），盆地边缘多为断裂圈定。

（5）矿床的保存条件：盐类矿床是由易溶的盐类矿物组成的，最容易被溶解而破坏，甚至消失。因此，矿床形成后必须在其上形成一个不透水的保护层，以使其得以保存。

有利的保存条件：气候干旱、地形低平、平衡升降的稳定构造条件，形成后被细砂岩、粉砂岩、页岩覆盖等。

（四）蒸发沉积矿床的成因假说及其成盐理论的新发展

1. 成因假说

对于蒸发盐类矿床的成因，19世纪后叶，主要有两种成因说：沙洲说和沙漠说。

沙洲说由德国奥克生尼乌斯于1877年创立。该假说认为：成盐盆地是一个海湾，它的出口由沙洲或沙坝与大海隔开。由于强烈的蒸发作用，海湾中的水面低于大海海面，因此海水可以周期性地补入，但海湾的水则难于流出，长期的蒸发作用形成卤水，而后成盐，其过程大致为：

（1）当海湾中卤水浓度增加到海水的5倍以前（海水平均含盐量为3.5%），首先沉淀钙、镁的碳酸盐，即形成石灰岩和白云岩，当浓度达到5倍时，则形成石膏（或硬石膏）。

（2）继续蒸发，当浓度达到海水的11倍时，则有石盐沉淀，如果此时有海水注入，则在石盐之上有石膏沉淀，形成石膏－石盐－石膏的韵律。

（3）如果沙洲升高，使海湾与大海长期隔开，海水难以流入，则海水中的钾、镁盐类将达到饱和而沉淀，形成钾盐类。

在实践中，沙洲说得以不断地修正。比如为什么会形成面积巨大、厚度也很大的盐类矿床，有人认为不是海湾潟湖，而是面积巨大的内陆湖，它们与大洋之间的隔板不是沙洲而是构造隆起带，而盆地内部则是由礁体分割成若干部分，盆地的沉降有利于巨厚盐层的形成。

沙洲说不能解释古盐类矿床不含潟湖沙石，且沙洲说的成盐条件与现在不同。

沙漠说是1871年瓦尔特(G. Walter,1871)提出的。

沙漠说认为：分布于内陆沙漠区的闭流盆地，由于蒸发作用，盐类物质含量增加，形成卤水，达到饱和而形成盐类矿物沉淀，进入了所谓自析盐湖阶段，最后当卤水蒸干，盐类物质堆满盐湖，形成干盐湖。

两种假说的提出，都有它们的地质和理论依据，然而它们又都有其很大的矛盾性。

2. 成盐理论的新发展

20世纪，成盐理论得到了长足发展，主要表现在以下方面：

(1)成盐物质的来源：如前所说有5种来源。

(2)卤水的演变：按正常沉积规律或按理论，盐类矿床的生成顺序应该是碳酸盐—钙硫酸盐—石盐—钾硫酸盐—氯化物，但当石盐沉淀后，由于钙的加入(水体带入)，硫酸根与钙结合形成石膏，则无钾硫酸盐形成，称之为"卤水的变质"。或者由于细菌作用，硫酸根分解生成硫化氢而逸失，也无钾硫酸盐形成，而往往在石盐之上沉积钾的氯化物。当然，除此之外，掺合作用也可引起卤水的变化。

(3)"萨布哈"成盐模式。

(4)"干化深盆"成盐说。

(5)钾盐成盐：瓦利亚什科提出的"干湖说"。

(五)蒸发沉积矿床的类型

盐类矿床可分为两大类，现代盐湖矿床和古代盐矿床。我国现代盐湖矿床的代表为青海大柴旦盐湖硼矿床。我国古代盐矿床的代表为山西石膏-硬石膏矿床。

1. 现代盐湖矿床

根据所处环境进一步可分为滨海盐湖和大陆盐湖矿床。发育于大陆内部，大小不同，深度不大，厚度几十厘米至几米，盐的来源主要是分化产物再溶解，部分可能来自火山喷发物。

2. 古代盐矿床

(1)石膏-硬石膏矿床：产于海相碳酸盐岩中，规模巨大，是石膏矿床最重要的类型，如山西灵石石膏矿床。

(2)石膏-岩盐矿床：海相潟湖、陆相湖泊沉积，以岩盐为主，如四川自贡三叠系地层中的石膏-岩盐矿床，湖北应城膏盐矿床等。

(3)岩盐-光卤石-杂卤石矿床：产于泻湖相沉积中，含K、Ca、Mg的硫酸盐，三者成分之和相当于海水成分，常形成规模巨大的钾盐矿床。

(4)岩盐-钾盐-光卤石矿床：与(3)在矿物组合上有显著差异，主要矿石矿物为钾盐和光卤石，云南有该类矿床，规模较大。

(5)天然卤水和盐泉：可细分为原生/封存卤水(囚盐)和次生卤水，自泉黑卤、黄卤。

3. 青海大柴旦盐湖硼矿床

大柴旦湖周围是一个硼异常区，通过地表水将硼汇集于大柴旦湖中，从而形成工业盐湖硼矿床。另外，干旱的气候，水蒸发量远远大于补给量，也是成矿的重要条件之一。

三、胶体化学沉积矿床

胶体化学沉积矿床指成矿物质主要呈胶体状态被流水搬运到湖、海盆地中，通过胶凝作用而沉淀、富集所形成的一类矿床。此类矿床一般层位稳当、规模大，具重大工业意义。属于此类型矿床最重要的是铁、锰、铝等。

（一）胶体化学沉积矿床形成条件

1. 成矿物质来源

（1）大陆岩石风化产物：长期以来，矿床学家们认为主要来自大陆。大陆岩石受到各种风化作用而发生崩解和分解，在风化后期铁、锰、铝等被分解出来，形成高分散的胶体溶液。

（2）近代大量资料表明，海底火山喷发亦可提供相当数量的铁、锰等物质。

（3）有的研究者还提出，陆源岩屑在海底经海解作用，以及海侵使海水淹没大陆风化壳，经海洋底水的分解作用，可以汲取相当数量的铁、锰等物质。

尽管成矿物质的来源可以是多方面的，但主要的还是陆源的成矿物质，因此大陆长期而稳定的风化剥蚀是此类矿床形成的物质基础。

2. 气候与地貌条件

气候条件：①热带、温带气候（Fe、Mn、Al）；②潮湿干旱分明的亚热带气候（有利于红土型分化）；③持续潮湿的气候；④热温带气候，植物发育，有利于形成络合物、保护胶体、碎屑物沉淀。

地貌条件：风化剥蚀准平原地貌条件。

3. 地质构造条件——构造环境

大规模地壳升降，影响海水进退、海岸线的迁移。盆地沉降速度等于沉积物沉积速度时，平衡补偿沉积；盆地沉降速度大于沉积物沉积速度时，非平衡补偿沉积；盆地沉降速度小于沉积物沉积速度时，盆地封闭。

因此，地壳缓慢、稳定下降，引起海进，有利于胶体化学沉积矿床形成。该类矿床常分布于台地边缘或陆缘海边部。

4. 元素及介质性质

由岸到海，Eh 值由高到低，pH 由低到高，成矿元素由 Al—Fe—Mn，Eh 值、pH 变化影响铁、锰矿床的矿物相分带。

（二）胶体化学沉积矿床的地质特征

（1）分布于大陆边缘浅海地带，与海岸线平行。

（2）产于一定时代沉积岩系或火山岩系中，所形成的含矿岩系的含矿建造是固定的，如河北宣龙式铁矿产于碎屑岩中。

（3）矿体呈层状、似层状或透镜状产出，产状稳定，与围岩整合。

（4）矿石的矿物组成为铁、锰、铝的氧化物，碳酸盐、硅酸盐、硫化物，空间上具有分带性，矿石具有鲕状、肾状构造，条带状、层状构造。

（5）矿床规模大，矿石质量好，具较大的工业意义，是铁、锰、铝的主要来源。

(三)胶体化学沉积矿床的主要类型

1. 沉积铁矿床

1)成矿物质的搬运形式

含铁矿物风化分解提供铁,以真溶液(Fe^{2+}以碳酸氢盐、硫酸盐、腐殖酸化合物的形式)、胶体(Fe^{3+}以$Fe(OH)_3$)和悬浮液的形式搬运。由于地表氧气很多,Fe^{2+}很容易氧化变成Fe^{3+},故以真溶液形式搬运的很少,而主要以胶体、悬浮液形式为主,不同时代有所不同,如前早元古代,由于缺少氧气,而二氧化碳较多,故以真溶液形式为主。

2)沉积铁矿床的成因

(1)化学沉积说:铁在介质中呈真溶液、胶体形式搬运,当有腐殖酸存在时,Fe^{2+}变成Fe^{3+},$Fe(OH)_3$进入海水中,由于盐类电解质而产生凝胶作用,或者由于生物产生过量有机酸,促使铁的沉积。

(2)机械悬浮物质沉淀:铁以悬浮形式被黏土、粉砂颗粒吸附,在有利的物理化学条件下富集沉淀形成矿床。

3)矿物相带

以海相沉积铁矿床最为典型,由岸到海可分为4个矿物相带,依次为氧化物矿物相带、硅酸盐矿物相带、碳酸盐矿物相带和硫化物矿物相带(见表8-1)。

表8-1 矿物相带特征

特征	相带			
	氧化物矿物相带	硅酸盐矿物相带	碳酸盐矿物相带	硫化物矿物相带
矿物组成	赤铁矿、褐铁矿	海绿石、鲕绿泥石	菱铁矿	黄铁矿、白铁矿
沉积岩相	粗-细碎屑岩沉积	细-粉砂质沉积	黏土岩沉积	
pH	$\ll 7$	≤ 7	>7	$\gg 7$
Eh 值	>0.2	$0\sim0.2$	$0\sim0.3$	<-0.3

4)主要矿床类型

(1)湖沼相沉积铁矿床:分布于内陆盆地的边部,与含煤岩系共生,产于砂页岩中,矿体薄,延伸不大,杂质(P、S)含量高,工业意义不大。典型矿床如辽河、广西第三系煤层中的铁矿床和安徽淮南石炭-二叠纪煤系中的铁矿床。

(2)海相沉积铁矿床:分布于滨浅海,含矿岩系为砂页岩向碳酸盐过渡,矿体呈层状、延伸大,矿石矿物主要为铁的氧化物,矿石呈典型的鲕状、肾状、豆状构造。典型矿床有华北地区宣龙式铁矿床和华南地区宁乡式铁矿床,二者主要区别于成矿时代不同。世界上此类矿床分为两个类型,一为克林顿型,产于美国西部志留系地层中,以红-紫色赤铁矿为主;另一种类型为 Minette-type 型,以菱铁矿为主,出现褐铁矿、绿泥石,品位低,规模较小,工业意义小。

2. 沉积型锰矿床

(1)搬运形式:锰比铁活泼,常以真溶液、胶体形式搬运。

(2)沉积方式:与铁矿床的环境条件接近,有时铁、锰伴生,有时锰的沉积晚于铁,离海岸远,水体相对较深。

(3)矿物相分带:可分为三个带,由近岸到海依次为:

软锰矿物相带:Mn^{4+}矿物组成,软锰矿、硬锰矿;

水锰矿带:Mn^{2+}、Mn^{3+}、Mn^{4+}矿物,如水锰矿($MnO_2 \cdot Mn(OH)_2$)和黑锰矿($MnO \cdot Mn_2O_3$);

碳酸锰矿物相带:主要由菱锰矿($MnCO_3$)组成。

(4)主要矿床类型如下:

①湖沼相沉积锰矿床:与砂页岩有关,多数呈层状、透镜状产出,规模较小,多数为含锰的菱锰矿。典型矿床如山西省石盒子组中的沉积锰矿床。

②海相沉积锰矿床:产于陆台边部,海侵岩系底部、中部,含矿岩系为粉砂岩、黏土岩、硅质岩,矿体以层状为主,少量为透镜状,延伸大,矿石呈典型的鲕状、肾状构造,工业意义大,主要产于乌克兰,我国主要产于震旦系(北方为中元古代)地层中,如辽宁瓦房子锰矿床和湖南湘潭锰矿床。

③大洋锰结核:分布非常普遍,除含 Mn 外,还含 Cu、Co、Ni 等元素。据统计,大洋中锰结核储量 1.7 万亿 t,含锰 4 000 亿 t,镍 142 亿 t,铜 88 亿 t,钴 58 亿 t,且以每年 1 000 万 t 的速度增加。此类锰结核主要分布于海水 4 000 ~ 6 000 m 深海盆地、海沟、海台中,单个直径 1 ~ 20 cm,最大超过 1 m,呈球状、椭球状、饼状、皮壳状、不规则状、同心圆状,一般核心为碎屑物(火山熔岩、碎屑岩、生物碎屑等),外壳为金属矿物(铁、锰的氧化物,碳酸盐)。成矿物质主要来自陆源、火山活动、热泉和海底岩石水解,以胶体溶液、真溶液形式搬运。

3. 沉积铝矿床

(1)成矿物质的搬运形式:Al 的性质稳定,Al_2O_3 只溶于强酸、强碱中,pH = 4 ~ 12 时,Al_2O_3 沉淀,故 Al 的搬运以胶体和细的悬浮物为主,主要矿物为三水铝石($Al(OH)_3$)、一水软铝石($AlO(OH)$)和一水硬铝石($HAlO_2$)。

(2)沉积成矿的方式:以胶体沉积(化学沉积)和机械悬浮物沉积为主。

(3)主要矿床类型如下:

①陆相沉积铝土矿床:产于陆相湖沼地带,主要矿物为三水铝石和一水软铝石,基本无工业意义。

②海相沉积铝土矿床:比沉积铁矿床更靠岸,位于滨浅海岸边地带,产于石灰岩之上海侵层位中,矿体呈层状、似层状、透镜状产出,延伸大,矿石呈典型的鲕状、块状构造。

我国铝土矿床的主要形成时代为石炭纪、二叠纪,主要产于山西、河南巩县、山东淄博、广西、贵州等地。

四、生物及生物化学沉积矿床

(一)概念

生物及生物化学沉积矿床指直接沉积的生物遗迹、生物残骸或生物活动促使成矿物质沉淀富集形成的矿床,也包括由于沉积过程中细菌作用吸附使某些元素富集形成的矿床,如磷灰岩、自然硫、生物灰岩、金属硫化物、硅藻土等。

（二）矿床地质特征

（1）空间上分布于陆棚海环境，炎热潮湿的气候环境，生物活动繁盛。

（2）常产于海相地层中，受一定时代的层位控制。

（3）含矿岩系是一些富含有机质和生物化石的页岩、砂岩和碳酸盐岩等。

（4）剖面上常具有旋回性。

（5）矿体具有层状、似层状、凸镜状和扁豆状。

（6）矿石常呈条带状、致密块状、浸染状矿石构造；矿石的矿物组成简单，以氟磷灰石[$Ca_3(PO_4)_2 \cdot CaF_2$]为主，其次为碳磷灰石[$Ca_3(PO_4)_2 \cdot CaCO_3$]、羟磷灰石[$Ca_3(PO_4)_2 \cdot Ca(OH)_2$]。

（7）此类矿床分布广泛、规模大。

（三）生物化学沉积作用

（1）生物有机体及其分泌物直接沉积，海洋生物中许多元素为海水中的几十至几十万倍；

（2）生物分解产物参与成矿物质迁移；

（3）有机物在成矿物质聚集中的作用主要表现在，由于厌氧细菌作用，可分解海底有机物和硫酸盐，产生大量的硫化氢，与金属元素形成金属硫化物。

总之，有机物在成矿中的作用主要表现在直接堆积成矿、提供大量硫化氢和改变介质氧化－还原条件等。

（四）生物化学沉积矿床的主要矿床类型

1. 沉积磷矿床

1）一般特征

（1）成矿物质来源：据黎彤（1976）研究，海洋生物中 P_2O_5 含量高，而海洋生物中的磷主要来自岩浆岩中磷灰石及含磷沉积岩的风化水解。

（2）矿石组构：结构主要为砂状、泥砂状、生物碎屑状；构造主要为结核状、块状、叠层石状。

（3）矿石成分：磷灰岩（磷酸盐、碳酸盐和氟化物组成的复杂络合物）。

（4）中国的主要成磷期：中晚震旦（开阳、荆襄）、早寒武纪（昆阳）、泥盆纪（四川）。

二叠纪（浙江、江苏）及中生代，以中晚震旦和早寒武纪为主，主要分布于云南、贵州、四川和湖北、湖南等地。

2）磷矿的成因假说

（1）生物成因说：生物大量死亡后堆积成矿，海水温度、盐度和流速变化起主要作用，如南非好望角（极地冷流与赤地暖流汇合）等地。

（2）生物化学成因说：在炎热浅海，生物吸收磷，死亡后下沉到海底淤泥中，通过细菌分解生成磷，形成富含磷的淤泥水，挤压导致淤泥水扩散作用，围绕碎屑形成磷核。

（3）化学成因说（A. B 卡查柯夫，1937）：海洋浅层（0～60 m）浮游生物大量生存，吸收海水中的P，因此海水中基本不含P（2～5 mg/m^3，最高50 mg/m^3），CO_2 分压较低（$\leq 3\times10^{-4}$大气压）；浮游生物死亡后带P到深水中（300 m或400～1 000 m），随着深度增加，CO_2 含量升高，CO_2 分压可达到浅部 CO_2 分压的4倍，因此磷在海水中的溶解度大大升高，磷与生物分解溶于水中（可达300～600 mg/m^3，最高可达1 000 mg/m^3）；由于大洋环流垂直循环，深部富磷和CO_2海水上升，压力降低（导致CO_2逸出）以及光合作用（吸收CO_2）导致CO_2分压下降，引起磷的溶解度降低，最终导致磷灰岩形成。

（4）环流上升说（20世纪60年代，谢尔登等进一步发展了生物化学成因说）：该学说认为成磷作用在赤道附近低纬度地区（5°～30°），富磷上升流与表生洋流循环（与信风、温度有关），在信风作用下，赤道暖流从大洋西缘向极地运移，极地冷流从大洋东缘向赤道运移，富磷深水逆向上泛形成上升洋流，即辐射洋流，北半球成磷部位在大陆的西岸和北岸，南半球在大陆的西岸和南岸。

3）沉积磷矿床类型

（1）层状磷矿床：与硅质岩、碳酸盐岩互层，呈层状产出；矿石主要有细晶磷灰石、胶磷灰石；规模大；P_2O_5含量高，此外还含有U、Th等其他放射性元素，典型矿床如云南昆阳磷矿床和湖北荆襄磷矿床。

（2）结核状磷块岩矿床：产于黏土岩、碳酸盐岩、海绿石砂岩；矿体呈层状；矿石由氟碳磷灰石组成；P_2O_5含量低，呈大小不同的肾状、球状、不规则结核状，富含化石；典型矿床如我国南方泥盆系、部分寒武系地层中的磷矿床。

（3）鸟粪状磷矿床：产于我国南方岛屿，由鸟粪堆积而成，除磷外还含K_2O 2%～3%、$NO_2$10.4%和$P_2O_5$27.6%。

2. 硅藻土矿床

（1）一般特征：由硅藻虫和其他微小生物遗体的硅质部分组成，这些硅藻虫和微小生物吸收二氧化硅后死亡，躯体中的硅质堆积。不溶于一般酸类，生物体细小，疏松多孔，具吸附性、过滤性、漂白性，不吸热、隔音、熔点高（可达1 400～1 650 ℃）；二氧化硅主要由火山活动提供；产出围岩主要为砂岩、页岩、泥岩、含磷沉积岩及火山岩类。

（2）主要类型：①海相硅藻土矿床规模大，经济意义大；②湖相硅藻土矿床（是我国的主要类型），分布于浙江、吉林、河北、山东，常产于火山沉积盆地中。

3. 层状硫化物矿床

同生富集或同生有机硫与后生金属元素相互作用形成沉积金属硫化物矿床。通过现代海底沉积物研究、矿床中硫化物显微球粒研究以及硫同位素研究，此类矿床与生物化学作用关系密切。

1）一般特征

（1）产于富含有机质沉积岩中的硫化物矿床，与生物作用有关，主要证据有：①黑海底部的腐泥中Zn、Cu、Mn含量高，现代含Cu（3%～4%）沼泽中有机质含量可达60%；在层状硫化物矿床中含硫化物显微球粒（草莓结构）；③矿石的δ_{34S}显示生物硫特点。

（2）形成于还原环境，与碳质页岩有关，有时出现含有机质砂岩、碳酸盐岩。

（3）矿体呈层状，与围岩整合。

（4）此类矿床分布面积大、厚度小、规模较大。

（5）成矿元素主要有Cu（与砂页岩有关）、Pb和Zn（与碳酸盐岩有关）、Ni和Mo（与含磷黑色页岩有关）。

2)矿床类型

(1)含铜砂页岩型铜矿床:如欧洲曼斯费尔德铜矿带、非洲赞比亚扎伊尔成矿带、我国云南(中部地区中下侏罗统红色砂岩中的铜矿床,有16个含矿层位)。成因上,铜主要来自红色岩系中,硫化氢来自硫酸盐或生物分解,形成于边缘海环境,由细菌活动形成。

(2)含镍、钼多元素页岩型矿床:产于碳质页岩中或含磷酸盐页岩中,矿体呈层状,矿石呈极细条带状构造(层纹状构造)、浸染状构造,矿物颗粒极细、极小,成分复杂,矿石中含多种元素的硫化物,常伴有其他多种有用组分,如我国南方寒武系、二叠系地层中的矿床。成因上,形成于强还原静水环境,物源主要来自黏土质、有机质吸附,黑色页岩中还可产出自然硫、钒、铀矿床等。

第九章　变质矿床

第一节　变质矿床概述

地壳内由内生、外生作用形成的岩石和矿床，由于所处地质环境、温度、压力的变化，其矿物成分、化学成分、物理性质、组构等都可发生不同程度的变化。产生这种变化的地质作用称为变质作用。遭受变质作用改造过的矿床和由变质作用形成的矿床都称为变质矿床。

变质矿床的矿产种类繁多，除铁、金、铀、铜、铅、锌等金属矿产外，还有大量非金属矿产，如滑石、菱镁矿、硼、磷、石墨、石棉和高铝研磨原料。有的变质矿床分布广、储量大，如变质铁矿床的储量占世界铁矿总储量的2/3以上（我国变质铁矿占铁矿总储量的60%）。变质金－铀砾岩矿床是世界上金和铀的主要来源。

根据成矿组分的变化状况，可把变质矿床分成两种：

（1）受变质矿床：是指矿床受变质后，矿石的成分、结构构造以及矿体的形态和产状都发生了一定程度的变化，但其工业用途并未改变的矿床。如由赤铁矿－蛋白石组成的沉积铁矿床变质后形成由磁铁矿－石英组成的变质铁矿床。沉积磷块岩矿床经变质作用改造后，成为由晶质磷矿构成的磷矿床等。

（2）变成矿床：是指岩石中的某些组分，经变质后成为有工业价值的矿床，以及由于变质作用改变了工业用途的矿床。如富铝岩石经变质后形成的刚玉矿床，富硼岩石变成的硼矿床以及煤经接触变质后形成的石墨矿床等。

应该指出，把变质矿床分成受变质矿床和变成矿床两类，还没有完全反映出变质成矿的基本特征。多数学者根据变质作用的类别，把变质矿床分为接触变质矿床、区域变质矿床和混合岩化矿床。

二、变质矿床特点

变质矿床一般包含两类基本特征，即变质作用前原岩或原生矿床的原有特征和变质作用过程中产生的变质特征。原有特征被保留的程度因变质改造的深度而异，在变质改造不深的情况下，它们可明显地被保留下来，在变质改造较深的情况下，它们只能以残余组构的形式继承下来。变质特征是指原岩或原生矿床经变质后引起的种种变化，它主要取决于变质作用的类型和深度。显然，变质矿床中原有特征保留愈完好，则变质特征愈不明显，反之亦然。

变质矿床主要特征如下：

（1）主要产于变质岩区，矿床形成时间与变质作用相近；

(2)矿体形态复杂多样,呈层状、似层状、透镜状、脉状及其他形态;

(3)矿石中常含一些典型的变质矿物,如红柱石、矽线石、堇青石等。

第二节 变质成矿作用

变质矿床的形成作用主要包括脱水作用、重结晶、重组合、还原作用、变质流体的充填-交代作用、塑性流变及变形作用、局部熔融作用等。在上述作用中,矿物组成、矿石组构、矿体的变化主要表现在以下三个方面。

一、矿物成分和组合的变化

变质过程是温度、压力升高的过程,含水矿物经变质后发生脱水作用,转变为含水少或不含水的矿物,如褐铁矿变成赤铁矿。非晶质矿物经变质后成为晶质矿物,如胶磷矿变成磷灰石,玉髓变成石英等。

由于变质作用大多是在缺氧的还原条件下进行的,一些由变价元素组成的矿物常因还原而变为另一种矿物,如赤铁矿变为磁铁矿,黄铁矿转变为磁黄铁矿等。

某些组分在新的物理化学条件下重新组合,形成新的矿物或矿物集合体,如方解石和石英经变质后形成硅灰石,泥质岩石形成硅线石、蓝晶石、红柱石等。

变质作用及混合岩化作用所产生的热液可与原岩发生反应,使其中的组分发生迁移、富集、重新组合、形成新生矿物或产生蚀变和矿化,如变质铁矿床中的绿泥石化、铁镁闪石化以及富铁矿体等。

二、矿石结构和构造的变化

变质矿床的矿石有变余结构构造和变成结构构造两类。

变余结构构造是指原岩或原生矿石经变质后保留下来的结构构造,如磁铁石英岩矿床中的条带状构造,块状硫化物矿床中的残余流纹状构造、残余杏仁状构造等。变余结构主要有变余鲕状、变余砂状和变余斑状等结构类型。

变成结构构造是指变质过程中经重结晶、交代以及形变作用等形成的结构构造。在浅变质条件下,主要产生千枚状构造;在较深的变质条件下,主要产生片状构造、片麻状构造、皱纹状构造等。变成结构主要有花岗变晶、斑状变晶、鳞片变晶结构以及各类压碎结构。此外,由变质热液交代结果尚可产生各种交代结构。

三、矿体形状和产状的变化

变质矿床的形状和产状比较复杂,它们既受原生矿床形态控制,也受变质作用类型和强度影响。如原生的沉积矿床,经变质后矿体依旧比较规则,原生的内生矿床形态本来就较复杂,经变质后矿体形态更为复杂。接触变质矿床沿接触带发育,形状不很规则,规模一般较小。区域变质矿床的矿体形态大多比较规则,规模也较大,变质过程中组分的活化和迁移以及塑性形变作用等对矿体形态、产状都有很大影响。如层状矿体,由于组分的活化、迁移和重新就位,可在其中出现脉状矿体。

第三节 变质矿床的主要矿床类型

一、变质矿床的分类

(1)按成矿组分的变化状况分类:①变成矿床;②受变质矿床。

(2)按变质作用类型分类:①接触变质矿床;②区域变质矿床;③混合岩化矿床。

(3)按矿产类型分类:①变质铁矿床;②变质金矿床;③变质磷矿床;④变质石墨矿床等。

二、主要变质矿床的地质特征

(一)沉积变质铁矿床(Banded Iron Formation(BIF)型)

1. 概念

形成于早前寒武纪(18 亿~37.6 亿年前),铁含量大于15%的变质化学沉积岩,具条带状构造,由铁质(赤铁矿、磁铁矿)和硅质(燧石、石英)条带互层组成,可作为独立的填图单位。主要分布于加拿大、澳大利亚、巴西、中国(辽宁鞍-本地区、冀东等地)。当铁含量达到工业要求时,称为BIF型铁矿床。

2. 基本地质特征

(1)空间上主要分布于地台、地盾区,分布广,是最重要的铁矿类型。

(2)时间上主要形成于18 亿~37.6 亿年前,高峰期18 亿~26 亿年前。

(3)矿体主要呈层状、似层状,部分呈透镜状,延伸可达上千千米,厚几厘米至几百米。

(4)组成上在世界范围内具有可对比性,主要由铁质矿物、硅质矿物组成,变质程度浅时,主要由磁铁矿和石英组成;变质程度深时,主要由赤铁矿和燧石组成。

(5)矿石具有典型的条带状、条纹状、层纹状构造;

(6)矿石品位低,TFe 为25%~40%(30%~35%),SiO_2 为40%~50%,但硫、磷含量低,经后期混合岩化作用可形成富矿体。单个矿床的储量由数十亿吨至数百亿吨。矿石含铁大多属于贫矿品级,局部地段伴随一定数量的富矿,含铁可达45%以上。由于矿石成分简单,易于分选。除脉石外,有害杂质不多,硫、磷含量都很低。虽然贫矿较多,也多开采利用,成为最重要的铁矿类型。

C. Gross(1970)按照火山岩的数量、变质时代和变质程度,可划分为阿尔果马型和苏必利尔型。前者变质程度较深,火山岩的数量较多,矿物颗粒较粗大,以氧化相为主。成矿时代一般大于25 亿年,主要为太古宙的产物。后者主要产于沉积岩系之中,矿床规模大、矿体主要呈层状,矿床中具明显的沉积相带:硅酸岩相、氧化物相、碳酸岩相及硫化物相,成矿时代较新(18 亿~25 亿年),主要为古元古宙的产物。我国鞍山式铁矿属于阿尔果马型。

(二)变质金矿床

前寒武纪地层中的金矿床是世界金矿的主要来源,矿床类型主要有含金-铀砾岩矿床和硅铁建造中的似层状金矿床。

含金－铀砾岩矿床规模巨大，占世界金矿储量的75%，以南非阿札尼亚维特瓦特斯兰德金－铀矿床为代表，又称兰德式金矿。金－铀砾岩矿床是古老河床或三角洲相沉积产物，变质过程中的变质热液使金活化，迁移并得到富集，属于沉积－变质热液再造矿床。我国目前尚未发现这类金矿。

硅铁建造中的似层状金矿床产于前寒武纪硅铁建造中，区域上矿体具一定层位，金矿层位内矿化则受变质期的形变构造控制。矿石为含金硫化物型，由自然金、磁黄铁矿、毒砂和石英组成。这类矿床分布不很广泛，最著名的是美国的霍姆斯塔克金矿床，我国黑龙江省的东风山金矿床也属于这类矿床。

（三）变质磷矿床

变质磷矿床可分为火山沉积变质型和沉积变质型两类。前者含磷较低，一般含 P_2O_5 量在5%以下，工业上难以应用。后者规模较大，品位较高，是我国北方主要的磷矿类型。沉积变质磷矿床的围岩为一套变质的富铝黏土质岩系，岩石类型有白云母片岩、二云母片岩、石英云母片岩和白云质大理岩，变质较浅地区还有绿泥片岩、千枚岩，有时含石墨片岩。

岩系具条带、条纹构造，有时原生角砾构造发育，证明其原始沉积环境为浅海或潟湖地带。岩系中碳酸盐呈透镜状并与黏土质岩石互层出现，磷矿层一般产于各岩层过渡带或碳酸盐层内，属海侵时产物。磷矿石为变质磷块岩，典型的矿物组合是磷灰石－白云石－石英。有时与锰的氧化物共生。矿石含 P_2O_5 量为8%～9%，品位不稳定，最高可达20%～30%。江苏、安徽、吉林等地均产此类磷矿床。江苏海州磷矿床属于这一类型。

第十章 钻石矿床

第一节 钻石与钻石矿床的概述

一、钻石

金刚钻是宝石之王，矿物学名称金刚石。它具有许多特殊的性质，如极高的硬度（自然界中硬度最高，绝对硬度是石英的1 000倍，刚玉的10～150倍）、极高的熔点（4 000 ℃）、极强的折射光（折光率$N=2.42$）、很强的色散本领（0.054 4，在物色矿物中色散本领是最高的，致使金刚石出现极亮的光泽和艳丽的色彩）。透明的金刚石在白光下酷似霓虹灯放出的荧光异彩，当你进入宝石陈列馆，会被这种耀眼夺目的光所吸引，仿佛进入仙宫奇景，使人目不暇接，流连忘返。在不列颠博物馆陈列着一尊希腊铜像，铜像眼珠上镶嵌着许多细粒金刚石，昼夜闪闪发光，神采无比！金刚石在自然界中蕴藏量极少，通常开采250 t矿石只能得到1 ct宝石级的金刚石，经过加工琢磨后仅有10%～20%变成光彩夺目的钻石。由于以上原因，钻石深受人们喜爱。希腊文中将金刚石称作无敌天下的"阿塔玛石"。钻石的价值也非常昂贵，是黄金的数百倍甚至上千倍，颗粒大且透明者是无价之宝。

国际上用4C作为衡量钻石的标准，即颜色（color）、净度（clarity）、克拉重量（carat）和切工（cut），将此4个因素排列组合以决定钻石的价格。

金刚石除含碳外，还有0.05%～0.20%的其他元素杂质，目前已知有60多种杂质，如Si、Ca、Mn、Ni，有时还有Na、Ba、Cu、Fe、Cr、Ti及碳氢化合物。杂质的存在影响钻石的透明度和颜色，如N^{5+}的含量对金刚石的影响较大，特别是N^{1+}和N^{3+}，金刚石中只要含0.03% N^{1+}就可变黄，氮的存在还使金刚石呈雾状，不透明，且发出较强的荧光，所以好钻石要求萤光弱。

金刚石除作宝石外，还可以广泛用于工业领域，如Ⅱ型金刚石（含氮<0.001%）具有超导性，常温常压下，它的导热性是金、银和铜的5～10倍；具有透红外光性能，是激光二极管、集成电路、卫星通信、宇航导航及放射性治癌方面极好的原材料，可在高温条件下长期连续工作，这是任何材料所不能比拟的，所以Ⅱ型金刚石的价格是普通金刚石的几倍甚至几十倍。所有金刚石都是有用的，即使颗粒小、质量差的金刚石，也可利用它极高的硬度来作磨料。

二、钻石矿床

自从2 000多年前印度克里希纳河、喷纳河及其支流砾石层中发现金刚石矿床以来，相继在27个国家发现了金刚石矿床。1990~2001年,全世界金刚石产量基本都在每年100~120百万克拉,见表10-1。金刚石主要产自澳大利亚、刚果(扎伊尔)、博茨瓦纳等,但钻石主要还是产自南非。澳大利亚是红钻石产出的重要国家。

表10-1　1990~2001年各国天然金刚石产量　　(单位:百万克拉)

国家	1990	1991	1992	1993	1994	1995	1996	1997	1998	1999	2000	2001
安哥拉	1.13	0.96	1.18	0.15	0.30	2.90	2.50	1.23	2.76	3.73	4.35	5.17
澳大利亚	34.70	36.00	40.20	41.90	43.30	40.70	41.99	40.20	40.90	29.78	26.69	23.80
博茨瓦纳	17.40	16.50	15.90	19.70	15.55	16.80	17.39	20.11	19.77	21.35	25.22	25.16
巴西	1.50	1.50	1.32	1.50	0.90	1.28	0.80	0.10	0.10	0.90	1.00	1.00
加拿大	—	—	—	—	—	—	—	—	0.20	2.43	2.56	2.60
中非	0.38	0.39	0.41	0.49	0.53	0.53	0.47	0.50	0.53	0.43	0.46	0.48
中国	1.00	1.00	1.00	1.08	1.08	1.13	1.13	1.13	1.13	0.94	1.15	1.19
刚果(扎伊尔)	19.40	17.80	13.50	15.60	17.00	17.00	22.24	22.00	26.08	20.12	17.70	18.20
象牙海岸	—	—	—	—	0.08	0.08	0.30	0.30	0.31	0.40	0.32	0.32
加纳	0.65	0.70	0.71	0.71	0.60	0.63	0.71	0.83	0.81	0.38	0.89	0.87
几内亚	0.10	0.10	0.10	0.40	0.38	0.37	0.20	0.20	0.39	0.55	0.37	0.36
利比里亚	—	—	—	—	0.10	0.15	0.15	0.20	0.30	0.20	0.17	0.17
纳米比亚	0.76	1.19	1.55	1.14	1.32	1.38	1.40	1.42	1.46	1.64	1.60	1.49
俄罗斯(苏联)	24.00	20.00	18.00	16.00	20.00	21.00	21.00	22.40	23.10	23.00	23.20	23.20
塞拉利昂	0.78	0.24	0.30	0.16	0.26	0.21	0.27	0.40	0.25	0.60	0.60	0.60
南非	8.71	8.43	10.20	10.30	10.85	10.95	9.95	10.04	10.76	10.02	10.78	11.17
委内瑞拉	0.33	0.21	0.47	0.30	0.58	0.19	0.17	0.09	0.10	0.10	0.11	0.13
津巴布韦	—	—	—	—	0.17	0.20	0.43	0.42	0.03	0.05	0.02	0.11
坦桑尼亚	—	—	—	—	—	—	—	0.12	0.10	0.26	0.36	0.36
其他国家	0.30	0.40	0.50	0.50	0.19	0.22	0.28	0.11	0.11	0.12	0.17	0.27
世界总产量	111.00	106.00	105.00	105.00	113.00	116.00	121.00	122.00	129.00	117.00	118.00	117.00

注:1. 扎伊尔1997年以后改称刚果(金沙萨);

2. 苏联1991年12月解体,1992年以后称俄罗斯;

3. 世界总产量以四舍五入计算。

至2012年,已探明天然钻石储量大约有25亿克拉,其中澳大利亚6.5亿克拉,刚果5.5亿克拉。按目前开采水平现有钻石储量只能开采25年,但随着找矿科技水平的提高,每年都发现有新的矿区,近几年加拿大钻石储量明显增加。自从钻石开采以来,共采出钻石350 t左右,即17.5亿克拉,现在全世界每年开采钻石在9 000万~1亿克拉,其中宝石级占17%~20%,20%宝石级钻石价值相当于80%工业级金刚石价值的5倍。

1905年以前,几乎所有的金钢石都来自砂矿。在1905年,在南非阿扎尼亚发现世界上最大的金伯利岩岩筒——普列米尔岩筒,并在此发现最大的钻石——库利南(所有100克拉以上的钻石都有自己的名字)重3 106克拉,当时由3个熟练工每天工作14 h,磨8个月,磨成105颗钻石,最大的一颗叫"非洲之星",重530.2克拉,磨出74个面呈水滴形镶嵌在英国国王的权杖上。

后在南非及苏联等国家相继发现5 000多个金伯利岩岩体，其中岩筒1 000 多个，在这些岩体中含金刚石的仅占50%，具经济意义的只有5% ~10%。长期以来，人们认为金刚石原生矿只有一个类型，即金伯利岩型，但1979年西欧发现钾镁煌斑岩中含金刚石。事实上，金刚石不仅在这些岩石中发现，还在陨石（1880年）、碱性玄武岩（1979年）、蛇绿岩（1978 ~1979年）和鞍山岩中出现。到目前为止，所发现的金刚石矿床，砂矿占75.7%，原生矿床占24.3%。

我国约3 000年前就发现金刚石。1937年发现“金鸡钻”，重281.25克拉；1971年在江苏宿迁公路一山沟里发现一颗重158.786克拉的金刚钻，命名“常林钻石”；1981年8月在距常林钻约4 km处发现重124.27克拉的钻石一颗，取名为“陈埠一号”；1983年11月 在山东蒙阴发现一颗重119.09克拉的钻石，取名“蒙山一号”。

我国是世界上金刚石资源较少的国家。1950年，在湖南沅水流域两侧首次发现我国具有经济价值的金刚石砂床。20世纪60年代，在贵州东部、山东蒙阴找到了金刚石原生矿。20世纪70年代初，在辽宁南部找到我国最大的瓦房店原生金刚石矿，该矿储量较大，质量也较好，宝石级金刚石产量高。山东虽出产大颗粒金刚石，但宝石级的金刚石不多，因色闪黄。我国金刚石产出地点及主要特征见表10-2。

表10-2　我国砂矿钻石出土地点

产地	主要发现及特征	发现时间	备注
山东郯城	淡黄色，重56.25 g(218.25克拉)和43.75 g(218.75克拉)	1937 ~1939	被日寇掠走
山东临沭	重31.752 g(158.786克拉)，称常林钻石	1977	价值2 700万元
辽宁复州	重2.16 g(10.8克拉)，无色透明	1978	售价12.3万元
湖南常德	重3.36 g(16.8克拉)，微黄、通透、少瑕	1984	创汇数万美元
湖南桃源	重8.62 g(43.1克拉)，透明、不规则椭圆形	1986	国家以60万元收购
贵州远马坪	砂矿45处，Ⅱ型金刚石，最重0.4 g(2克拉)	1970 ~1990	自然界Ⅱ型，罕见
江苏新沂	重10.542 8 g(53.714克拉)、2.4 g(12克拉)、0.4 g(2克拉)，无色透明	1971	苏北至胶南广布
湖北大别山	重1.534 g(7.67克拉)，全省20余处砂矿获40余颗，总重81.5 mg		大洪山见金伯利岩
河南光山	发现4颗，重0.826 mg	1982	发现金伯利岩带，岩筒附近发现锆石
安徽潜山	在淮北水系发现4颗，总重28 mg，最大22.3 mg		大别山东段榴辉岩中发现金刚石
新疆墨玉	在喀拉什河发现0.24 g(1.2克拉)、0.044 g(0.22克拉)金刚石	1984 ~1985	萨尔托里发现金刚石
西藏安多	重0.6 mg，无色透明，八面体与十二面体金刚石	1980	首次发现90余颗

第二节　原生金刚石矿床

金刚石原生矿床大致可分为金伯利岩型和钾镁煌斑岩型两种类型，现分别介绍如下。

一、金伯利岩型

世界上绝大多数原生金刚石矿床属此类型。南非阿扎尼亚、西伯利亚、刚果、我国辽南和山东蒙阴等地出产的金刚石矿床都是该类矿床的典型实例。

（一）南非阿扎尼亚金刚石矿床

南非阿扎尼亚是金刚石的最大原生矿区，金伯利岩岩体主要产在非洲地台，特别是南非地台卡鲁台向斜与其他二级构造单元的链接带和卡露台向斜内部。从比勒陀利亚（东北部）的普列米尔岩筒到开普敦（西南部）亚赫斯丰坦岩筒，成带分布。该岩体长 1 500 km，宽 250 km，北东向分布（大部分布在宽 10 ~ 20 km、长 200 km 地带内）（见图 10-1），由 350 个岩体组成。南非地台是地球上最古老的地台之一（太古代，年龄 30 亿 ~ 35 亿年），面积约 4×10^{6} km^{2}，与其他古老地台比较，是隆起最高的。其中，大体可分为南非古隆起、卡拉哈里台向斜、卡鲁台向斜、地台型开普褶皱带几个次一级构造单元。和西伯利亚地台一样，以台向斜为主。地台基地由古老的花岗片麻岩等组成，地台内沉积盖层的厚度一般很小，大部分地区无沉积盖层。卡鲁台向斜分布在地台东南缘，由石炭纪、二叠纪、三叠纪、侏罗纪地层组成（统称卡鲁系），主要是陆相沉积物，局部含煤和基性火山岩（玄武岩、凝灰岩等暗色岩及碱性岩、碳酸盐岩等）。岩浆喷出时代是晚白垩纪。著名的岩筒有普列米尔、金伯利、伯特丰坦、亚赫斯丰坦。所有岩筒都具有封闭的外形，出露面积不大，平均 300m × 150 m；水平截面具有奇异的外形或近圆形或近椭圆形；埋藏深 290 ~ 822 m；均分布在隐伏裂隙之上，或分布在隐伏裂隙交错处，这些裂隙都在深部可能彼此相连；多呈漏斗状，在深部变为岩墙或岩脉。

岩筒中的岩石是角砾云母橄榄岩，包括角砾岩相、凝灰岩相和致密的斑状金伯利岩。上部角砾中，岩浆胶结金伯利岩本身碎屑及大量的围岩碎屑，甚至完全被围岩碎屑充填（瓦格涅尔认为，这是爆裂的岩石碎块又掉回火山口的结果），岩筒中还发现煤、硅化木、玄武岩碎块，甚至大块方铅矿。金伯利岩中含有二辉橄榄岩、纯橄榄岩、辉石岩、榴辉岩等深源包体。金刚石储量 2.5 亿克拉，品位 0.34 ~ 3 克拉/m^{3}。其中，普列米尔岩筒金刚石质量很好，宝石级占 55%，又是Ⅱ型金刚石的主要产地。世界上最大的金刚钻——库里南就是在这里发现的。

（二）俄罗斯西伯利亚雅库特金刚石矿床

目前俄罗斯的钻石产量占全球钻石总产量的 20% 多，总产值位居第二，仅次于博茨瓦纳。绝大部分钻石（98% ）产自原生金伯利岩矿，2% 产自次生的冲积砂矿。俄罗斯的钻石矿主要分布在太古代 - 元古代的西伯利亚台地上的 Sakha 共和国，自 1954 年在西伯利亚中发现雅库特原生金刚石矿床以来，该台地上目前已发现有 800 多个金伯利岩岩筒。

具工业价值的主要是“和平、艾哈尔、成功、苏共二十三大”等岩筒。雅库特位于西伯利亚地台东北部，面积约 15×10^{5} km^{2}，金伯利岩岩体多产于地台内大型隆起（台背斜）与大型凹陷(台向斜)的交接部位,如达尔登－阿拉基特矿区位于阿巴太尔台背斜与通古斯台向斜交接部位。该区位于地台西部,是前寒武和古生代形成的构造单元,盖层岩体主要是二叠系和三叠系,零星出露泥盆纪和石炭纪地层。该矿区包括"成功"和"艾哈尔"岩筒。小博图奥宾("和平"和"苏共二十三大"岩筒)位于阿拉巴尔台背斜与维柳伊台向斜、通古斯台向斜的交接部位。维柳伊在地台东部,是中生代形成的构造单元,中生代地层在南北两翼有挠曲;通古斯在地台西部,是前寒武和古生代形成的构造单元。地台基地与南非一样,是太古代、元古代花岗片麻岩、结晶片岩。沉积盖层包括里菲界(相当于我国震旦亚界)至新生界。里菲界是陆源碳酸盐类沉积,寒武系(分布最广)、奥陶系及中生代地层也主要是陆相沉积物,含碳酸盐矿物及石膏等。地台盖层中,岩浆岩以暗色岩(粗玄岩、辉长粗玄岩、粗玄玢岩)为主,其次是基性超基性岩。金伯利岩分布在暗色岩区内或附近,喷出时间以三叠纪为主。由地台中心向边缘部位,金伯利岩火山活动显著降低,同源碱性超基性岩增多,与此同时,含矿性变弱。金伯利岩岩体在空间上成群成带分布,往往形成一些面积为 100 ~ 500 km^2 的金伯利岩区或岩田。每个岩田集中 10 ~ 50 个金伯利岩体,如达尔登－阿拉基特矿区发现 49 个岩筒,其中 44 个含金刚石,这些岩体断续分布在长 150 km、宽 40 ~ 50 km 的北东向带中,按其产出情况可分为以下类型:

(1)岩筒大部分被古生代地层和暗色岩覆盖,如赛堤坎岩筒。

(2)岩筒被暗色岩和沉积岩完全覆盖,如"东方"、"胜利"岩筒,覆盖物 30 ~ 62 m(见图 10-1)。

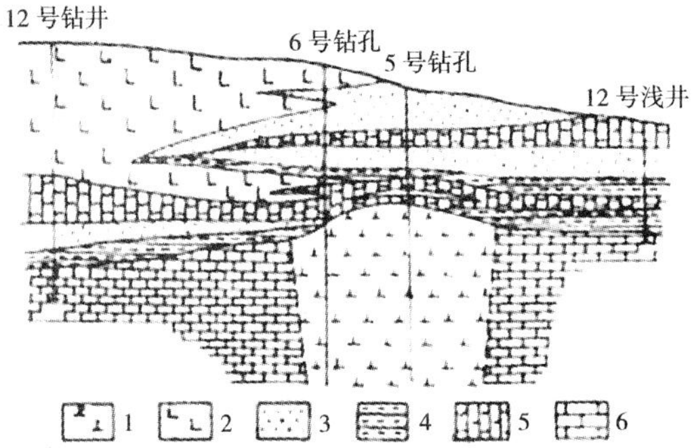

1—金伯利岩;2—粗玄武岩;3—石炭－二叠纪砂岩;
4—石炭－二叠纪炭质页岩;5—石炭－二叠纪粉砂;
6—早志留世岩

图 10-1 "东方"岩筒地质剖面图 (据张培元等,1982 年)

(3)爆发到古生代地层和暗色岩中的金伯利岩岩筒,和暗色岩产在同一水平面上,如"莫斯科人"岩筒,现已露出地表。

(4)暗色岩切穿的岩体(甚至被暗色岩分裂)。

"成功"西部岩筒为角砾状金伯利岩,含有大量(占 80%)各种成因的岩石碎屑;东部岩筒为玄武岩型金伯利岩(一种暗绿至黑色致密斑状金伯利岩),含大量新鲜的橄榄石斑晶、浑圆状镁铝榴石、钛铁矿颗粒、榴辉岩捕虏体;"艾哈尔"岩筒的金伯利岩是凝灰岩和角砾岩,在岩筒上部几乎看不到岩浆成因的结构标志,主要由灰岩、泥岩、砂岩等沉积物组成,且有层理(属火山爆发沉积成因);和平岩筒由 6 个岩石组成,即具有球状解理的灰色、灰绿色、绿色、深绿—黑色、天蓝色斑状和天蓝—浅绿斑状金伯利岩，含矿性最好的是天蓝色斑状金伯利岩(1 克拉/m^3)，最差的是球状节理的灰色金伯利岩。在垂直剖面上，金刚石含量逐渐降低。

岩筒分布受隐伏深断裂控制，岩筒倾斜角 60° ~90°，俄罗斯最大金伯利岩岩筒是"闪光"(但无工业价值)，最富的是"和平"，品位 0.125 ~1 克拉/m^3，1979 年在该岩筒发现苏联最大一颗金刚石"空军五十年"，重 232 克拉。

(三)坦桑尼亚姆瓦杜伊金刚石矿床

坦桑尼亚姆瓦杜伊金刚石矿床是目前世界上最大的金刚石矿床之一，发现于 1940 年，每日回收金刚石 1 kg，英国女王王冠上的重 54.5 克拉玫瑰色金刚石是该产地的最大一颗。

金伯利岩有两期。早期呈脉状，含钛铁矿量较高，含石榴石较少，含金刚石也少且颗粒细小；晚期金伯利岩呈岩管状，含钛铁矿较少，镁石榴石和金刚石含量较高。金刚石主要赋生在晚期金伯利岩中。金伯利岩管受 NW—SE 深大断裂控制，在靠近金伯利岩管的花岗岩节理面上普遍有一种由绿泥石和蛋白石混合的绿色物质，越近管脉越明显。这种绿色物质可追索至管外 300 m 远，是寻找岩管的找矿标志。

金刚石一般无色透明，少数呈绿色、玫瑰色，金刚石含量与镁石榴石含量成正比，与钛铁矿含量成反比。

(四)辽宁瓦房店矿床

瓦房店金刚石矿集区位于郯庐断裂带东侧、金州大断裂以西的中间地带。区内构造主要有近东西向和北东向两组，北北东向郯(城)庐(江)断裂带是规模巨大的超岩石圈断裂带，北北东向断裂构造控制了金刚石矿集区的空间分布范围；基底继承性的北东东向至近东西向断裂构造控制了金伯利岩体群呈北东东向带状展布，两者共同构成了瓦房店金刚石矿集区内控岩控矿构造体系。矿集区中现已划分出 3 条北东东向金伯利岩(矿)带，分别为Ⅰ、Ⅱ、Ⅲ号带(见图 10-2，金伯利岩位置仅具示意作用)。

Ⅰ号带位于瓦房店金刚石矿集区北部，延长约 20 km，宽约 4 km。该岩(矿)带中金伯利岩体数量多，较集中，岩矿带连续性较好，由 11 个金伯利岩管和 53 条岩脉构成。其中，42 号、30 号岩管经勘探，金刚石储量规模均达到大型矿床。

Ⅱ号带位于矿集区中部，延长约 15 km，宽约 3 km。带内金伯利岩体较集中分布在岩矿带西段头道沟一带，由 5 个金伯利岩管和 4 条金伯利岩脉构成。其中，50 号金伯利岩管金刚石储量规模达到大型矿床，51 号和 68 号金伯利岩管储量规模达到中型矿床，74 号金伯利岩管储量规模为小型。

Ⅲ号带位于矿集区南部，延长约 10 km，宽约 2 km。由 2 个金伯利岩管和 3 条金伯利岩脉构成。目前尚未发现具有工业价值的金刚石矿床。3 条金伯利岩矿带总体显示了自北向南岩体群数量由多到少、岩体规模由大到小、成矿作用由强到弱的规律性变化的特点。该矿床储量、质量都是全国第一，宝石级金刚石占的比例高。

近东西向的节理密集带、角砾岩带控制了大部分金伯利岩脉和管岩的长轴方向。岩管向深部收缩归并到近东西的基地断裂带上。矿区地层主要为中古界砂砾岩、页岩等沉积岩，局部寒武纪地层。金伯利岩集中分布在瓦房店以西 500 km^2 范围内，由 18 个岩管

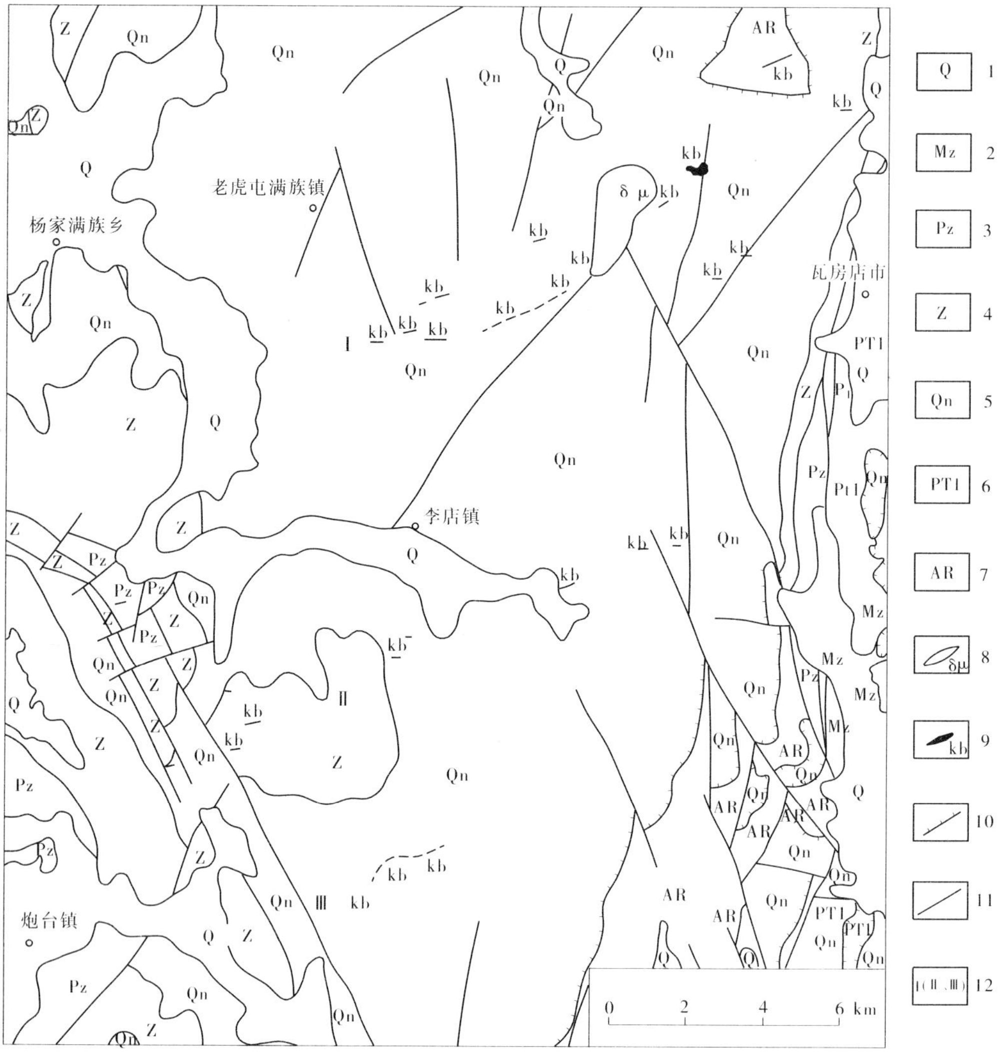

1—第四系；2—中生界；3—古生界；4—元古宇震旦系；5—元古宇青白口系；
6—古元古界；7—太古宇；8—闪长玢岩；9—金伯利岩；10—角度不整合界线；
11—断层；12—金伯利岩带及编号

图 10-2 瓦房店地区金伯利岩带与构造关系略图

和数十条岩脉组成三个岩带。矿带走向 65°和 80°。矿体有两种形态：①脉岩矿体：脉长 100～500 m，厚 0.5～1 m，金刚石品位 50～80 mg/m³。②管状矿体：如 50 号岩管，金伯利岩体浸入在中元古桥头组石英砂岩中，与围岩界限清楚，管岩地表形态为不规则菱形，倾角 70°～80°。岩体由斑状金伯利岩、斑状富金云母金伯利岩组成。

从矿集区内已知的 20 个管状金伯利岩体和 80 多个脉状金伯利岩体的赋存形态看，脉状金伯利岩体均赋存于北东东向至近东西向构造带内；而管状金伯利岩体主要出现在北北东断裂与北东东向构造的交接部位。管状金伯利岩体虽规模大小不等，形态复杂，表现为椭圆形、卵形、舌形、葫芦形及不规则形态（见图 10-3），但其长轴方向多为北东东至近东西向,倾向南东,倾角 75°~85°,充分显示了区内北东东至近东西向断裂构造对岩体赋存空间的控制作用。故认为基底继承性的东西构造属于储矿构造。

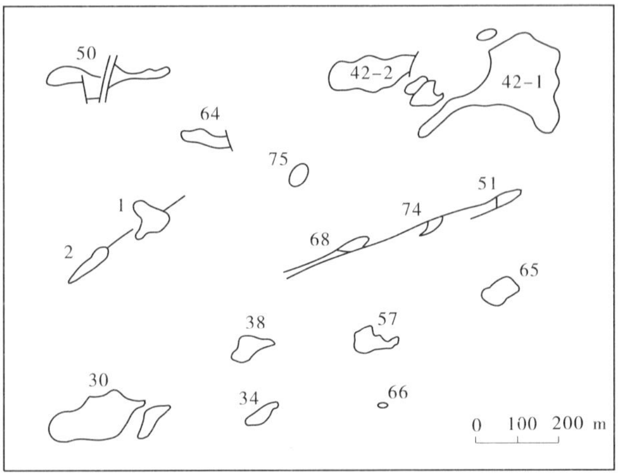

图 10-3 辽宁复县金刚石矿田金伯利岩管形态规模平面图

(五)山东省蒙阴县金伯利岩

按传统地质学观点,山东省蒙阴县金伯利岩产于我国最古老与稳定的地台——华北地台的东南部,鲁西台背斜内相对隆起的,蒙山单断凸起、新甫山单断凸起、金星头育断之上。矿田处于华北地台鲁西台背斜中心部位,郯庐断裂带东 40~70 km,次级北西向断裂发育。基底岩层为太古宇变质岩。岩浆岩除超基性浅成岩外,发育有中生代闪长岩-花岗闪长岩和一些小型脉岩。金伯利岩的侵入时代暂定为古生代晚奥陶世至石炭纪和中生代。在矿化范围内发现百余个金伯利岩体,可划分为 3 个含金刚石金伯利岩矿带(见图 10-4)。

蒙阴金伯利岩由常马庄、西峪、坡里三个岩带组成,它呈 NNE 向分布在蒙阴县西南部的常马庄到蒙阴县东北部的坡里一带,长 60 余 km,宽 20 余 km。常马庄、西峪、坡里三个岩带长度在 12 余 km 不等,呈左列式产出。蒙阴金伯利岩带跨越了四个五级大地构造单元,由南向北依次是蒙山单断凸起、新蒙凹陷、新甫山断块凸起和金星头育断。常马庄、西峪、坡里三个岩带则分别位于相对隆起单元——蒙山单断凸起、新甫山断块凸起和金星头育断的中心地带。从鲁西地壳深部构造轮廓看,蒙阴金伯利岩带正好位于莫霍面隆起向凹陷转变的过渡地带。

Ⅰ矿带位于蒙阴矿田南端,蒙阴县城南常马庄一带。带长约 14 km,宽约 5 km,沿 350°方向展布,由 9 脉 1 管组成,岩体呈雁行左列式排列。岩体中的红旗 1 号岩脉和胜利 1 号岩管具工业价值,已经进行勘探,规模达大型(见图 10-5)。

山东胜利 1 号岩管,经受了长期的强烈剥蚀,现在岩管残留部分是其根部相。估计剥蚀厚度为 1 200 多 m(见图 10-6)。其证据如下:

(1)胜利 1 号岩管的围岩为太古界泰山群,上覆地层为上元古界土门组(厚度为 497 m)和寒武-奥陶系(一般厚度为 1 000~1 500 m)。

(2)根据同位素年龄资料及地质资料,该区岩体形成于奥陶纪。

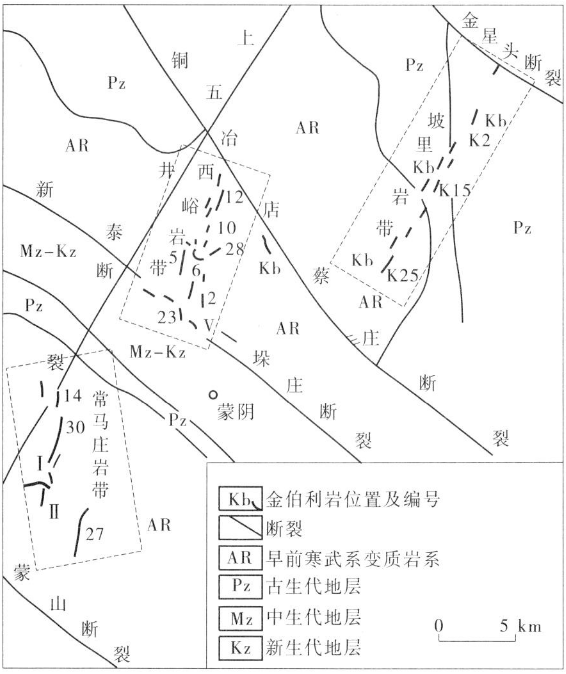

图 10-4　山东蒙阴金伯利岩带分布略图

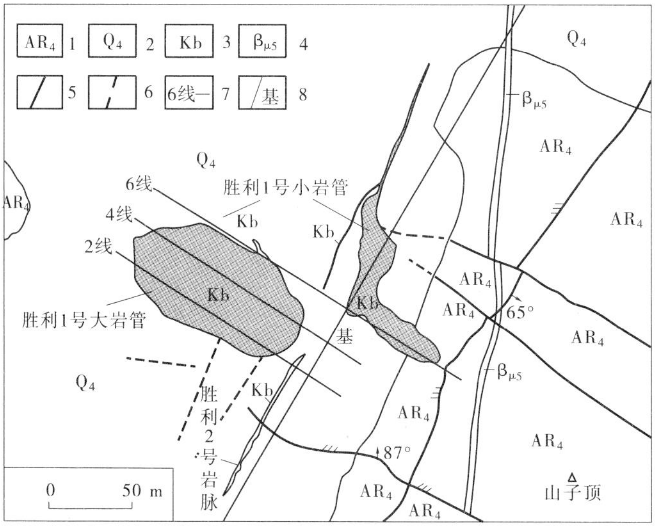

1—新太古代变质岩系；2—第四系；3—金伯利岩；4—中生代辉绿岩脉；

5—断裂构造；6—物探推测断裂构造；7—勘探线位置及编号；8—勘探基线

图 10-5　蒙阴王村金刚石原生矿区地质略图

(3)现在所出露的胜利1号岩体具有许多岩管根部相的特征。例如，围岩有强烈破碎现象，但没有明显位移；岩体边缘出现含有大量围岩碎屑的金伯利岩；岩体受围岩节理和裂隙系统的控制；该岩管地表出露为“双生”岩管，向下逐渐收缩变为岩脉；岩体中的围

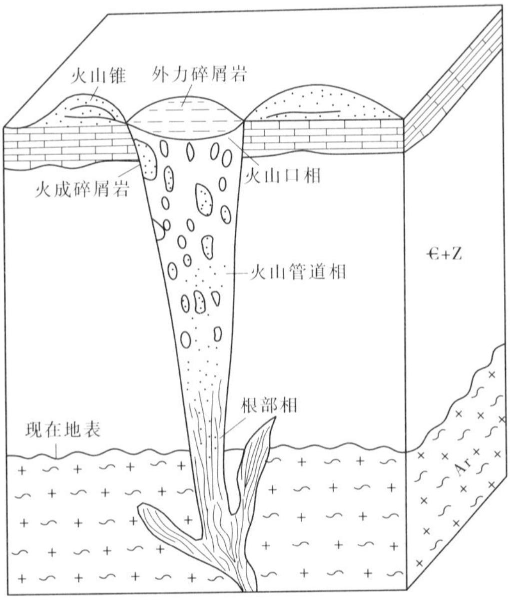

图 10-6 山东胜利 1 号岩管理想结构模式

岩角砾有蚀变现象；该岩体具有复式岩体特征，可见 4 次岩浆活动；主要岩石类型为斑状金伯利岩，有时可见到含岩球的金伯利岩。

Ⅱ矿带位于蒙阴矿田中部，距蒙阴县城 15 km 的西峪村一带，与Ⅰ矿带相距 14 km。带长 12 km，宽 1 ~ 1.5 km，沿 5° ~ 20° 方向展布。带内共发现 12 个岩管和 15 条岩脉，其中红旗 5 号岩脉具工业意义，已进行勘探。

Ⅲ矿带位于矿田北部，蒙阴县城东北 35 km 的坡里一带，距Ⅱ矿带约 16 km。矿带由 30 条岩脉组成，沿 30° ~ 40° 方向展布。部分岩脉含金刚石，但品位低，不具工业价值。

蒙阴矿田的金刚石含矿性自南向北由富渐贫，Ⅰ矿带富，Ⅱ矿带中富，Ⅲ矿带贫。在同一矿带中，中部岩脉（管）含矿富，两侧的岩体含矿贫。含矿性除与空间位置相关外，尚与金伯利岩体的岩性、岩石化学、围岩蚀变和空间分布有关，岩石中外来物质越少，含镁铝榴石越多，含 Ni、Cr 等微量元素越高，围岩蚀变越强，越近于矿体延深最大部位，含矿性越高。

蒙阴矿田金刚石的颜色以无色、微黄色、浅棕色为主；晶形大多为八面体、曲面菱形十二面体；粒重自千分之几克拉至百余克拉，自矿田西南向东北颗粒变小，晶体完整度较差，原生碎块和次生碎块较多，常含包裹体，其成分主要为石墨、橄榄石和铬铁矿等。

二、含金刚石钾镁煌斑型

含金刚石钾镁煌斑岩（lamproite），又称超钾金云火山岩。这是一种金刚石原生矿床的新类型，1979 年发现在澳大利亚金伯利地区，过去一直将它作为金伯利岩看待。实际上，它与金伯利岩无论在岩性方面，还是在形成环境和岩筒结构等各方面均不同（见表 10-3）。它是一种超钾质碱性岩类，岩石化学特征 $K_2O > Na_2O$，高 MgO（见表 10-4）。特征矿物是黄长石（电气石族）、白榴石、富钛贫铝的金云母、透辉石、含钛钾的碱镁闪石，富钾玻璃、红柱石、钾钙板锆石等。

表 10-3　两种原生金刚石矿床的特征及形成地质环境对比

项目	金伯利岩型	钾镁煌斑岩型
岩性	斑状碱性橄榄岩、金云母金伯利岩、蛇纹金伯利岩、方解石金伯利岩、Ca－Mg 橄榄石金伯利岩	硅酸不饱和富 Mg 富 K 煌斑岩、金云白榴响岩、透辉金云白榴响岩
元素特征	高 CaO、Al_2O_3、K_2O、P_2O_5、Cr、Ni、Co 等，我国金伯利岩一般 Cr_2O_3 > 2.5%，Al_2O_3 < 21%	高 K_2O（一般 2.7% ~ 7.74%），高 MgO（一般 14% ~ 27%），TiO_2 > 1，K_2O/Na_2O = 2.7 ~ 20.0，Al_2O_3 > 7%，MnO < 0.2%，高 Be
特征矿物	Cr 透辉石，高 Cr 低 Ca 的镁铝榴石、橄榄石。金刚石含量往往与富 Cr 的镁铝榴石含量成正比，而与含 Ti 副矿物及金云母含量成反消长关系	富钛金云母（TiO_2 为 4% ~8%）、富钾玻璃、白榴石、镁红钠闪石、红柱石、钾钙板锆石
共生岩石	世界上几个盛产金刚石的古老地台，金伯利岩常与暗色岩共生。这种暗色岩是以基性为主的一整套熔岩、火山凝灰岩和次火山岩。与其他基性－超基性、碱性岩石等共生，常不含金刚石	
大地构造环境	稳定克拉通中次级构造交接带地壳引张区，成带分布，与隐伏深断裂有关，地台露有沉积盖层（在地盾区者多不含矿）。主要分布在地台隆起区	超钾岩省、克拉通化活动省及老克拉通边缘盆地
岩筒结构	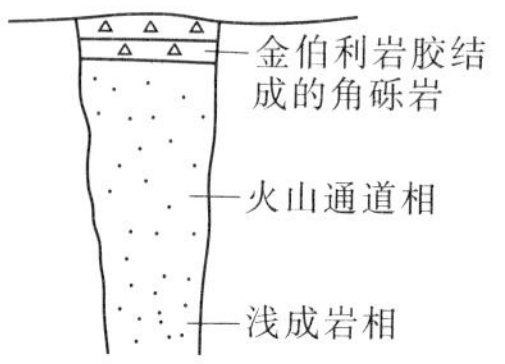 剖面上呈陡立的漏斗状，平面为椭圆状及不规则状，直径 250 ~ 850 m，1 000 ~ 1 500 m 以下过渡为岩墙。岩筒成带分布	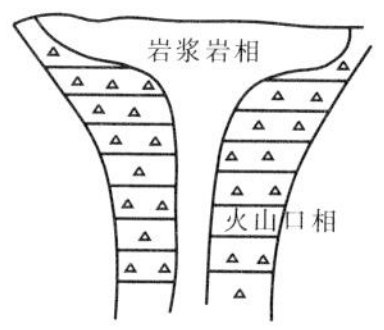 ①火山口直径很大，岩管通道窄；②火山口一般充填凝灰岩，倾角缓；③上伏凝灰岩较粗，层理不清，几乎不含外来物质，最下层层理好，含同源角砾岩；④凝灰岩常被后期岩浆岩超伏或侵入，岩浆相与火山相岩石共生
物性异常	地形，通常为负地形；磁性，目标区局部磁力高；重力，岩筒上具局部负异常；电阻，与围岩比为异电体	通常为正地形；磁力反应一般；重力，局部正异常；电阻，与围岩比为异电体
形成时代	地台基底形成在太古代、元古代，岩体喷出多在白垩纪	地台基底形成在太古代或元古代，西澳钾镁煌斑岩喷出在早中新世

表 10-4 世界钾镁煌斑岩岩石化学成分表 (%)

编号	SiO_2	Al_2O_3	Fe_2O_3	FeO	MgO	CaO	Na_2O	K_2O	CO_2	MnO_2	P_2O_5	TiO_2
1	42. 61	4. 40	4. 52	4. 26	22. 33	5. 21	0. 47	4. 03	0. 17	0. 14	0. 78	8. 15
2	40. 17	4. 51	4. 58	4. 28	22. 20	5. 37	0. 37	4. 51	0. 21	0. 14	1. 48	3. 21
3	30. 46	3. 53	6. 98	1. 80	26. 67	5. 14	0. 29	2. 56	0. 21	0. 13	0. 29	2. 61
4	38. 40	3. 47	6. 85	1. 80	26. 31	4. 60	0. 73	3. 07	0. 18	0. 13	0. 81	2. 22
5	45. 00	4. 84	3. 00	4. 66	21. 20	4. 88	0. 46	5. 50	0. 50	0. 12	1. 58	3. 22
6	41. 70	4. 58	2. 79	4. 62	23. 90	5. 45	0. 09	3. 74	1. 95	0. 12	0. 90	2. 48
7	56. 00	7. 70	1. 15	4. 85	13. 90	2. 36	0. 06	4. 12	0. 75	0. 05	1. 05	2. 61
8	37. 40	3. 36	6. 93	1. 55	25. 50	4. 24	0. 16	3. 28	0. 55	0. 12	1. 62	3. 30
9	45. 50	3. 66	5. 07	1. 42	15. 30	5. 10	0. 48	5. 70	0. 49	0. 10	3. 38	3. 14
10	49. 30	8. 70	4. 15	3. 89	16. 10	1. 30	1. 43	2. 70	0. 55	0. 07	0. 23	0. 17
11	44. 80	5. 80	3. 20	7. 13	25. 00	7. 40	1. 44	0. 80	0. 20	0. 18	0. 25	0. 03
12	41. 52	3. 54	4. 5	73. 90	26. 90	4. 38	0. 36	4. 10	0. 19	0. 13	0. 62	2. 01
13	40. 10	3. 50	3. 80	4. 98	26. 10	5. 61	0. 45	3. 46	0. 12	0. 14	1. 17	2. 14
14	42. 80	3. 30	4. 90	3. 52	24. 90	4. 30	0. 51	4. 23	0. 10	0. 12	0. 60	2. 71
15	42. 43	4. 44	4. 94	2. 37	19. 04	4. 06	0. 63	5. 11	0. 70	0. 11	0. 80	5. 77
16	43. 14	8. 33	3. 81	4. 67	17. 88	11. 34	1. 82	1. 95	0. 91	0. 18	0. 77	0. 71
17	55. 48	13. 11	7. 43	0. 11	6. 72	2. 23	1. 81	3. 80	0. 42	0. 14	0. 68	0. 72
18	50. 23	10. 15	3. 65	1. 21	7. 48	6. 12	1. 29	10. 48	0. 00	0. 09	1. 81	2. 39
19	49. 26	7. 27	5. 47	1. 02	8. 29	2. 56	0. 45	7. 74	0. 30	0. 10	0. 64	5. 41
20	46. 01	6. 85	7. 12	0. 88	10. 74	3. 89	0. 45	9. 67	0. 23	0. 10	1. 63	0. 59
21	48. 12	5. 97	5. 99	1. 50	10. 74	2. 80	0. 49	9. 56	0. 25	0. 09	1. 05	8. 12
22	50. 47	7. 38	5. 72	1. 62	9. 12	4. 15	0. 44	8. 80	0. 75	0. 09	0. 75	5. 67
23	53. 61	9. 85	5. 66	1. 22	4. 99	2. 13	0. 67	11. 2	20. 30	0. 11	0. 72	5. 16
24	54. 67	7. 90	7. 39	0. 72	4. 66	2. 38	0. 34	9. 10	0. 35	0. 07	1. 18	5. 14
25	58. 75	7. 29	6. 02	0. 87	4. 47	2. 07	0. 38	8. 64	0. 22	0. 07	1. 18	0. 15
26	41. 48	7. 19	3. 29	5. 431	1. 33	9. 57	0. 20	4. 91	8. 25	0. 11	1. 06	5. 04
27	42. 03	6. 84	3. 57	5. 421	2. 59	9. 17	0. 18	4. 25	5. 90	0. 11	099	3. 51
28	44. 43	7. 20	3. 64	5. 16	14. 73	6. 89	0. 40	3. 9	3. 3	0. 11	0. 9	3. 01
29	43. 15	7. 32	3. 24	5. 58	13. 50	7. 30	0. 23	4. 28	4. 58	0. 10	0. 95	3. 13
30	40. 85	8. 30	1. 00	5. 36	10. 59	11. 16	0. 10	3. 25	8. 80	0. 10	0. 96	3. 43

注:1,2—西澳 WAK31,WAK18(含金刚石);3,4—美国大草原河;5,6,7—西澳阿盖尔(含金刚石);8,9—西澳埃伦代尔4号(含金刚石);10,11—西澳旺达吉(金刚石);12,13,14—西澳 WAK16,WAK32,WAK33(金刚石);15—西澳伊比斯山(无金刚石);16,17—云南海东(无金刚石)(《云南地质》,1986,第3期);18—怀俄明州白榴石(无金刚石);19—西澳 WAK17(含金刚石);20—西澳波希山(无金刚石);21—西澳"31"英里火山口(无金刚石);22—西澳罗兹山(无金刚石);23—西澳玛米勒山(无金刚石);24,25—西澳东大草原(无金刚石);26～30—贵州(无金刚石)

现以西澳金伯利地区含金刚石钾镁煌斑岩为例，说明这种岩石的一些特征。该地区位于元古代金伯利地块（西澳地台之一部分）的西南缘，煌斑岩侵入到 King Leopold 活动带，喷出时代是早中新世。100 多个岩管、岩栓和岩床产在 3 个主要矿田中。大多数钾镁煌斑岩受构造控制特别是受菲茨罗伊地槽边缘 NWW 向断裂控制。其特点是：火山口直径很大，而岩管通道极为狭窄；火山口一般充填有凝灰岩；岩层倾角很缓，向岩管中心倾斜；上伏凝灰岩一般较粗，层理不清，几乎不含外来杂质，而最下层的凝灰岩含有很大比例的、崩解的富石英的围岩，层理很好，并具交错层，凝灰角砾岩和侵入同源角砾岩常见；在许多岩管中，凝灰岩被晚期岩床或岩浆岩的中心岩栓所超覆或侵入，岩浆相和火山口相岩石紧密共生，这些特征在金伯利岩火山通道中是很少有的。

很多岩栓具同心圆状的成分分带特征，常见同心圆和放射状节理从外到中心，顺序分布角砾岩带（含许多围岩沉积碎块）、角砾岩化金云钾镁煌斑岩和细粒斑状钾镁煌斑岩带（常含金云母或透辉石流线斑晶）和块状中－粗粒金云母煌斑岩的中心岩栓。常见矿物有橄榄石、单斜辉石、金云母（含 Ti）、白榴石、角闪石（典型的钾碱镁闪石）、斜方辉石、透长石、富钾火山玻璃。副矿物有红柱石、磷灰石、霞石、尖晶石、钙钛矿、钾钙板锆石，有时出现上地幔来源的捕虏体和捕虏晶（包括橄榄石、辉石、石榴石和尖晶石）。

岩石可以是基性成分，也可以是超基性成分，$K_2O/Na_2O>3$，Rb、Sr、Ba、Ti、Zr、Nb、Pb、Th、U 及轻稀土丰度高。其岩性有以下几种：①橄榄石钾镁煌斑岩：白榴石少，斑状橄榄石有两个世代（第一世代橄榄石具有典型波状消光和扭折带；第二世代为重结晶的橄榄石，其集合体一般呈镶嵌结构，粒径达 10 mm）。基质由粒径 10～20 mm 的透辉石、金云母、脱玻化玻璃等组成，含钾高（$K_2O>5\%$）。②白榴钾镁煌斑岩（橄榄石很少）。③含橄榄石白榴钾镁煌斑岩。

据张文宽等研究，含金刚石的钾镁煌斑岩具有以下岩石化学特征：MgO 含量 13.9%～26.9%，含金刚石的可能性随 MgO 含量增高而增大；$(Fe_2O_3+MgO)/(CaO+Na_2O+K_2O)$：1.80～4.22；$(FeO+MgO)/(CaO+Na_2O+K_2O)$：2.385～3.68；MgO/FeO：2.00～3.22；MnO＜0.2%；K_2O：2.7%～7.74%；K_2O/Na_2O：2.7%～20%；TiO 高达 8.12%。这说明钾镁煌斑岩属铁质、偏碱性至强偏碱性基性－超基性岩。含金刚石钾镁煌斑岩与不含金刚石的这种岩石比较，前者 TiO_2、MgO、K_2O、P_2O_5 含量较高；Al_2O_3、FeO、Na_2O、MnO 含量较低；此外，$Al_2O_3>7\%$，$MgO>13\%$，$FeO<8.8\%$，$TiO_2>1\%$。

三、原生金刚石矿床的成因

金刚石矿床产出在以下地质环境：

（1）与古老地台有关。与地壳其他部分不同，古老地台的结晶基底刚性较强，渗透性较差，比其他部分的地幔相对冷一些（克拉克，1964）。地台下面的较冷区是挥发性物质大量聚集的最有利部位，而挥发性物质是使金伯利岩岩浆具超高压的主要来源；地台结晶基底的刚性强，足以使超高压状态的金伯利岩岩浆一直保持到地壳较高部位；结晶基底渗透性差，使金伯利岩岩浆中的碱质和挥发组分不易散失。此外，深断裂易产在刚性古老地台上，尤其易产生于压力最大的两个次一级构造单元的交接部位，而且有深断裂才能使来自上地幔的金伯利岩浆上升到地表。实际上，金伯利岩岩浆并不需要一条到达地面的通道，否则压力下降过快，挥发分过早散失，会使金刚石分解，甚至消亡。

(2)与有利控矿构造有关。有利的控矿构造，应该是切割盖层不明显的隐伏深断裂或大断裂接近地表的分叉道和盲叉道。所以，大多数金伯利岩体产生在盖层薄、断裂在地表不清楚及密集解理带和盖层挠曲轴部等地段。地台上有产状病患的盖层才能形成较封闭的地质构造环境，当岩浆内部压力超过上覆压力和侧压力之和时，就能爆发成漏斗状或蘑菇状岩筒，并能保存蘑菇头部。

(3)与暗色岩有关。具有工业价值的金伯利岩往往与暗色岩伴生或共生(其原因是，在一定深度，大量玄武岩浆的溢出给地壳深部造成"空虚带"，金伯利岩浆乘虚而入)，其他岩浆很不发育。如果有其他岩浆岩发育就意味着构造复杂，难以形成有价值的金伯利岩岩筒。金伯利岩是在超高压还原条件下形成的，而苦橄岩、橄榄黄长岩、黄长煌斑岩等，则是压力较小环境下的派生物，所以它们常不共生。如果不同压力的产物伴生在一起，则这种金伯利岩往往没有经济价值。

金伯利岩的形成时代，可以这样推算：前寒武纪含金刚石砾岩分布十分广泛，说明这些金刚石来自更老的金伯利岩(但目前还未被发现)。不管怎样，白垩纪是在试剂盒上最重要的金伯利岩浆活动时期，几乎遍及世界各古老地台。

关于金刚石成因，地质学家公认，金刚石是在高温高压下形成的(t:1 140 ~ 1 400 ℃，据最新资料为 900 ~ 1 300 ℃；p:4.5 ~ 8.0 GPa，有资料认为只需 1.0 GPa；形成深度 h:140 ~ 200 km)，具较强的还原条件。但对其成因模式却有不同的看法。

O. A. Henry 认为，金刚石是岩浆熔体或某种地幔岩交代流体形成的。当软流圈形成后(形成在太古代、元古代)，由于地幔底辟活化及邻近地幔岩石的自然扰动，金刚石与深远包体混合，并进入新底辟形成的金伯利岩和钾黄斑岩中，然后通过深断裂将金刚石迅速送入地面。其根据是：

(1)金刚石中未发现流体包体和气体包体，只有超镁铁岩和榴辉岩系列的包体(以后者为主)，包体大小 100 mm 左右，包括绿泥石、顽辉石、铬尖晶石、金云母、硫化物，富 Cr 的镁铝榴石、金红石、红宝石、钛铁矿、蓝晶石、柯石英等。超镁铁岩系列 $\delta_{^{13}C}$，大多为 $-5‰(-2‰ \sim -9‰)$，榴辉岩系列 $\delta_{^{13}C} < -34‰$。两个系列包体彼此排斥，不共存，说明金刚石的形成环境不止一种。

(2)据同生包体测年龄，南非芬奇金刚石形成在 20 亿年前，而金伯利岩形成于 90 Ma 前，有些金刚石的年龄甚至等于地球的年龄，说明金刚石不是金伯利岩的副矿物，而是捕虏晶。

(3)据计算，金伯利岩上升速度可高达 70 km/h，从上地幔上升到地壳近表面仅需几小时，所以使金刚石得以保存不致被熔化或完全转变成石墨。

(4)榴辉石捕虏体中金刚石，其包体基本上属榴辉岩系列，所以金刚石是榴辉岩的组成部分，与榴辉岩同时形成。

(5)C 以 CO_2 和 CH_4 的形式存在，来源于原始碳和俯冲形成的再循环碳。

F. Hagger(1986)认为，金刚石是多来源的，依据是：

(1)部分细粒金刚石形成在火山爆发前后。岩石群圈底部是热力状态和氧逸度状态反差大的区域，在软流圈与岩石圈边界处容易发生 CH_4 的氧化成 CO_2 的还原及气态裂解，使碳发生沉淀，这个机制相当于混合气体试验中在马沸炉中试管的较冷部位发生的碳沉淀现象或像受明火烧烤的冷容器（如锅）底面上会出现一层烟一样，这些高压碳被吸收进岩石圈并铺垫在岩石圈底面。此外，C 是硅酸盐矿物的不相容元素，熔融过程中部分 CO_2 或 CH_4 离解成单质碳，富集在岩石圈残留体中，这些都是金刚石中碳的来源。在岩浆岩喷发的前一段时间内，地幔去气作用已特别活跃，高压微粒碳高度富集，在爆发瞬间温度很高，金刚石晶体的生长和滞留期又短，可以自发成核，形成具清晰晶面，无溶蚀现象的高温八面体金刚石和骨架状黑钻石。所以，它们的形成与火山爆发时代相当或略早。只要完全避免熔蚀作用，这些微粒金刚石就可以保留。

（2）岩石圈内与超镁铁质同源的粗粒金刚石年龄为 20 亿 ~40 亿年，它们是在地球化学亏损环境下，在挥发分中结晶生长的，属变质矿物。

（3）榴辉岩组分的平均值虽相当于玄武岩，但密度很大（3.5 g/cm^3）。石榴二辉橄榄岩随着压力不断增大，部分熔融，先是玄武质（MgO：8% ~10%；p：1.0 ~1.5 GPa），然后演变为苦橄质（MgO：15% ~20%，p = 20 GPa），进而到科马提质岩（MgO > 25%，p > 45 GPa）。所以，含金刚石的榴辉岩不会由肥沃型软流圈的简单的无水部分熔融作用产生。有种解释认为，它可能是在太古代最早期地壳和岩石圈发展过程中，被捕虏进尚在形成的岩石圈里或侵入到地壳下部形成的。软流圈密度（3.4 g/cm^3）要大于亏损型岩石圈密度（3.3 g/cm^3），榴辉岩在岩石圈内的沉降速率大于下伏软流圈内沉降速率，这样就在软流圈与岩石圈界面上堆积了榴辉岩豆荚体，而这个深度正好是金刚石、石墨或二者亚稳共存的区域。

（4）硫化物对 CO_2 的还原作用：虽然硫是一种挥发性气体，但从地幔捕虏体获得的信息可知，上地幔有硫化物存在，有时还作为金刚石包体存在。

榴辉岩中常见硫化物球形集合体（磁黄铁矿、镍黄铁矿和黄铜矿），当温度超过 1 000 ℃（FeS、Ni、Cu 固溶体液相线温度）时，成为不混溶体，碳在其中溶解能力大大加强，当碳达饱和时，就有金刚石或石墨结晶，其中硫化物帮助维持还原缓冲环境和维持金刚石成核和生长的临界状态。据此推测，榴辉岩中金刚石在富硫熔融体中成核，在变质条件下继续生长。

（5）甲烷与氮气发生反应产生金刚石。其化学反应式为：

$$3CH_4 + 2N_2 = 3C + 4NH_3$$

在岩石圈底部，由于原始去气作用，氮大量浓集，此处一直保持高温，必然出现以Ⅰa 型退火的高温八面体为主的金刚石，往岩石圈内部则逐渐发育立方体——八面体；在岩石圈最上部，则发育Ⅰb 型金刚石。Ⅱ型金刚石只限于富集在亏损氮的孤立区域。

岩石圈是软流圈部分熔融作用和熔融体提取作用后的残留物，残留体内痕量元素的丰度（包括碳）必然是不均匀的，况且随着玄武岩和科马提岩组分的变化，岩石圈残留物组分也会发生变化，加之金刚石成因受多种因素制约，所以造成金刚石在色泽、大小、品级上变化多端。

Haggerty S. E. 用一个综合模式图（见图 10-7）来表明金伯利岩型和钾镁煌斑岩型的形成过程。

上面说的是金刚石的成因，金刚钻只是金刚石的一部分，在什么情况下才能形成金刚钻呢？从金刚石 - 石墨的平衡曲线图（见图 10-8）可知，形成在高温特别是高压下金刚石

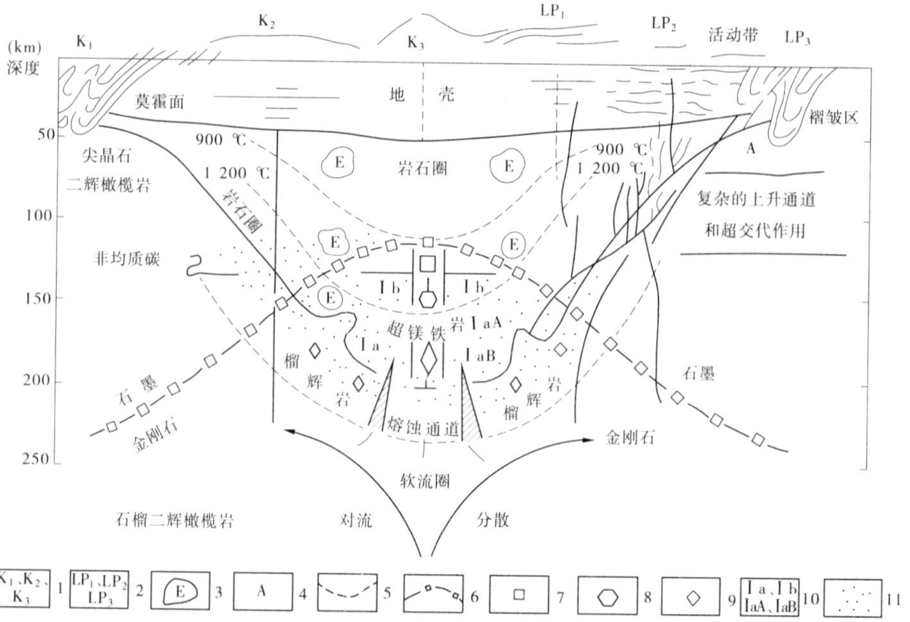

1—不同构造单元的金伯利岩;2—不同构造单元的钾镁煌斑岩;3—榴辉岩豆荚状体;4—克拉通类型;5—等温线;6—石墨、金刚石相线;7—立方体金刚石;8—八面体金刚石;9—菱形十二面体金刚石;10—金刚石类型;11—微粒金刚石和晶质碳

图 10-7　金刚石矿床成矿模式图　(据 Haggerty S. E. ,1986)

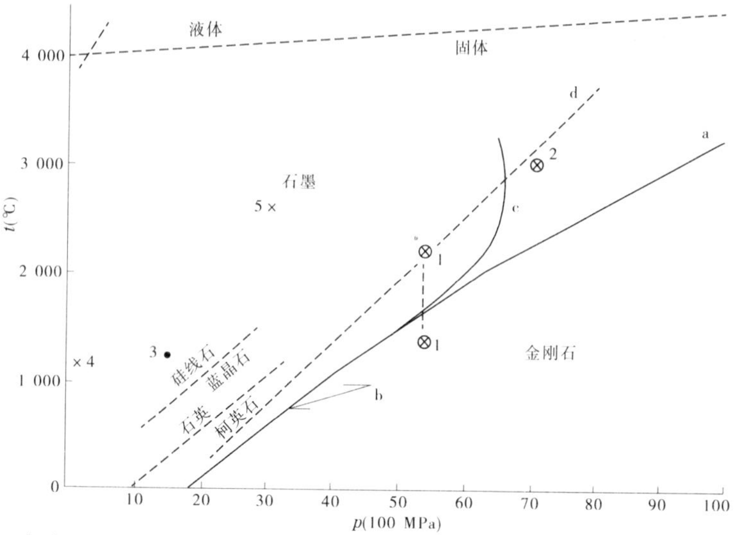

a—金刚石 - 石墨平衡曲线(据列依蓬斯基);b—金刚石 - 石墨平衡曲线(据戈郎松);c—金刚石 - 石墨平衡曲线(弯曲是推断的,据李列布拉德);d—金刚石 - 石墨平衡曲线,考虑了瑞士公司合成金刚石资料,曲线有弯曲;1—1 斯特朗实验室所用的温度和压力;2—瑞士公司合成金刚石所用的温度和压力;3—法尔本工业康采恩合成金刚石所用的温度和压力(可疑);4—低温下金刚石石墨化的温度下限;5—2 700 ℃时金刚石石墨化压力的上限

图 10-8　金刚石 - 石墨平衡曲线　(据布里支曼)

的颗粒较粗，无色透明，长呈八面体晶形，如果压力稳定，温度迅速下降，金刚石仍处于稳定状态。

相反，如果温度是稳定的，压力迅速下降，则金刚石逐渐石墨化，最后变为石墨，以致金刚石发黄并带杂质和逐渐变得不透明，所以形成金刚钻的首要条件是：高温高压下形成的无色透明金刚石，在上升过程压力基本保持不变或下降速度很慢。但我们知道，在开放系统中压力随离地表深度加大而加大，岩浆上升过程中要想保持温度、压力变化不大的首要条件是，岩浆上升速度必须很快。如前所述，含金刚石的金伯利岩浆上升速度可达 70 km/h，几小时就到了地表，这种速度已能满足上述条件。当然，金刚钻的形成还与金刚石的形成方式、生成环境等密切相关。一般来说，形成在岩石圈下部，形成时代远远早于金伯利岩浆者，粗粒和质量较好；与岩浆爆发同时代形成者，颗粒必然变细；杂质元素多者（特别是 N 多），必然质量不好。

第三节 金刚石砂矿

金刚石砂矿是世界上金刚石的主要来源。世界各国砂矿中金刚石储量约 8.5 亿克拉，占世界金刚石总储量的 40%，但产量占 60%。许多原生矿的发现都是由砂矿追溯的。

一、金刚石砂矿的分布

具有工业价值的金刚石砂床主要分布在古老地台上，仅有少量产于地槽区或褶皱带（如乌拉尔、澳大利亚新南威尔士、印度的加里曼丹）。砂矿主要分布在扎伊尔、南非（阿扎尼亚）、拉米尼亚、安哥拉、加纳、塞拉利昂等国，分属非洲－阿拉伯地台、安哥拉－开赛地台、坦桑尼亚地台等。

二、金刚石砂矿成矿期

金刚石砂矿成矿期，虽然晚古生代、中生代都有，但主要是前寒武纪和新生代。世界上许多地区，前寒武纪含金刚石砾岩具有较大工业价值，占世界金刚石产量的 12%。著名的南非维特瓦特斯兰德含金刚石砾岩，几内亚－利比亚、印度、南美、西澳都是前寒武纪的。前寒武纪金刚石区有很多共同特点：①都位于地台结晶基地的早期固结阶段，分布在地盾或古老地块的核部附近。②产于前寒武纪地台沉寂盖层的底部。③往往与海滨成因的粗碎屑岩、三角洲和滨海冲积平原沉淀有关，有的是冰川成因。④砾岩成分大部分是石英、石英岩、硅质岩；多半含金，但缺失特有的金刚石伴生矿物——含铬镁铝榴石、镁钛铁矿和铬透辉石等。⑤金刚石具不同色调的绿色和褐色，晶体表面呈薄壳状或斑点状。绿色斑是长期铀辐射的结果；褐色斑是由于区域变质作用对金刚石加热而引起的 。绝大多数呈浑圆状的菱形十二面体；与显生代矿床相比，立方形晶体增多。金刚石质量高，宝石级占相当大部分。晶体上有很多磨损痕迹。

晚古生代的砂矿主要是指西伯利亚地台区的砂矿。中生代金刚石砂矿主要发育在非洲－阿拉伯和南美地台，中非刚果河流域（白垩纪含金刚石砾岩）和扎伊尔的开赛河流域都是世界有名的含金刚石矿区。

新生代金刚石砂矿分布也十分广泛。第四纪砂矿价值较大的是河流冲积砂矿、残积砂矿和滨海砂矿,较有名的是南非普列米尔岩筒上部的残积砂矿(该砂矿由含金刚石的“黄土”和“蓝土”组成,厚达 56 m,金刚石平均品位 2 克拉/m^3,储量 420 万克拉)、博茨瓦纳的奥拉帕岩筒上部残积砂矿(由交错成层的薄层页岩、泥岩、粗砂砾和漂砾组成)和南非罗伯茨－维克多岩筒残积砂矿(0.75 克拉/m^3,原生矿品位 0.1 克拉/m^3)。残积砂矿的形成除取决于原生矿的种类、规模、含量外,最主要的是需要潮湿的热带和亚热带气候,所以主要分布在南非、亚洲南部和南美洲。冲积砂矿因不受气候条件限制,分布十分广泛,无论大、中、小河流,均能形成有工业价值的砂矿,但富矿主要集中在中小河流中。中等河流中,冲积砂矿不仅储量较大且品位高。如南非瓦尔河砂矿长 80 km,宽 20 ~ 100 m,厚 0.2 ~ 2.1 m,品位 0.5 ~ 1.7 克拉/m^3,储量 8 000 万克拉;产于小河中的冲积砂矿虽规模小,但矿床集中,品位高。最具工业意义的河床河漫滩砂矿,通常位于河流汇合处,河流转弯的内侧或河流由窄变宽的部位。

各类河流冲积砂矿,含矿层都是砾石层。砾石成分以石英岩、脉石英和硅质岩为主。分选较好,砾径 5 ~ 10 cm,甚至几米的滚砾。滚圆度好,厚度不大(一般 0.5 ~ 3 m)。富砂矿往往位于底部砾石层中(见图 10-9)。碳酸盐地区岩浆漏斗或深坑中也往往形成品位特别高的金刚石砂矿床。

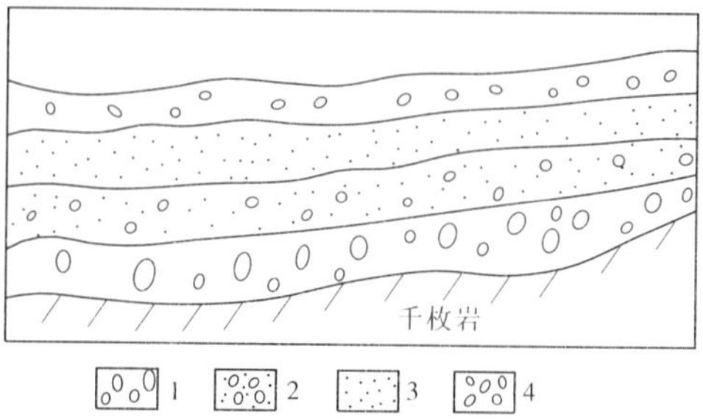

1—含金刚石粗砂砾岩;2—含卵石矿;3—砂层;4—方解石胶结砂砾层

图 10-9 非洲滨海阶地金刚石砂矿剖面示意图 (据王福泉,1985)

三、我国的金刚石砂矿床

(一)湖南沅水砂矿

我国金刚石砂矿床主要发现在湖南沅水流域,属典型冲积型砂矿,根据地貌可分为河床砂矿、河谷砂矿和阶地砂矿,以河谷砂矿及阶地砂矿最有价值,其次是冰碛冰水砂矿。河谷砂矿是含阶地砾石层在重力位移及季节性流水作用下再次富集而成的坡积和冲积砂矿;河谷阶地砂矿是古老河谷砂矿的残留体。高阶地砂矿在沅江下游保存完好,是第四系鄱阳和大姑两次冰碛期堆积的冰碛冰水砂矿。此类砂矿多产于新构造运动强烈上升地区,包括沅水中游峡谷以下的宽谷地带和中下游高阶地分布区。成矿物质来源不明,可能来自原生矿及前寒武纪、三叠纪、白垩纪、第三纪等砂砾岩中的古砂矿。金刚石多富集于砂砾岩层的底部。品位分布在纵向和横向上有一定规律,纵向上高低品位相间出现,但总趋势还是下段比上段富;横向上,中间富两侧贫。主流地段矿较富,金刚石颗粒也较大,支流则相反。

湖南沅水砂矿初步分析大致由几个阶段演化而成：早期含金刚石岩体与矿化层，经长期氧化、剥蚀、搬运，沿沅江由水、冰川动力搬运形成金刚石砂矿中间储存体。在平面上沿NE向沅水是长条状展布，并有分支复合现象，赋存在沅水主流与支流内（河谷发育的低级阶地最有工业价值；其次是高阶地冰蚀砂矿。河谷砂矿是含矿阶地砾石层，亦属砂金与金刚石矿底板），河谷再次侧向侵蚀，多在季节性流水作用下，砂矿再次富集，形成堆积、冲积砂矿级河谷阶地砂矿。高阶地（5级）砂矿，在沅水下游保存完好，是由于第四系鄱阳和大姑二次冰碛堆积、冰水砂矿（此类砂矿多在构造强烈上升区）。含沅水中游峡谷以下的宽谷地带，砂矿主要分布在沅水主流两侧和主河道中开阔地段，在武水中下游形成重要的金刚石砂矿，伴生含铬、镁、铝榴石等高压矿物，属本区河流相冲积型金刚石伴生砂矿的重要标志。

（二）湖南常德－桃源金刚石砂矿

湖南常德－桃源金刚石砂矿主要分布在沅水中下游麻阳江和武水，早年从淘金开始，而后发现金刚石砂矿作为淘金副产品。主要类型是第四系阶地冲积砂矿，河谷、河谷阶地砂金和现代河床冲积砂矿。砂矿金刚石为无色－浅色八面体或菱形十二面体，晶体完整率达75%以上，最大一颗达8.63 g（43.15克拉），大于5 mg的占80%～90%，其中宝石级达60%～90%。

（三）辽宁瓦房店－山东郯城金刚石砂矿

辽宁瓦房店－山东郯城金刚石砂矿多沿近SN向郯庐断裂及其两侧次级构造水系河谷分布，在已知的含金刚石金伯利岩集中区附近，经新构造运动及流水反复冲刷含矿岩石后，再经分离搬运，在原生矿附近小河、冲沟、宽谷、缓坡及河滩等地貌形态的有利部位形成较富的金刚石砂矿，多属宝石级。

（四）大别山区金刚石砂矿

大别山区金刚石砂矿分布范围与板块俯冲带界线一致。20世纪50年代末，在河南光山水库施工中就发现重0.02～0.04 g（0.1～0.2克拉）的金刚石。70年代中期，在商城百步崖水库施工中，发现一粒黑金刚石。在安徽潜江等地断裂带，榴辉岩中也都陆续有所发现，在胶南、苏北新沂、宿县、泗洪和东海也不断发现金刚石砂矿。

第四节　我国金刚石成矿远景区

根据金刚石成矿地质条件，结合我国华北地台、扬子准地台和塔里木地台的地质特征和找矿结果，钱大都、张培元提出4个主要成矿远景区。

（1）辽东－吉南金刚石成矿区，位于华北地台辽东台隆区，郯庐深断裂带东侧。时代为泥盆－石炭纪，在辽东－吉南地区也找到含金刚石的金伯利岩体。根据金刚石的找矿成果，联系辽东台隆的发展历史，可以推断，该区可能有两期金伯利岩：中生代和古生代。

（2）鲁西、苏北、皖北金刚石成矿区，位于华北地台鲁西段龙区，郯庐深断裂带西侧，形成时代可能为下古生代。此外，在安徽宿县震旦系、山东枣庄下寒武统、白彦等地的早古生代灰岩溶洞堆积物中有金刚石产出，莱芜和蒙阴中石炭统、临沂和蒙阴的上侏罗统、蒙阴古近系等砂砾岩层中都能找到金刚石。说明该地区可能有多期金伯利岩。

(3)晋、豫、冀金刚石成矿区,位于华北地台山西断隆区的东部地区。北北东向紫荆关-长治、太行山东麓等深断裂带穿过本区。通过近几年的普查,已在太行山、嵩山、五台山等地发现金伯利岩或金刚石及其伴生矿物。本区可能是华北地台上一个新的金刚石成矿远景区。

(4)湘、黔、鄂、川金刚石成矿区。该区位于扬子地台中、西部地区。在湖南沅水流域发现了4个具工业价值的金刚石砂矿;在贵州镇远找到了以Ⅱ型金刚石为主的金伯利岩型金刚石原生矿,在黔西、鄂西和桂北等地区发现金刚石和伴生矿物。在扬子地台、康滇台隆及其两侧地区,南北向深断裂发育,偏碱性-超基性岩体分布较广。近几年,在该地区多发现了钾镁煌斑岩岩体。因此,可以认为这个地区为寻找钾镁煌斑岩型金刚石原生矿的远景区。

第十一章　红、蓝宝石矿床

第一节　红、蓝宝石的特征

红宝石和蓝宝石的矿物名称都是刚玉，化学成分都是 Al_2O_3。红色（包括血红、玫瑰红、粉红等各种红色）刚玉宝石称红宝石，其他颜色刚玉宝石统称蓝宝石。

红、蓝宝石为三方晶系，复三方偏三角面体。晶体多呈桶装、锥状、板状、盘状或不规则粒状（见图 11-1）。红宝石多呈板状，蓝宝石多呈桶状。红、蓝宝石晶面上常有斜纹或横纹，常见菱形或接近正方形的细纹理，常见六边形生长纹或其中一部分平行直线；一轴晶负光性，大折射率 $N_g=1.768$，小折射率 $N_p=1.760$，重折率 0.008，非均质，显多色性；硬度 $H=9$，比重 $D=3.97\sim4.05$。宝石中常含一些小包体，不同地区包体不同，如缅甸红宝石中常含有方解石、闪锌矿、金红石（细小针状金红石晶体沿几组方向排列，彼此成 60°相交）、雌黄铁矿、黄铁矿、角闪石和尖晶石等，有时还发现几组双晶，彼此相交成 94°。

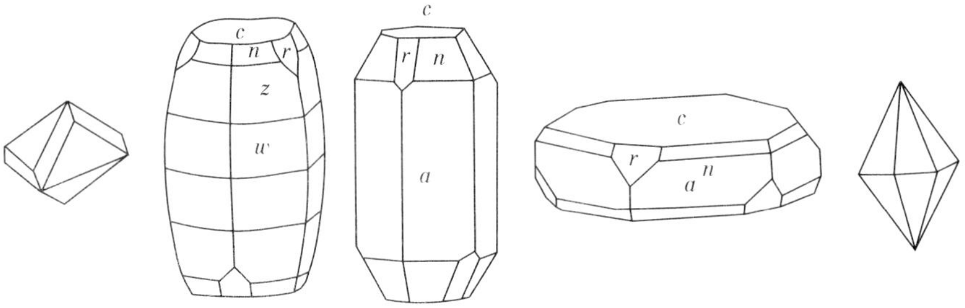

图 11-1　天然刚玉（红宝石和蓝宝石）的晶形

刚玉属多成因矿物，可分布在成因不同的岩石中。作为造岩矿物，它产在某些高级变质的结晶片岩和角页岩、矽卡岩、次生石英岩、刚玉正长伟晶岩和刚玉斜长石岩中；作为副矿物，见于橄榄岩、碱性正长岩、霞石正长岩、花岗岩、花岗伟晶岩、玄武岩、安山岩、粗面岩等岩浆岩中。尽管如此，红宝石和蓝宝石矿床却极其罕见。凡有工业意义的红宝石和蓝宝石矿床都产在各种砂矿中。优质红宝石矿床产在大理岩中，是在角闪岩相条件下，受到区域进化变质作用或更高级变质岩的退化变质而形成的，如缅甸抹谷等地的红宝石矿床。此外，红宝石还可以产在奥长伟晶岩（坦桑尼亚翁巴）、强变质层状斜长杂岩体（现已变质为斜长石－普通角闪石片麻岩）及玄武岩和超基性岩交代岩——云母岩中。世界上大部分蓝宝石矿床赋存在玄武岩中，呈巨晶状产出，是来自上地幔的捕虏晶或玄武岩早期结晶的产物，如澳大利亚、中国、柬埔寨、泰国、印度等地蓝宝石均属此种成因类型。除此之外，还可产在正长岩与大理岩接触的内接触带（斯里兰卡）、花岗伟晶岩与白云质岩石接触带上的阳起石－透闪石带及内接触带中(印度克什米尔,此为世界上质量最好的蓝宝石矿床)。美国蒙塔拿州蓝宝石赋生在碱性－基性煌斑岩中,是在深部高温条件下从氧化铝过饱和的基性岩浆熔融体中结晶而成的;许多磨料用刚玉主要取自超基性岩交代岩——云母岩中。总之,红、蓝宝石主要有两种成因:一是形成在深部高压条件下,岩浆快速喷出将其带出;二是在区域变质或接触交代变质作用下由一水硬铝石和珍珠云母等变质而来。

第二节　红宝石矿床

红宝石矿床按其产状可分为以下几类,现分别介绍如下。

一、产在大理岩中的红宝石矿床

大理岩中的红宝石矿床是优质饰用红宝石的主要来源。缅甸抹谷、阿富汗的哲格达列克、俄罗斯的帕米尔(见图11-2)和巴基斯坦北部的罕萨(见图11-3)均属此类型。缅甸抹谷是世界上最大、质量最好的红宝石矿床,砂矿面积400 km^2,红宝石年产量4万~15万克拉。巴基斯坦罕萨是世界上最富的红宝石矿床,红宝石质量也不错。

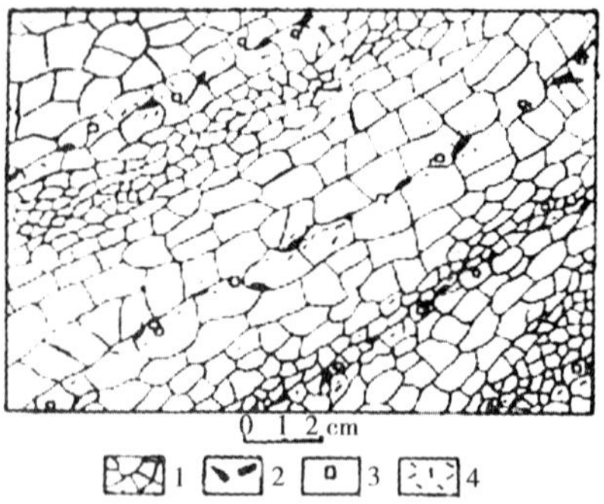

1—钙质大理岩;2—角闪石;3—红宝石;4—金云母

图11-2　帕米尔钙质大理岩中的红宝石矿化

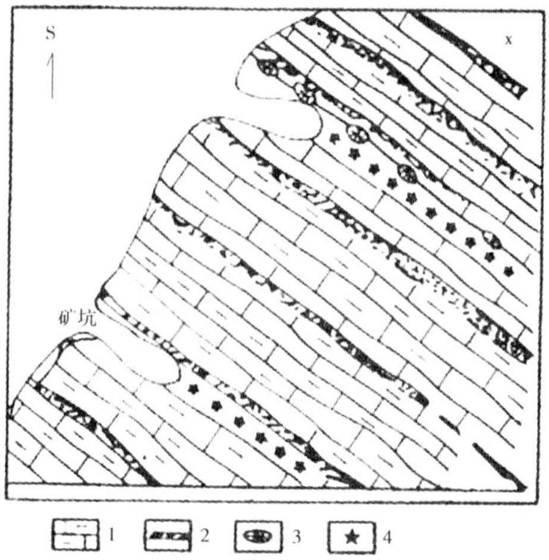

1—灰白色带状粒晶大理岩;2—白色花岗细晶岩;

3—含褐铁矿的石英晶簇带;4—红宝石晶体

图11-3　罕萨红宝石矿化示意图

目前,著名的大理岩中红宝石矿点和矿床主要集中在从北面和南面环绕印度次大陆的阿尔卑斯－喜马拉雅褶皱带。在褶皱带内,红宝石无例外地分布在太古代及元古代固结地块的隆起上。这些隆起由各种片麻岩、结晶片岩、石英岩、角闪岩和大理岩等深变质岩系组成。变质岩系的成分以片麻岩为主,其中与含红宝石大理岩伴生的一般是含石榴石、蓝晶石和硅线石的铝质片麻岩。大理岩本身成分以方解石为主。岩石原始变质程度往往相当于区域变质的麻粒岩相,但由于大部分隆起范围内的变质作用具多旋回的性质,所以其矿物的共生组合往往在退化变质作用过程中变得模糊不清。

现有资料证明,所有大理岩中的红宝石矿床,在形成环境、矿体产状、矿石组构等方面均极近似(见表11-1)。

表11-1 钙质大理岩中红宝石矿床的特征

矿床位置	形成环境	含矿大理岩特征	矿体特征	伴生矿物
帕米尔(俄罗斯)	矿床位于基米里-阿尔卑斯褶皱区古老基底,基底由太古代、元古代的石榴石-黑云母片麻岩和含角闪石夹层的大理岩组成,麻粒岩相岩石受到角闪岩相下的退化变质作用	由方解石组成,MgO < 3%,雪白色,粒度不均一,大理岩层间夹片麻岩、角闪岩体。红宝石大小与方解石粒径正相关	红宝石在1~5 cm厚的夹层(夹在大理岩中)中呈浸染状,偶尔呈巢状。晶粒小(1~5 mm),个别达5 cm,短柱状、板状,边缘被溶蚀,矿体下段延伸3 km	绿、褐色角闪石,金云母,铬云母,斜长石,黄铁矿,榍石、金红石、石墨
抹谷(缅甸)	位于印度中生代褶皱系中的结晶基底的中间隆向上。由麻粒岩、石榴石-片麻岩、硅线石石英岩、大理岩等组成,局部地段遭角闪岩相退化变质	以方解石为主,含少量白云石,MgO为12%~22%,浅色,粒度极不均匀。大理岩中夹片麻岩及透辉石	层状产在大理岩中,与花岗岩体分布关系密切。红宝石是浸染状或巢状产出,晶粒小,一般1~10 mm,有时达5 cm,短柱状,质好	金云母、透辉石、方柱石、榍石、镁橄榄石、尖晶石、斜硅镁石
罕萨(巴基斯坦)	位于哈扎尔地块的一个隆起上,由晚元古代黑云母-石榴石、片岩、十字石-蓝晶石片岩、硅线石片岩、石英岩、大理岩和角闪岩组成,是角闪岩相变质形成	由粗粒(达2 cm)、白色方解石组成,MgO为1%~2.7%	在粗晶大理岩中呈浸染状,愈近火成岩(酸性或基性侵入岩)矿化愈好,离岩体90余m,品位仍有20 g/t,为世界最富的红宝石矿,晶粒1~5 mm,可大至3 cm	金云母、绿泥石、角闪石、珍珠云母、钙长石、尖晶石、电气石、榍石、磷灰石、金红石、磁铁矿
哲格达列克(阿富汗)	位于东阿富汗中间地块,矿区由远古时代的角闪岩相条件下变质的片麻岩和大理岩组成,矿石与火成岩无关	由方解石组成,MgO为0.70%~0.48%,白色,粒度极不均一	红宝石在粗晶大理岩中狭窄(2~3 cm)条带内呈浸染状,晶粒1~5 mm,可大至2 cm,近等轴状,伴生矿物带发育	金云母、铬金云母、铬透辉石、硬绿泥石、斜硅镁石、尖晶石、石墨、黄铁矿、雌黄铁矿、电气石、绿柱石

该类矿床的成因一直被认为是矽卡岩型接触交代矿床，因为花岗岩墙在空间上与红宝石矿体有密切关系。后经 Л. Н. 罗索夫斯基（1982）、Н. 斑克及 М. 奥克鲁斯等研究，认为矿体是区域变质作用形成的，与矽卡岩没有任何关系，其根据包括以下几点：

（1）大理岩中的红宝石，产在很薄但走向稳定且与大理岩呈整合关系的层位中。红宝石及其伴生矿物的大小与大理岩粒度间具明显正相关关系，当大理岩粒度不均一时，红宝石常分布在粗粒大理岩中。这说明红宝石物质来源于原始灰岩，在变质作用过程中，随着灰岩变成大理岩而形成红宝石。

（2）在阿尔卑斯期活化过程中形成的帕米尔杂岩体中，时代年轻的含伟晶岩的大型花岗岩体没有对结晶岩系包括红宝石矿化发育地区的结晶岩系发生重大的交代作用。在这些岩体周围，接触变质晕表现很微弱，只是在极少数情况下，在花岗岩与钙质大理岩接触部位出现不大的石榴石－辉石矽卡岩带，但它们与红宝石矿化无任何关系。大理岩中红宝石矿化仅出现在纯钙质大理岩中。镁质矽卡岩中只有尖晶石，见蓝宝石产出在穿切矽卡岩的脱硅花岗岩和伟晶岩岩脉中。阿富汗哲格达列克钙质大理岩中的红宝石矿化，则与任何火成岩都没有空间和成因关系，纯粹是就地变质作用形成的。

上述情况说明，对大理岩中红宝石形成起主要作用的不是接触交代作用，而是原始灰岩中富含氧化铝的黏土物质的改造作用，后期岩体只是使周围大理岩进一步重结晶并使红宝石聚集。这种改造作用是在贫碱金属的变质溶液参与下进行的。虽然其他地区（帕米尔、缅甸）的变质程度达到了麻粒岩相，但形成含红宝石的斑花大理岩，有比这低得多的温压参数就够了。许多研究结果都证明了这一点。

形成刚玉的最低温度相当于刚玉在 $Al_2O_3-H_2O$ 系统中稳定性的下限，据 Н. 哈斯试验资料确定的反应：

$$2AlO(OH) = Al_2O_3 + H_2O \tag{11-1}$$

一水硬铝石　　刚玉　　水蒸气

平衡曲线用水蒸气压力—温度图解表示，见图 11-4。

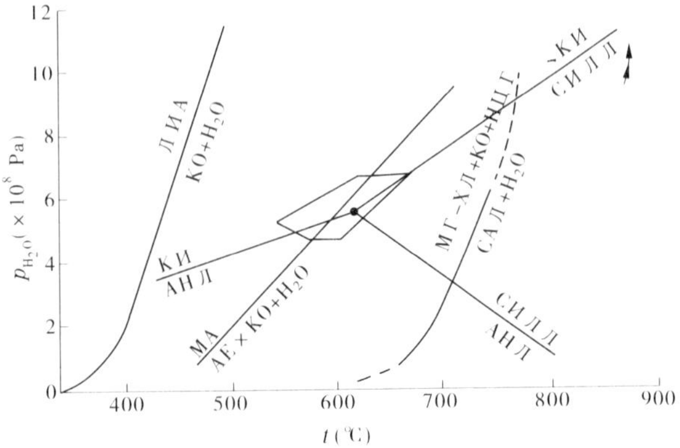

АН—钙长石；АНЛ—红柱石；КИ—蓝晶石；ЛИА—水硬铝石；КО—刚玉；
МГ－ХЛ—镁绿泥石；САЛ—假蓝宝石；СИЛЛ—硅线石；НЦГ—尖晶石；
H_2O—水蒸气；МА—珍珠云母

图 11-4　经试验确定的反应平衡曲线的水蒸气压力—温度图解　（据 Н. 哈斯）

由图可知，反应平衡的温度取决于该系统的压力：当水蒸气压为 200 MPa 时，温度 400 ℃；水蒸气压为 500 MPa 时，温度为 400 ℃；水蒸气压为 500 MPa 时，温度为 430 ℃；水蒸气压为 700 MPa 时，温度为 455 ℃。

形成含刚玉和珍珠云母的大理岩的温度上限，可根据珍珠云母稳定性的上限确定。

$$CaAl_2(Al_2Si_2O_{10})(OH)_2 = CaAl_2Si_2O_8 + Al_2O_3 + H_2O \quad (11\text{-}2)$$

珍珠云母　　　　钙长石　　刚玉

经试验研究确定，反应式(11-2)要比反应式(11-1)更多地取决于压力。当水蒸气压为 200 MPa 时，温度为 500 ℃；当水蒸气压为 400 MPa 时，温度为 560 ℃；水蒸气压为 700 MPa 时，温度为 635 ℃。反应式(11-2)温度区的上限延长到熔融曲线的上部(常压下，刚玉熔点稍高于 200 ℃)。据 F. 塞弗特试验资料，在温度 690 ℃，水蒸气压 200 MPa 和温度 740 ℃，水蒸气压为 600 MPa 时(见图 11-4)，就会发生下列反应：

镁绿泥石 + 刚玉 + 尖晶石 = 假蓝宝石 + 水蒸气　　(11-3)

在巴基斯坦罕萨片麻岩中出现硅线石，大理岩中出现珍珠云母，由图 11-4 可以看出，该区含红宝石大理岩形成温度是 600 ~ 620 ℃，水蒸气压 600 MPa。据推测，红宝石之所以产生"熔蚀"外貌，是在退化变质某一阶段，刚玉被熔融或再结晶而成的。红宝石的指示矿物是铬云母、铬透辉石、铬角闪石及其他含铬矿物。

二、赋存在含钙长石和蛭石的奥长伟晶岩中的红(蓝)宝石矿床

较典型的实例是坦桑尼亚的翁巴塔尔红(蓝)宝石矿床。该矿床年产 29.5×10^4 克拉宝石。这里的刚玉色彩丰富(由 Fe、Ti、Cr、V 等元素含量不同所引起)，一般是较浅或带粉白色调的天青－绿色、天青－灰色、褐黄色、橘红色和棕色等，其中以橘红色最为著名。红(蓝)宝石中包含以下包体：锆石、金红石、磷灰石、独居石、赤铁矿、云母、方解石、雌黄铁矿、石墨等，也有气－液包体在裂纹中，并组成负晶。

矿床位于莫桑比克元古代褶皱带，区内存在 3 种伟晶岩：①含钙长石、蛭石和刚玉的奥长伟晶岩；②含蛭石和刚玉的伟晶岩；③蛭石伟晶岩(这种伟晶岩不含红(蓝)宝石)。伟晶岩存在明显的分带(从内到外)：刚玉岩带—蛭石带—绿泥石带(窄)—阳起石带(宽)—含铁断层泥带—蛇纹岩，刚玉奥长伟晶岩。另据 E. R. RHEBREHXO(1974)介绍，有些矿体还赋生在脉状和透镜状金云母、黑云母－金云母岩体中，但具体情况不详。

三、产在强变质层状斜长岩杂岩体中的红宝石矿床

如澳大利亚哈茨山红宝石矿床，红宝石含在斜长石－普通角闪石片麻岩中。它的原岩是斜长岩(岩石中可见残余辉长结构，斜长石主要是由 An95 的钙长石组成，岩石中铬含量较高，存在假蓝宝石等证据均说明它的原岩是斜长岩杂岩体而不是沉积岩)。

含红宝石斜长岩杂岩体侵入到澳大利亚中部 Arunta 地块的太古代强变质带中，变质岩由一套火山沉积岩系的片麻状斜长岩、斜长辉长岩、辉长岩、角闪岩和石榴石、硅线石、黑云母片岩等组成。

红宝石周围有绢云母被膜，是红宝石形成后在角闪岩相变质作用下与斜长石及水反应的结果，即

刚玉＋斜长石＋水＝珍珠云母

斜长岩质岩石的等化学变质作用是 CaO、Al_2O_3 和 Cr 含量高造成的。

其矿床成因被认为是：在深部形成的红宝石巨晶或斑晶，被斜长石岩体带出，岩体侵入后遭到形变、褶皱、再结晶和至少角闪岩相的变质作用，其中红宝石斑晶再结晶和生长形成红宝石矿床。

四、产在玄武岩中的红宝石矿床

一般来说，此类型主要产蓝宝石。自从泰国洛波、博赖等地及柬埔寨、越南发现大型玄武岩中红宝石矿床（矿砂）后，随着缅甸红宝石产量的下降，泰国红宝石产量占全世界的 70%，从而使之成为红宝石的主要成因类型。

我国海南蓬莱红宝石呈玫瑰、紫红、橙红或同一晶体具两种以上的颜色，含 Cr_2O_3：1.08%～2.02%，Fe_2O_3：1.56%～4.30%，粒度一般 <4 mm，最大者重 1.456 克拉，呈不规则粒状，普遍具溶蚀坑，多裂纹。红宝石与蓝宝石、红锆石、磁铁矿、钛铁矿等共生，产在中上新世辉斑橄榄玄武岩中。详细产出地质特征见蓝宝石矿床一带。

五、产在片麻岩、变粒岩、云母片岩中的红宝石矿床

新疆阿克陶县红宝石矿床位于南昆仑地向斜褶皱带，其中：第一矿化带产在硅线石黑云母二长片麻岩中，共有 7 个矿体：第二矿化带产在黑云斜长变粒岩中。矿石呈斑点状、条带斑点状等，硅线石交代锂云母，刚玉被包含其中，局部有溶蚀现象。

刚玉以单晶为主，晶粒最大 2.7 cm×2.7 cm×1 cm。颜色以紫罗兰、灰色为主，次为灰、淡紫、紫红等色，与金红石、黑云母、斜长石等伴生。含 Fe_2O_3 2.92%～0.62%，含 TiO_2 2.02%～0.55%，含 Cr_2O_3 0.18%。

此外，美国和斯里兰卡在云母片岩中找到红宝石。在美国、南非、坦桑尼亚和印度及我国安徽霍山，红、蓝宝石矿床也产在超基性岩交代岩中。其中，所产刚玉最重可达 140 kg。

第三节　蓝宝石矿床

按成因来说，有岩浆成因的蓝宝石、接触变质成因的蓝宝石和沉积成因的蓝宝石。岩浆成因的蓝宝石在我国比较多见，除山东昌乐外，还有福建明溪、海南岛蓬莱、江苏等，在国外如泰国北部 Denchai 以及老挝的蓝宝石等；接触变质成因的蓝宝石在国内如四川巴塘县夏塞的蓝宝石矿冀东某地的蓝宝石矿，国外如斯里兰卡某地的优质蓝宝石矿，以及肯尼亚 Mangari 区的蓝宝石等；而沉积成因的主要为海蓝宝石。

一、产在玄武岩特别是碱性玄武岩中的蓝宝石矿床

这类矿床是世界上蓝宝石矿床的主要成因类型，且几乎是我国蓝宝石的唯一类型。我国东部沿海地区玄武岩以高碱、富钛、贫铝为特征，是世界上碱性较强的玄武岩区之一。形成在第三纪、第四纪。目前，已在十几处发现蓝宝石矿床和矿化点，如海南、福建、江苏、

安徽、山东、吉林、辽宁、黑龙江等地。其中,最大的是山东昌乐蓝宝石矿床,其次是江苏六合、海南蓬莱、福建明溪的蓝宝石矿床。除山东昌乐可见原生蓝宝石矿床外,一般有工业价值的蓝宝石均发现在残坡积(海南)、冲洪积(福建明溪等)砂矿中。宝石颜色多样,但以蓝色为主,不够鲜艳,表面具有溶蚀坑或玻璃壳。有宝石价值的矿物除蓝宝石外,还有白锆石(福建)、红锆石(海南、山东)、镁铝榴石(福建、山东)、镁铁尖晶石(山东)等。

矿床首先是受岩性的控制,蓝宝石主要赋生在碱性玄武岩中,如山东蓝宝石产在碧玄岩中,海南、江苏蓝宝石产在橄榄玄武岩中,安徽蓝宝石产在霞石岩、碧玄岩及火山角砾岩中。其次是受火山机制的控制,远离火山口蓝宝石品位和质量均下降。一般来说,含蓝宝石的玄武岩,常有较多的资源包体和巨晶,喷出速度也明显大于不含矿者。

(一)山东昌乐蓝宝石矿床

山东昌乐蓝宝石矿发现于1986年。矿区位于华北地台鲁西台背斜东北部,昌乐凹陷南端。矿床明显受郯庐大断裂及次一级断裂控制(见图11-5)。

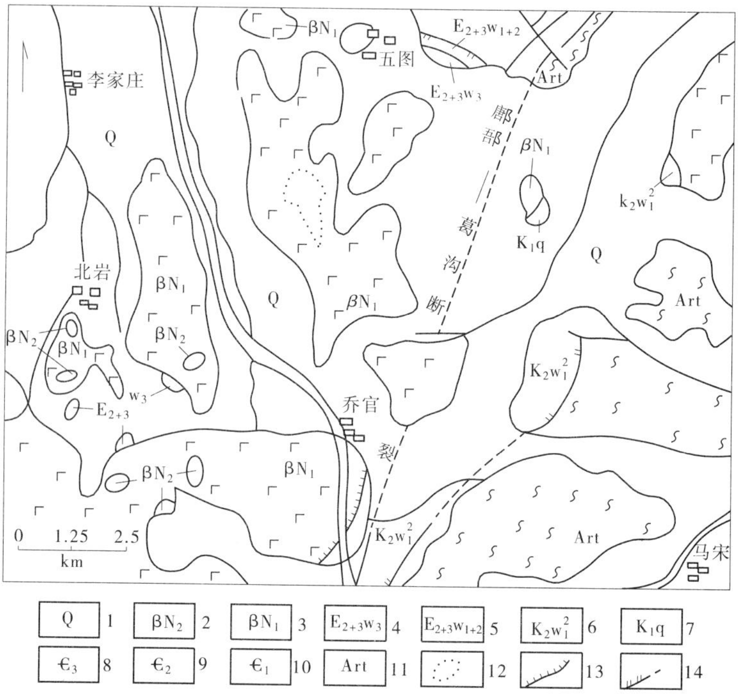

1—第四系冲、洪、残积物;2—上第二系尧山组橄榄玄武岩;3—上第二系牛山组橄榄玄武岩夹松散沉积物;4—中、上第二系五图组页岩夹薄层砂岩;5—中、上第二系五图组紫色砾岩;6—白垩系工氏组暗紫色细-粗粒硬砂岩夹砂质页岩;7—白垩系青山组中性火山岩夹火山碎屑岩;8—寒武系上统黑色条带灰岩夹竹叶状灰岩;9—寒武系中统鲕状灰岩夹黄绿色页岩;10—寒武系下统灰色含砂质灰岩、白云质灰岩;11—太古宇花岗片麻岩;12—蓝宝石矿区;13—不整合地质界线;14—断层

图11-5 山东昌乐五图-北岩-马宋地质图

按地区划分,该区位于鲁西地体的东北部,靠近鲁东地体与鲁西地体的拼贴带。就地层发育和变质程度而言,鲁西长期处于稳定的克拉通环境,而鲁东长期处于活动大路边缘

的岛弧环境。地质地球物理资料表明，该区地壳厚25～31 km，深部为地幔隆起构造。区内玄武质火山岩，主要以熔岩产出，间或有些玄武质火山碎屑岩。基底岩石主要是太古界泰山群混合岩化的斜长角闪岩和角闪斜长片麻岩。区内玄武质岩浆活动（喷发期）分为三次：牛山组玄武岩活动期（14.48 Ma）；山旺组玄武岩活动期（9.97 Ma ±0.91 Ma），尧山组玄武岩活动期（4.34 Ma ±0.91 Ma）。

蓝宝石原生矿赋生于方山岩体中。方山岩体南北长近2 km，东西宽约1.1 km，外观形态呈"T"型。出露岩石主要为新生界尧山组碧玄岩，少量碱性橄榄玄武岩。岩体中含有深源的二辉橄榄岩包体（熔岩中近火山口地段包体含量5%～10%，包体直径一般4.0～5.5 cm，个别达13 cm）和二辉橄榄岩包体（含量1%～2%），含少量普通辉石、锆石、镁铁尖晶石、镁铝榴石、歪长石和蓝刚玉等巨晶。

火山机构控制着蓝宝石的分布。一般近火山口蓝宝石含量较富，远离火山口较贫。原生蓝宝石主要赋生于碧玄岩中，且与二辉橄榄岩包体紧密伴生。

据邹进福和袁奎荣（1990）研究，含蓝宝石的碧玄岩与不含蓝宝石的碧玄岩（分布在矿区外围）不同之处是：前者含有大量幔源包体及多种巨晶矿物。碧玄岩以低SiO_2、MgO，高TiO_2、Al_2O_3碱性钠质系列的玄武岩为特征（见表11-2）；稀土元素表现为稀土总量高的轻稀土富集型。

表11-2 含矿与不含矿玄武岩化学成分对比 （%）

项目	SiO_2	TiO_2	Al_2O_3	Fe_2O_3	FeO	MnO	MgO	CaO	Na_2O	K_2O	P_2O_5	H_2O^-	lg（烧失量）	总计
含矿碧玄岩	43.62	2.91	13.6	5.19	7.44	0.15	9.29	9.55	3.81	0.86	0.51	1.06	1.93	99.90（6个样平均）
不含矿碧玄岩	44.32	2.53	13.08	4.32	8.25	0.21	10.08	9.46	3.20	1.50	0.48	0.44	1.11	99.70（5个样平均）

注：据邹进福、袁奎荣（1990）。

蓝宝石颜色丰富，有深蓝、蓝、浅蓝、黄绿、蓝绿、棕色等，以带有不同色调的浅蓝、深蓝、蓝色为主，其中又以深蓝色居多。蓝宝石表面多被一层灰黑或黑色不透明薄壳包裹。砂矿中蓝宝石多为碎片状、浑圆状和六方柱形短柱状，粒径一般5～10 mm，大者可达30 mm；原生矿中蓝宝石大多具较好的六方晶型，呈腰鼓状、桶状，少量呈碎块状。粒径一般20～40 mm，个别达10 cm。蓝宝石晶体常在不同程度上沿晶面，尤其是（0001）面和（1011）面裂开，在晶面上常见斜纹和横纹。由于地下深处生成的蓝宝石巨晶上升到浅部时，物理化学条件发生了较大的变化，使早期形成的巨晶与寄主岩浆不平衡，从而被岩浆熔蚀，所以蓝宝石表面常有熔蚀坑。矿区大部分蓝宝石具环带构造，色带宽窄不一，颜色渐变。部分蓝宝石在垂直C轴断面上具6条明显的放射线，呈"米"字型，是由放射状排列的显微裂隙或针状金红石包体有规律排列所致。蓝宝石中包体以固态为主，液态次之。固态包体有刚玉、铌铁金红石等。针状铌铁金红石常沿三个方向彼此成120°交叉，用这类宝石可磨制出星光宝石戒。

（二）澳大利亚新南威尔士州蓝宝石矿床

地澳大利亚新南威尔士州产出的蓝宝石量居世界之首，占世界产量的60%。仅1969

年产值就达 150 万澳元，阿塔基 - 粒黑星石加工琢磨后售价 16. 8 万美元。

具经济意义的蓝宝石矿床是冲积砂矿，其原岩是大陆东海岸带的第三系含蓝宝石碱性玄武岩或火山碎屑岩。蓝宝石分布在流经这种玄武岩分布区的溪流上游近代砂砾石层或淤泥中。这些溪流围绕玄武岩呈放射状分布，多数溪流砂砾中都含有蓝宝石。蓝宝石赋生在砾石层的最底部，基岩面上含量最丰富。玄武岩有两期喷发：一期是渐新世—中新世，另一期是上新世，两期间隙期相当长，并有一层富铝层——铁矾土，在有些地区蓝宝石也产在该层中。该区蓝宝石，其颜色有无色、浅蓝、深蓝、蓝绿、蓝黄等，但以蓝色为主，大部分重 2 ~ 6. 5 克拉。也有六道星光的蓝宝石。指示矿物是镁铁尖晶石和锆石，可以此为标志，选择成矿有利地段。

（三）东南亚地区蓝（红）宝石矿床

东南亚地区是蓝（红）宝石矿床仅次于澳大利亚的第二产区，包括泰国、柬埔寨、老挝和越南南部。

该地区位于印支地块上，基底由前寒武纪结晶片岩和片麻状花岗岩组成，上覆奥陶纪 - 二叠纪灰岩、砂岩、页岩、硅质岩系，局部地区（如北碧）发育浅变质岩系。此外，还有三叠纪 - 白垩纪的流纹质火山碎屑岩和红色碎屑岩沉积及新生代内陆湖沼含煤建造。构造运动以印支运动为主，新生代表现为断块 - 基性岩浆活动，新生代含蓝宝石玄武岩分布在现代断裂附近（沿 NW 向深断裂分布），呈岩流、岩被、岩颈、岩墙、岩株等形式。在泰国与柬埔寨接壤的占他武里 - 拜林地区，岩体规模较小，一般长 200 ~ 3 000 m，宽 600 m。在柬埔寨东部、老挝和越南南部，岩体规模逐渐变大。这些岩体主要由裂隙式喷发形成。岩石种类从拉斑玄武岩至碱性和强碱性玄武岩均有，其中富橄玄武岩分布最为广泛。含矿玄武岩中含有来自上地幔的尖晶石二辉橄榄岩包体。岩石一般低硅富镁铁，并含霞石。玄武岩浆活动始于 12 Ma 前，持续至今，著名的拜林玄武岩体年龄为 1. 40 ~ 2. 14 Ma。

宝石呈斑晶产在由玻基玄武岩组成的岩颈相中，也见于玄武岩流和岩被相中。结晶片岩和片麻岩中的碱性玄武岩、岩株、岩脉中也有含红、蓝宝石的。具有工业价值的红、蓝宝石矿床产于碱性玄武岩丘附近的坡麓和沟谷内，形成残积矿床和冲击矿床。砂矿层厚 0. 3 ~ 1 m。与红、蓝宝石伴生的有黑色尖晶、橄榄石、红锆石、石榴石、钛磁铁矿（直径可达 6 cm）等，砂矿层之上为褐色、细粒泥质沙和薄层软泥。矿床具有明显分带性，在占他武里（泰国）西区，包括北碧、考普洛温和帮哈查等矿区，主要产蓝色、蓝绿色和黄色蓝宝石及黑色星彩蓝宝石，占他武里镇以东至达叻地区产蓝色、绿色蓝宝石和红宝石，几乎全部红宝石产在 Nong Bon、Noi. Khong Phaga 和 Ban Naway 一带（是当今世界红宝石的主要产区之一）；而蓝色、绿色蓝宝石则集中在 Ban Bo 一带。达叻以东至博胶主要产红宝石。博胶至春禄间产红宝石和饰用锆石等。

红宝石很少显示原始的六方晶形，常呈浑圆碎块，粒径一般为 5 mm 以下，1 cm 以上者罕见。颜色为紫色到鸽血红，略带微褐 - 微紫色调，并以此区别于缅甸红宝石。晶体内常含磁黄铁矿、磷灰石等包体，其中磁黄铁矿常常蚀变为黑色针铁矿。蓝宝石呈浑圆的六方柱状产出，一般呈绿色、浅蓝色、黄色、紫色和黑色。既可见星光蓝宝石，也可见呈丝绢光泽的蓝宝石。晶体直径 1 ~ 10 mm，一般 3 ~ 6 mm。蓝宝石表面常有一层火山玻璃薄膜，或呈溶蚀状。东南亚蓝宝石以色彩好和透明度高而优于澳大利亚和中国的蓝宝石。

(四)蓝宝石(蓝宝石矿床)的原因——以山东昌乐蓝宝石矿为例

关于玄武岩中刚玉来源,之前有两种说法:一是认为刚玉很早以前就形成在上地幔,后被玄武岩捕获;另一种则认为是玄武岩浆早期结晶产物。无论哪种观点,都说明刚玉是在地壳深部形成,后被玄武岩带上来的。新的观点(苏良赫,1987)则认为:蓝宝石是由于橄榄玄武岩中的橄榄石和地壳氧化硅铝发生反应形成的,比如:

$$2MgO \cdot SiO_2 + Al_2O_3 \cdot SiO_2 \rightarrow 2(MgO \cdot SiO_2) + Al_2O_3$$

镁橄榄石　矽线石　顽火辉石　蓝宝石

铝在上地幔条件下具有强的不相容元素的性质,在地幔橄榄岩类岩石部分熔融过程中,易进入岩浆,使 Al_2O_3 在玄武岩中得到富集,为岩浆早期结晶的刚玉巨晶的形成提供了物质来源。在刚玉寄主岩石玄武岩中含 Al_2O_3 高也说明了这一点。

热力学试验资料已经证明,在大于 0.7 GPa 的压力条件下,刚玉可直接从玄武岩浆中结晶出来,而且压力越大,刚玉的首晶区也越大(见图 11-6)。利用新的合理的温度、压力计算方法计算出该区二辉橄榄岩包体的温度和压力分别为 1 100 ℃和 1.5 GPa。该温度和压力值可以视为碱性玄武岩浆早期结晶时的温压状态。在这种条件下,从碱性玄武岩浆中结晶出刚玉来是完全有可能的。还有一些事实,亦可说明刚玉是玄武岩浆结晶的产物,而不是地幔橄榄岩中解体而来的捕虏晶。因在地幔橄榄岩类包体中没有找到刚玉晶体,同时刚玉晶体比幔源包体的矿物粒径大得多,且呈单晶体产出。

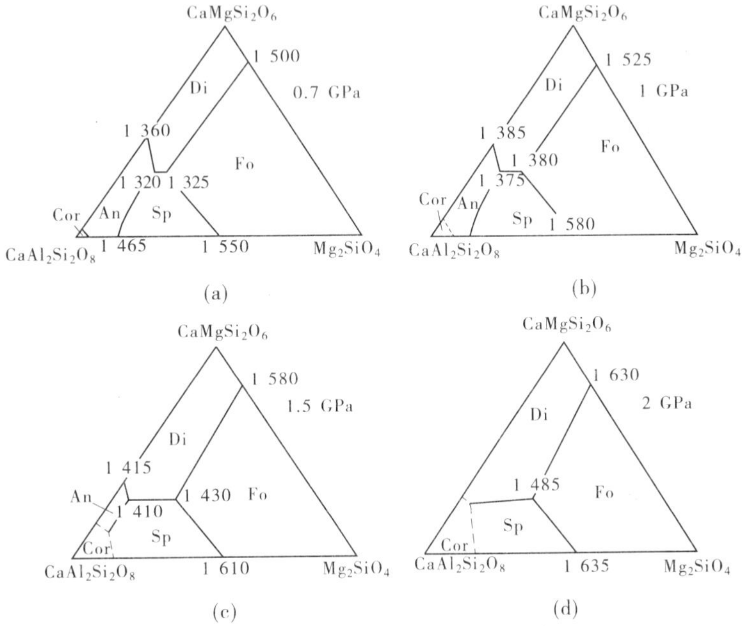

图 11-6　0.7～2GPa 时 An－Di－Fo 相图

利用 Ballhaus 等的氧逸度计算方法,所计算的本区玄武岩中橄榄岩类包体的氧逸度为 －3～＋1,这表明该区上地幔上部的流体主要成分为 H_2O 和 CO_2。当 H_2O 溶于硅酸盐熔体中时,其羟基可代替共用 O^+,使阳离子与共用氧断开,破坏了桥键,从而破坏了硅酸盐熔体的聚合,降低了熔体的聚合程度,起了一个解聚作用,在矿物—熔体平衡体系中,扩大了聚合程度最低的矿物的首晶区，在玄武岩浆结晶时，若岩浆中含有 H_2O，可使橄榄石首晶区扩大，但铝不能进入岛状硅酸盐矿物橄榄石中，铝的富集可形成铝的独立矿物——刚玉。

上述试验的物理化学条件，在昌乐地区蓝宝石矿区情况相符（矿区含蓝宝石玄武岩形成压力 2.4 ~ 3.0 GPa，温度 1 185 ℃；在地幔深处曾经历过结晶分异作用；蓝宝石中的 Al_2O_3 与寄主岩中的 Al_2O_3 具有成因联系（见图 11-7）；玄武岩浆喷发速度大于 4.2 km/h），说明蓝宝石从玄武岩浆中结晶是完全可能的。

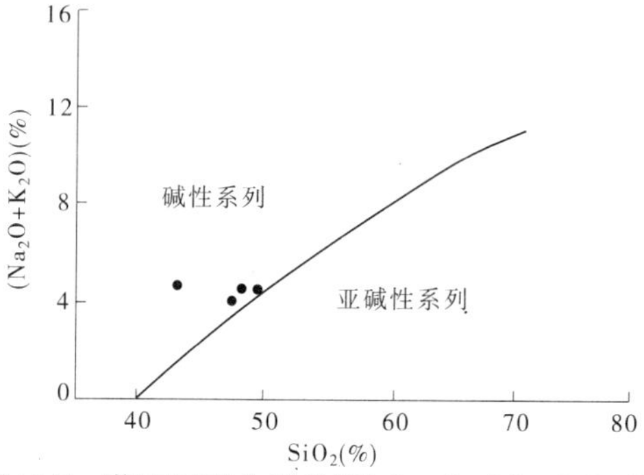

图 11-7　蓝宝石寄主岩的（$K_2O + Na_2O$）—SiO_2 图

相同的地壳厚度条件下，上升速度快的岩浆在压力骤降的条件下，其中的蓝宝石得以亚稳定态保留，蓝宝石大多产于碱性橄榄玄武岩中，而碱性橄榄玄武岩形成的深度和压力较大，蓝宝石的形成需要较大的温度、压力条件；含蓝宝石的碱性橄榄玄武岩中斑晶较多，反映岩浆曾在深部岩浆房停留过较多时间；种种证据表明，蓝宝石是岩浆早期结晶的矿物之一，岩浆的高温高压试验表明，碱性玄武岩浆的结晶压力越高，晶出蓝宝石的可能性就越大。

高温高压条件下，只有部分富铁矿物如磁铁矿等结晶，岩浆中尚有一定量的铁处于自由状态，则在此条件下结晶的刚玉，因 Fe^{3+}、Al^{3+} 性质的相似性，则 Fe^{3+} 可以通过替代 Al^{3+} 进入蓝宝石晶格而使蓝宝石富铁；变质成因的蓝宝石由于温度、压力较低，已经过了大多数富铁矿物的结晶点，所以体系中的铁大多数被固定于富铁矿物中，从而使得形成蓝宝石的混合体系中相对贫铁，因而从中晶出的蓝宝石就相应贫铁了。因此，蓝宝石中的含铁量是蓝宝石结晶温度、压力的或者结晶环境的指示剂。

如果从熔浆中晶出的刚玉的总质量一定，那么在岩浆的上升过程中，晶体大而数量少的刚玉群应该比晶体小而数量多的刚玉群更容易抵抗岩浆及热液的交代熔融作用，所以前者比后者更有利于保存而成矿。

当岩浆中的碱金属离子如 K^+、Na^+ 含量较少而铝含量也不大时，铝会和硅一起形成岩浆网络，此时岩浆黏度较大，冷却结晶时，铝就会进入硅酸盐矿物中而形成铝硅酸盐矿物；但当岩浆富铝和碱金属离子时，由于碱金属离子特有的性质，使得大量的铝无法和硅形成岩浆网络，而只能以 Al_2O_3 单体的形式存在于岩浆之中，此时岩浆的黏度比较小，当温度降低时，就会结晶出刚玉晶体。

根据昌乐地区含蓝宝石玄武岩成岩成矿过程，邹进福和袁奎荣设计了成矿模式图

(见图 11-8)。该图表明:

(1)在三叠纪以前,鲁西地体的地层为太古代泰山群,震旦纪土门群,古生代砂岩-碳酸盐建造;鲁东地体则由元古代胶东群、粉子山群和震旦纪蓬莱群组成。在三叠纪-侏罗纪早期,鲁东地体沿郯庐断裂带拼贴、增生于鲁西地体之上。

(2)晚侏罗纪以后,鲁东和鲁西具相同的中、新生代沉积。地体碰撞和上地幔交代作用引发地幔上隆、地幔的部分熔融以及张性断裂。地幔交代的不均一性和岩浆结晶分异作用可能是决定地幔深处是否产生蓝宝石的主要因素之一。新生代以来,郯庐断裂带活动频繁(显示右旋挤压),为新生代岩浆活动提供了有利的通道条件。

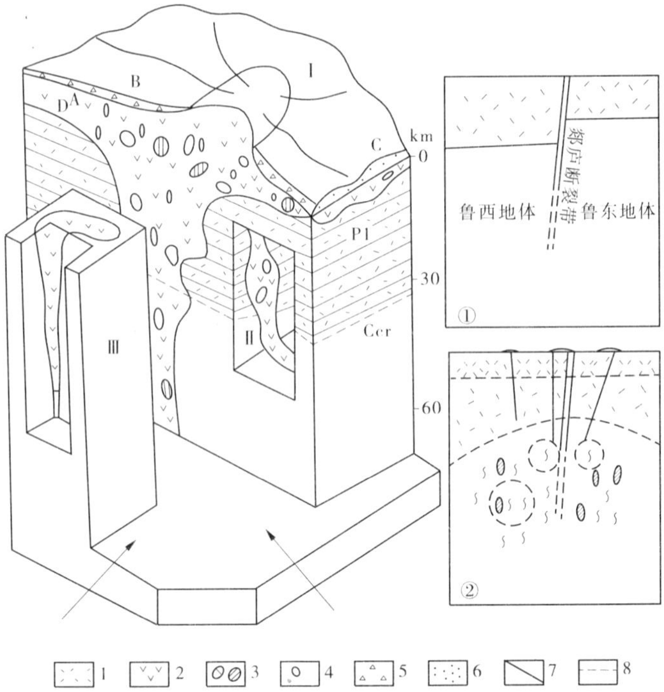

1—地壳;2—碱性玄武岩;3—二辉橄榄岩等幔源包体;4—蓝宝石等巨晶;5—蓝宝石残坡积砂矿;
6—蓝宝石冲洪积砂矿;7—冲沟;8—刚玉-斜长石转变曲线

图 11-8　山东昌乐玄武岩成岩成矿模式图　(据邹进福、袁奎荣,1990)

图 11-8 中Ⅰ、Ⅱ、Ⅲ分别表示 3 种不同形成过程。其中,Ⅰ:地幔岩局部熔融→蓝宝石等高压巨晶结晶→岩浆快速上侵到达地表→形成蓝宝石原生矿(A)、残坡积矿(B)、冲积砂矿(C),如方山;Ⅱ:地幔岩局部熔融→蓝宝石等高压巨晶结晶→岩浆慢速上升或在地壳岩浆房停留→致使早先在高压下形成的蓝宝石被反应成其他新矿物→不形成蓝宝石矿或品位很贫的矿床,如团山子;Ⅲ:地幔岩局部熔融→无结晶分异过程→岩浆上侵→不形成蓝宝石矿,如二姑山、隋姑山。

形成蓝宝石矿的三个必要条件:①岩浆的成分富铝,而相对贫硅,富碱、富挥发分;②蓝宝石结晶于高温高压条件下,且岩浆温压到达蓝宝石的结晶点时降温速度要足够慢;③带着蓝宝石一起上升的岩浆其上升速度要快。而富集地幔低度熔融所形成的母源岩浆和下地壳的同化混染作用是达到岩浆成分条件的关键,依据这三个必要条件确定山东昌乐蓝宝石的找矿方向如下：

①在包含大量地幔岩包体的碱性橄榄玄武岩中寻找；

②特别注意全岩高钠低钾，而斜长石斑晶高钠低钙的碱性橄榄玄武岩；

③尤其要注意发育斜长石斑晶但不发育细柱状斜长石细晶且基质为隐晶质的碱性橄榄玄武岩或者碱性玄武岩；

④从大的构造环境上讲，应着重在富集的交代地幔岩区，尤其是壳－幔交互作用比较明显的地区寻找。

二、产在花岗伟晶岩同白云质岩石接触带及内接触带的蓝宝石矿床

产在花岗伟晶岩同白云质岩石接触带及内接触带的蓝宝石矿床的典型实例是印度克什米尔矿床。这里产出世界上最好的蓝宝石。该矿位于喜马拉雅桑斯克尔山脉的南坡，海拔 4 500 m。研究程度较高的是苏姆查姆矿床。含蓝宝石的伟晶岩产在结晶的白云石化灰岩中。这些灰岩在石榴石－角闪石片麻岩和黑云母片岩中形成一些薄层，伟晶岩和灰岩接触带上有一层很厚的双交代形成的阳起石－透闪石带。据 J. 布朗资料，伟晶岩脉长 5 m，厚 1 m，几乎垂直产出，许多伟晶岩脉沿断裂汇集成脉系。

蓝宝石晶体产在伟晶岩内接触带的长石中，或在阳起石－透闪石带或伟晶岩与云母片麻岩接触带。蓝宝石可长达 5 cm，像果料面包中的葡萄干，颜色纯净，有天蓝、蓝、紫、绿、橙黄等色，伴生红、绿色碧玺及海蓝宝石。

蓝宝石成因被认为是气成热液与伟晶岩发生反应交代长石的结果，与此同时，形成双交代带——阳起石－透闪石带。

三、产在正长岩与大理岩内接触带的蓝宝石矿床

产在正长岩与大理岩内接触带的蓝宝石矿床的典型实例是斯里兰卡蓝宝石矿床。该区也是世界上主要的产蓝宝石的地方。矿体产在康提城东一个穿过孔兹群变质杂岩（大理岩、石英岩及各种片岩互层）的粗粒白云质大理岩的正长岩体中。大理岩已矽卡岩化。伴生矿物是奥－中长石、富钠的方柱石、细纤维状硅线石、金云母、尖晶石等。蓝宝石晶体完好，透明，呈蓝色、天蓝绿色。A. 韦尔斯认为，它是正长岩岩浆脱硅的产物。有工业价值的蓝宝石产在冲积砂矿中。

四、产在碱性－基性煌斑岩中的蓝宝石矿床

产在碱性－基性煌斑岩中的蓝宝石矿床的唯一实例是美国蒙大拿州朱季河（密苏里河支流）上游的约戈谷矿床。该区位于一古老地台近东西向背斜隆起带上，其中分布太古代结晶片岩和片麻岩、元古代、早生古代和泥盆纪黏土页岩和灰岩、早石炭世灰岩和中晚石炭世黏土页岩。沿东西向深断裂分布许多新生代碱性－基性侵入岩（正长辉石岩、玄武岩、霞石正长岩、正长岩、煌斑岩等）。

含蓝宝石的煌斑岩墙产在早石炭世灰岩中，岩墙倾角 90°，走向东西；岩体已遭受强烈蚀变，在深部（80 ~ 90 m 处）可见致密细粒的几乎是隐晶质的岩石，岩石中含大量灰岩捕虏体。斑晶是黑云母、浅绿色透辉石和蓝刚玉，基质中主要含透辉石（50%）及黑云母，

并含25%的方沸石和其他矿物。蓝宝石晶体在岩石中分布较均匀,但岩墙被灰岩强烈混染及岩墙很薄的地方无蓝宝石。组成岩墙的岩石接近于方沸碱煌岩、方沸玄武岩、黑云沸煌岩及类似的碱性-基性岩浆的脉岩。

蓝刚玉品位平均35克拉/t,饰用蓝宝石4克拉/t。晶体一般重2克拉,少量5~10克拉。蓝宝石晶体上往往有一层细粒镁铁尖晶石。蓝宝石颜色均一,但不够鲜艳。

关于这类蓝宝石的成因,目前主要认为,蓝宝石是在深部高温条件下,初期结晶阶段从氧化铝过饱和的基性岩浆熔融体中结晶而成的。氧化铝过剩,可能是由于白云母片岩和黏土片岩的同化结果。由于岩浆上升很快,蓝宝石晶体得以保存。

五、产在超基性岩交代岩——云母岩中的刚玉矿床

这种类型是美国、南非、坦桑尼亚和印度磨料刚玉的重要来源,其中也包含部分饰用刚玉。美国北卡罗来纳州来梦县的"刚玉山"和库尔萨吉矿山中,巨大的含刚玉岩脉产在纯橄榄岩中。另据资料,1872年在美国东部阿巴拉阡山找到橄榄岩脉岩中的刚玉脉,刚玉最重达140 kg,但不够宝石级。刚玉脉呈带状结构,其核部为斜长石,往外是含刚玉和尖晶石的云母带(含黑云母、金云母或蛭石),再往外是阳起石-绿泥石带和滑石带。云母带中的贵刚玉呈稀疏小颗粒晶体出现,也有大的刚玉晶体。刚玉颜色有两色(粉红和红)、三色(蓝、黄、绿),加工后的蓝宝石重量一般不足1克拉。

除上述5类蓝宝石刚玉矿床外,还有一种产于区域变质岩中,特别是贫SiO_2的角页岩含铝高的沉积物接触带中的蓝宝石矿床。如斯里兰卡、美国在云母片岩中找到蓝宝石,是三水铝土矿脱水而成,多余的Al_2O_3和岩浆中的MgO和Fe_2O_3结合而成镁铁尖晶石,所以刚玉常和尖晶石共生。

六、次生矿床

以昌乐蓝宝石砂矿为例。碱性玄武岩及其中的巨晶、捕虏体,在地表的红土化和机械风化作用并伴随地貌的夷平作用过程中,形成铝土及各种黏土物质。其中,抗风化力强的尖晶石、磁铁矿、石榴子石、红锆石、蓝宝石等,一部分残留在小山顶上,或向山坡、山脚下滚动,形成残坡积蓝宝石砂矿床;另一部分则被地表水流冲刷聚集在河流、小溪及冲沟中,形成冲、洪积蓝宝石砂矿床(见图11-9)。

根据其成因划分为3种类型。

(一)冲积层

分布在侵蚀堆积地形的现代河床、河漫滩及Ⅰ级阶地中,呈蛇曲状展布,随河床变化而变化,时代属全新世。冲积层的结构较明显:上部为土黄色黏土质粉砂层,厚度0~1.5 m,平均厚约1 m,黏土与粉砂各约占50%。下部为砂砾层,厚度0.2~2.5 m,个别地段厚度大于3 m,平均厚约1.5 m;砂占30%~50%,个别地段达70%,以中粒为主;砾石占50%~70%,个别地段占30%,多呈次棱角状、次圆状,砾径一般0.2~0.5 cm,个别大于10 cm,成分为玄武岩、砂岩及钙质结核。

(二)洪坡积层

洪坡积层系洪积与坡积的混合成因堆积物,分布在剥蚀堆积地形的洪坡积平台上,在

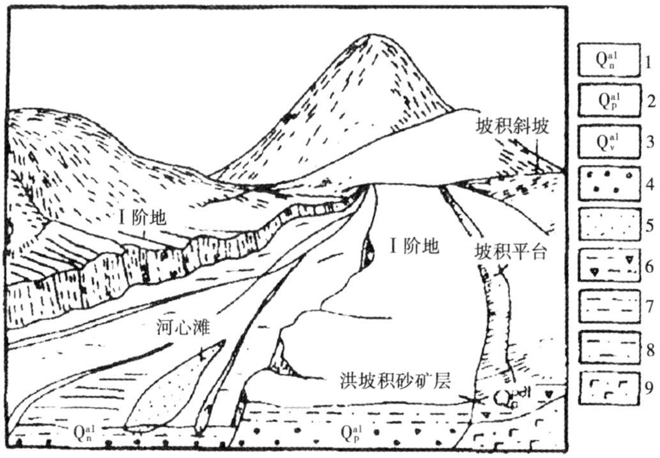

1—全新统冲积层;2—更新统冲积层;3—更新统洪坡积层;4—砂砾层;5—砂层;
6—碎石质黏土层;7—黏土质砂层;8—砂质黏土层;9—牛山组玄武岩含矿层位

图 11-9　蓝宝石砂矿层示意图

矿区内出露面积较大,厚度 3 ~ 10 m,由平台后缘向前缘渐厚,时代属全新 - 更新世。洪坡积层主要分上下两层,上层为黄色、鲜黄色,含砂黏土层,厚度 2.5 ~9 m,黏土占 80% ~ 90%,砂占 10% ~20%,上层中部尚有一厚 0.2 ~ 1.5 m 黄色黏土钙质结核夹层,胶结成板状的结核约占 60 %,结核直径 3 ~ 10 cm,个别达 15 cm;下层为姜黄色钙质结核黏土层,厚度 1 m 左右,结核约占 25 %,局部可达 40% ~45%,结核直径 2 ~5 cm。

(三)残坡积层

残坡积层为一套沿山体斜坡地形分布的残坡积物,属全新统。主要为黏土碎石,碎石、黏土各约占 50 %,碎石成分与底部基岩成分一致。

冲积砂矿层是主要的含矿层之一,矿体连续性较好,厚度 0.2 ~2.2 m,品位 0.703 ~ 10.05 ct/m^3。蓝宝石在河流转弯的内侧较外侧富集,河漫滩的顶部较下部富集,Ⅰ级阶地下部较上部富集、底部较上部富集,河流上游 3 km 内较 3 km 外富集。

洪积砂矿层是最富的含矿层,矿体呈透镜状或薄层状,厚度 0.2 ~2.8 m,品位 0.913 ~ 16.748 ct/m^3,矿层位于基岩之上,底部较上部富集。

残坡积含矿层含量不稳定,连续性差,仅局部地段富含蓝宝石。

第十二章　祖母绿和其他绿柱石宝石矿床

第一节　祖母绿和其他绿柱石宝石的特征

祖母绿和其他绿柱石宝石的化学成分是 $Be_3Al_2(Si_8O_{18})$，其中 Si－O 四面体及 Be、Al 均可被其他元素代替，所以它含有较多的杂质元素，如：K、Na、Mg、Fe、Li、Cs、Cr、V、Ni 等。所含杂质不同，宝石颜色也不同，当 Cr^{3+} 或 V^{3+} 或 $Cr^{3+}+V^{3+}$ 代替 Al^{3+} 时，呈翠绿色（如祖母绿），哥伦比亚祖母绿中既有 Cr^{3+}（Cr_2O_3 0.15%～0.20%），又有 V^{3+}，且铬远大于铁；当 Fe^{2+} 代替 Al^{3+} 时，呈海蓝色（如海蓝宝石）；当 Fe^{3+} 代替 Al^{3+} 时，呈黄色；当 $Cr^{3+}+Fe^{2+}$ 代替 Al^{3+} 时，呈蓝绿色（如非洲绿宝石）；当 $Mn^{3+}+Mn^{2+}$ 代替 Al^{3+} 时，呈红色。在这类宝石中最有价值的是翠绿色的祖母绿。

优质祖母绿的价值与钻石并驾齐驱。由于其产出量比钻石少，近几年甚至超过钻石价格。1977 年，一颗祖母绿耳环，重 18.35 克拉，售价 52 万美元。所以，人们说“祖母绿是身份的象征”，这话一点也不夸张。

祖母绿的颜色以翠绿色为主（有绿色之王的美誉），有时呈浓绿色。绿柱石属六方晶系，常呈复六方锥、六方柱状，柱面发育（见图 12-1）。H 为 7.5～8；D 为 2.67～2.68 g/cm²，玻璃光泽，透明至不透明 No＝1.583，Ne＝1.577；重折率为 0.006，非均质性，并多色性，No＝翠绿，深绿，Ne＝蓝绿；在紫外光照射下有强弱不等的荧光（其他绿柱石皆无荧光）。祖母绿最大的缺点是易脆、多裂缝，所以优质已琢磨好的祖母绿很少超过 2 克拉。色正、优质且透明的祖母绿晶体史上罕见。1956 年，南非阿扎尼亚发现一颗优质祖母绿晶体，重达 2.4 万克拉，是目前世界上发现的最大祖母绿晶体；第二大晶体发现在哥伦比亚木佐（Muzo）矿山，重 16 020 克拉。

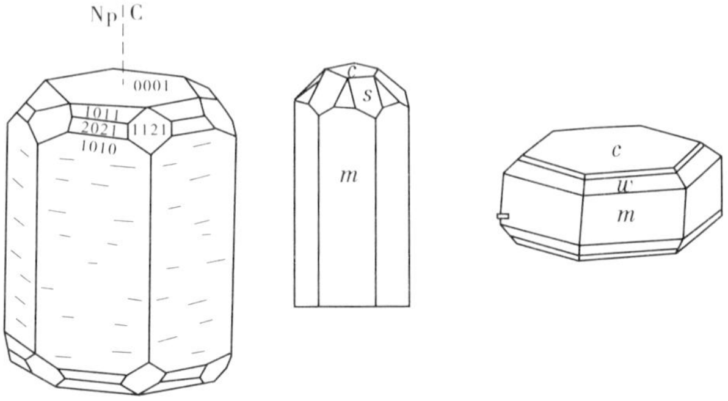

图 12-1　绿柱石晶形

海蓝宝石，是一种蓝色至蓝绿色的清澈透明的绿柱石宝石。过去远洋航船上的水手们常佩戴镶有海蓝宝石的首饰作为祈求平安的护身符。虽然海蓝宝石和祖母绿同是绿柱石,但它不像祖母绿那样多裂纹,产量比祖母绿大得多,所以属于中低档宝石。海蓝宝石要求晶体透明,色正而深,不能有黄色色调,最优者像海水一样深蓝而透明。对半透明或不透明,特别具有"云雾"感的品种应垂直 C 轴磨成弧形面,注意有无猫眼效应。若有猫眼效应,则价值大大增加;如果颜色极浅,则价值只相当于一般水晶类宝石。海蓝宝石重量必须大于0.6 g,即3 克拉以上,且不能有瑕疵。

除祖母绿和海蓝宝石外,还有红色绿宝石、金色绿宝石、暗褐色绿宝石、紫红绿宝石、海蓝橄榄石、透绿宝石等,其中以红色绿宝石最为珍贵。

第二节　祖母绿矿床

祖母绿矿床与其他绿宝石矿床具完全不同的产状。前者主要产在超基性岩的交代岩——云母岩中,或产在碳质页岩、灰岩等沉积岩中,属热卤水热液矿床。有工业价值的祖母绿产在内生矿床中,其他绿宝石主要产在伟晶岩矿床及砂矿中。

关于祖母绿在世界上的分布情况说法不一,有人说(1974):"目前世界市场上有一半以上祖母绿原料是津巴布韦提供的。""津巴布韦现有四个大型矿床:桑达瓦纳、穆斯塔德 - 皮彼尔、诺维洛 - 克莱姆斯和斯克旺达。其中,仅桑达瓦纳矿山 1964 年祖母绿原石产值就有 100 万美元",据栾秉璈(1985)资料,"到 70 年代,哥伦比亚祖母绿占世界总产值的 90%"。看来,无论是哪种情况,高档祖母绿主要还是产在哥伦比亚,这是无疑的。哥伦比亚木佐(Muzo)和契沃尔(Chivor)矿山每年产出高档祖母绿 3 万克拉。低档 10 万 ~ 11 万克拉,1969 年出口值达 460 万美元。1973 年哥伦比亚出口总值 7 500 万美元。除此之外,南非北德兰士瓦科布拉(Cobra)所产祖母绿原石 1 576 kg,价值约 100 万美元;印度阿吉玛(Ajmer)产出的祖母绿一般质量较差;俄罗斯乌拉尔有个"祖母绿山"。

世界上绝大多数祖母绿矿床产在超基性岩的交代岩——云母、滑石、绿泥石等片岩中,是花岗岩浆期后热液交代超基性岩的结果,所以常赋生在酸性岩或花岗伟晶岩与超基性岩的内外接触带,如俄罗斯、印度、津巴布韦、南非、澳大利亚、巴西、奥地利、埃及、巴基斯坦、赞比亚等地均是这样。哥伦比亚大的祖母绿几乎是唯一的例外,它以含有祖母绿的方解石和白云石脉的形式赋存在沥青质的黑色黏土页岩中,或其他沉积岩的断裂和裂隙中,被认为是一种热卤水热液矿床,成矿温度很低。由于酸性侵入岩或花岗伟晶岩中有祖母绿所需的 Be、Al、Si,但无祖母绿所需的 Cr^{3+} 和 V^{3+},一般 Cr^{3+} 和 V^{3+} 主要赋存在超基性和基性岩中,所以花岗岩浆期后热液交代超基性岩,是最理想的形成祖母绿的围岩。

一、哥伦比亚祖母绿矿床

哥伦比亚祖母绿矿床形成于东科迪勒拉带东西两个边缘,在其中部的东边,该带对应于向 Llanos 盆地逆冲的褶皱带,而在其西边,该带与向 Mag - dalena 盆地逆冲的褶皱带相对应。白垩系和始新统(厚达 10 km 以上)是这两个弧后盆地巨厚堆积的产物,这两个盆地在新生代遭受了变形和反转。祖母绿矿床构成两个成矿带(见图 12-2),它们分别位于东科迪勒拉的两个前缘,东成矿带由 Gachala、Chivor 和 Macanal 等几个矿区组成,西成矿带由 Penas Blan－cas、Coscuez、Muzo 和 Yacopi 等几个矿区组成。

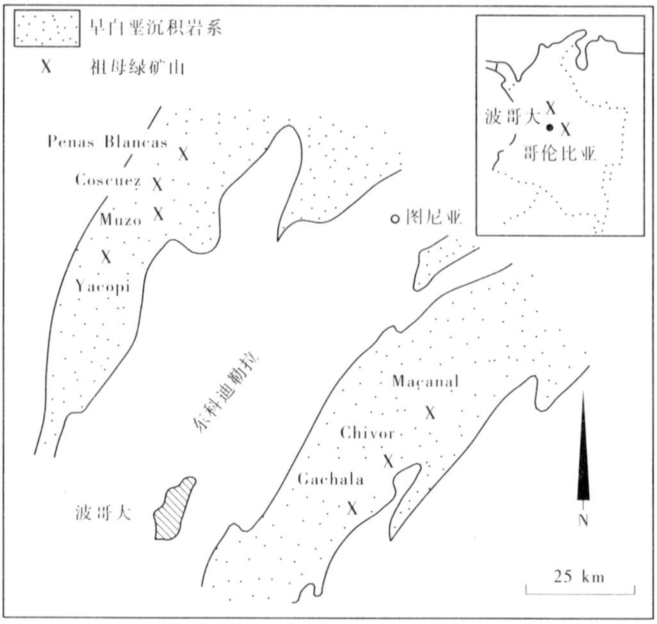

图 12-2 哥伦比亚祖母绿矿床的地理分布

(一)矿床地质概况

除安达卢西亚矿床位于里奥考卡山外,哥伦比亚其他祖母绿矿床都位于东科迪勒拉山脉,即安第斯山脉的东侧。其中,木佐、科斯凯斯、契沃尔、"圣胡安之地"和布埃纳维斯塔5个矿床较大,其他均为矿点。由于小矿点散落在茂密的深山中,交通十分不便,所以迄今为止尚无经济意义。即使上述5个大矿区,进行详细调查也很困难,甚至不可能。

木佐矿区的构造主要是依托克背斜和依托克断裂,矿体分布在背斜的倾斜端及裂隙中(见图12-3)。背斜核部分布有花岗岩和变质岩,而两翼分布早白垩世晚期维坎塔组含沥青黑色页岩。年轻的岩石分布在矿区的西、南、东三面,主要是中－晚白垩世灰色和黑色页岩、灰岩和其他海相沉积岩。

木佐矿山的岩石,特别是含祖母绿的页岩,已被强烈褶皱和破碎,并被白云石脉、钠长石脉、重晶石脉和方解石脉穿切。祖母绿主要赋存在方解石、白云岩脉中,脉厚可达30 cm,大部分要薄些。矿脉走向有几组,最大走向120°,倾角陡。含祖母绿矿脉的围岩已发生强烈的碳酸盐化和钠长石化,在离祖母绿矿脉100 cm的地方采集的样品中,方解石含量为6%,钠长石含量为15%~20%。虽然在受到构造变形不强烈的黑色页岩中有方解石脉,但这些方解石脉不含祖母绿,同时也见不到钠长石化现象。

在弗拉瓜露采场的局部,有深绿色祖母绿无规律地分散在黑色页岩中。祖母绿内部有黑点并有许多裂纹,晶体常形成晶簇,并与石英、白云石和方解石连生或充填在方解石脉的孔洞中,在这些孔洞里可遇到镶嵌在细粒石英、黏土矿物和绿柱石中的少数双轴晶体。祖母绿一般长数厘米。大部分晶体沿地面裂开,裂开处被细粒方解石愈合。与祖母绿共生的矿物有方解石、白云石、黄铁矿、钠长石、重晶石及少量磷灰石、萤石和氟碳钙铈矿。大多数晶体较完整。

加查拉和乌瓦拉矿床位于波哥大东北部75 km处。中生代晚期(晚侏罗世及早白垩

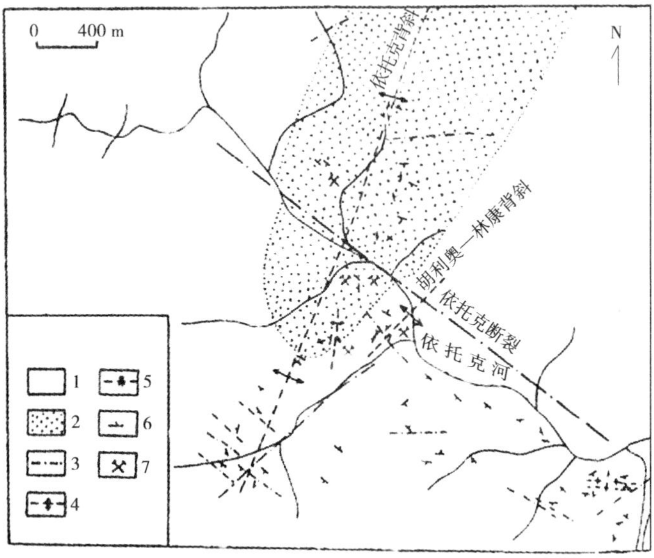

—晚阿尔卑斯岩层;2—早中阿尔卑斯含沥青黑色页岩;3—断裂;4—背斜轴;
5—向斜轴;6—岩层走向和倾向;7—祖母绿矿山

图 12-3 哥伦比亚 Muzo 矿区构造地质构造概要图

世)的灰岩、砾岩、页岩(包括黑色页岩)、砂岩及古生代白云质灰岩、石英岩和砂岩在矿区地表出露(见图 12-4)。

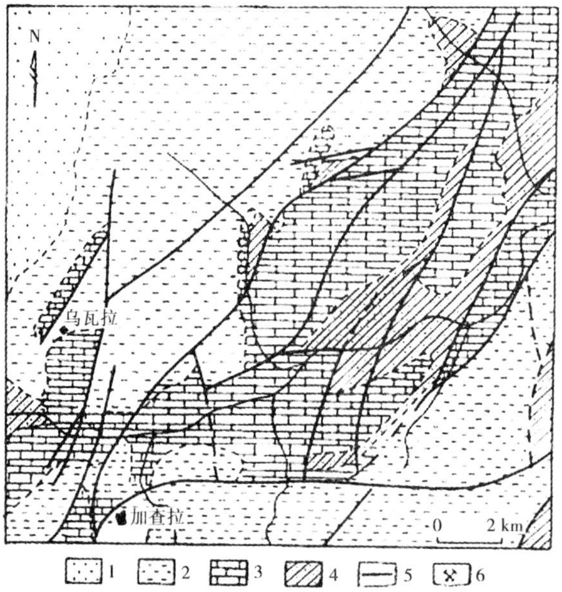

1—拉斯江士茶斯组(加查组)砂岩;2—马卡纳尔组(基尔姆组)页岩;
3—瓜维奥组(基克格组)灰岩;4—拉法洛内斯组石英岩;5—断裂;6—祖母绿矿山

图 12-4 加查拉矿床地质构造示意图

该区断裂发育,据推测,费尔南多断裂带是含矿热液的通道,该断裂走向 SW—NE,倾向 NW,倾角很陡,碎裂带宽达 60 m。在这个断裂带中或附近,有加查拉、圣罗萨、布埃纳维斯塔和契沃尔等4个祖母绿矿点。与祖母绿共生的矿物有碳酸盐矿物、奥长石、黄铁矿、极少量的金红石和萤石。奥长石几乎全部分解为高岭土。长石和碳酸盐矿物被认为是寻找祖母绿的标志。

(二)矿床成因

关于哥伦比亚祖母绿矿床的成因,有以下几种假说:

(1)远源成矿说:根据矿体呈脉状,围岩有碳酸盐化和钠长石化蚀变作用,推测深处有岩浆源,而祖母绿是由深部的酸性岩浆分异出来的低温热液形成的。而祖母绿中的铬来自黑色页岩。这种观点在过去一直占统治地位。

(2)变质说:认为铬与铍均赋存在围岩中,变质过程中,含一氧化碳的热液将Be、Cr、Si、Al析出而形成祖母绿。事实上,区内岩石变质较轻微,热液对Be的溶解度又很低,所以此假说实际不能成立。

(3)卤水说:认为矿物是卤化物的络合物,因而能吸收围岩中的Be和碳质页岩中的Cr^{3+}。矿液来自大气水而不是岩浆。其依据是:祖母绿中的NaCl的液相包体,围岩钠化并含少量石膏,说明成矿是在pH高、Eh值低的还原条件下进行的;成矿温度为180 ℃,矿液来自大气水;据成岩试验,铍铬合物溶解度大;东科迪勒拉有许多盐丘。由于此说法论据较充分,所以该假说已得到公认。

(4)V. J. Hintze(1979)对祖母绿在哥伦比亚的形成历史提出以下推断:随着海相沉积物厚度的增加,它所产生的压力越来越大,这种压力和后来发生的造山运动使间隙水集中在孔洞和裂隙中,或许还集中到断裂里。东科迪勒拉山脉的黑色页岩是在海相环境下形成的,因而其中含NaCl和Na_2CO_3的浓度高于3%的封存水。水与黏土矿物相遇后,在低温及适当压力条件下,伊利石等转变成钠长石和奥长石,其转变温度随NaCl含量的增高而下降。Be作为阳离子与Cl^-、CO_3^{2-}和F^-络合。这些络合物只在很小的pH范围内稳定,当与络合的黑色页岩接触后就会变得不稳定,从而形成祖母绿。

(三)成矿模式

成矿模式分为以下两个阶段(见图12-5)。

第一阶段:挤压构造作用促使东科迪勒拉边部滑脱构造形成,尤其是在早白垩世黑色页岩岩层中,该页岩层是在下伏较硬岩层之间明显的力学转换层。热液流体的渗滤作用主要沿逆冲断层面进行。这些流体是从沉积盆地中排出的,在这个沉积盆地中,流体溶解了蒸发岩层。这种流体呈碱性,Na、Ca、Mg高度富集,促进流体与黑色页岩发生强烈的水-岩反应,且以Na和Ca的交代作用形成钠长石化和碳酸盐化岩层以及Be、Al、Si、Cr、V、REE的淋滤为特征。伴生有纤维状方解石和黄铁矿充填的伸展脉网的发育,多数岩脉平行于层理。

第二阶段:本区削减作用的持续进行以沿逆冲断层和与逆冲作用有关的背斜中角砾岩的发育为标志。在断层和背斜中阶段1形成的钠长石岩层在本阶段已被改造并且发生了角砾岩化。不协调褶皱因热液流体压力的增加而形成于褶皱构造的枢纽处(见图12-5)。从阶段1到阶段2的转变可能与流体地球化学的变化(代替了碱度的增加)及随后的祖母绿沉淀相对应。伸展脉系的充填作用在本阶段也是特征的(出现菱面体碳酸盐矿物)。然而,对产生热卤水的蒸发岩和形成年龄尚不清楚。盐的注入(石膏或硬石膏)可能与逆

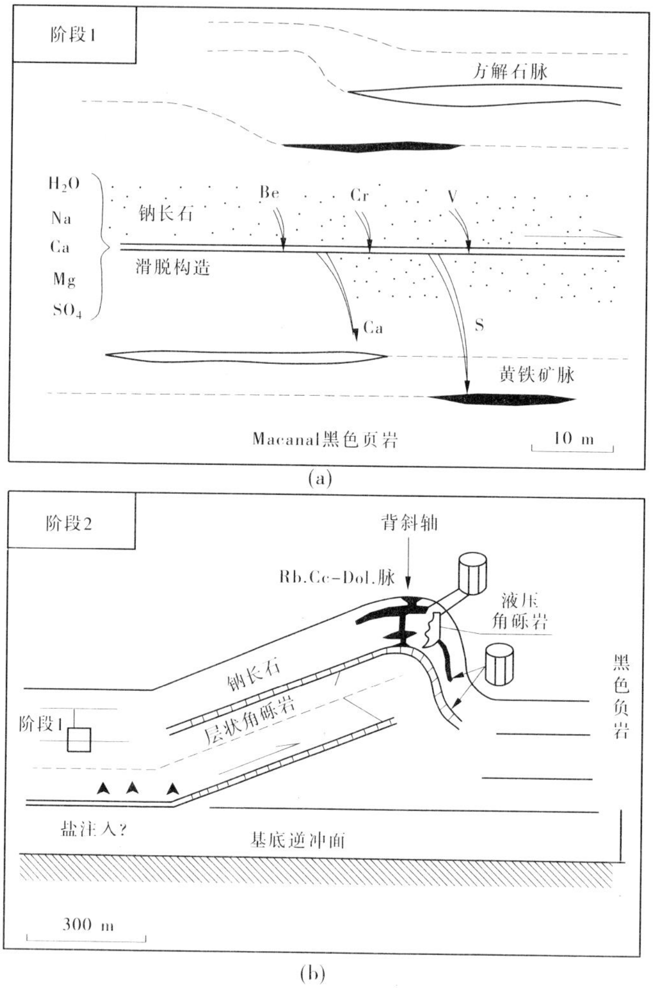

图 12-5　哥伦比亚祖母绿矿床形成的两阶段模式示意图

冲构造作用有关，加速和(或)起因于沉积盖层的拆离作用。因此，祖母绿矿床和盐矿床在空间上的共生很明显，这可用于新矿床的勘探标志。

二、津巴布韦祖母绿矿床

从1956年开始，津巴布韦陆续出现一些大型祖母绿矿床，如桑达瓦纳、穆斯塔德、诺维洛－克莱姆斯、什克旺达等，其中以桑达瓦纳最著名。这些矿床都位于津巴布韦南部到东南部津巴布韦地盾的太古代结晶岩石中，接近大的稀有金属伟晶岩田。区内熔矿岩石几乎全部是透闪石片岩、云母－绿泥石片岩(桑达瓦纳和穆斯塔德)和蛇纹岩(诺维洛－克莱姆斯和什克旺达)。研究表明，原岩是苦橄榄玄武岩，下部和上部的熔岩流都是细－中粒橄榄玄武岩，都发生过褶皱并蚀变为蛇纹石透闪石或蛇纹石滑石类。与下部熔岩流有一不规则接触面，其间有一层2m以上的细粒季候泥。季候泥呈苹果绿色，由细粒针状透闪石组成，在远离伟晶岩处可见层理，说明它是在静水中形成的。在这一层与伟晶岩接触赋存祖母绿。在桑达瓦纳等地，祖母绿除在透闪石岩片中赋存外，还赋存在小伟晶岩的内接触带和边缘带，宝石级祖母绿常与片麻状钠长石－黑云母及奥长石－锂云母的一些伟晶岩岩枝和细脉伴生。锂辉石常常是祖母绿的指示矿物。

在维利亚堡附近的诺维洛－克莱姆斯矿床，有一段很窄的蛇纹岩，周围是比它年轻的花岗岩(见图12-6)。据G. 马丁观察，蛇纹岩被很厚的石英脉和伟晶岩体穿切，祖母绿产在伟晶岩体边部或离伟晶岩不远的地方，系接触交代产物，祖母绿也可产生在金云母岩中。所以，有时在离伟晶岩体很远的地方也可能找到祖母绿。

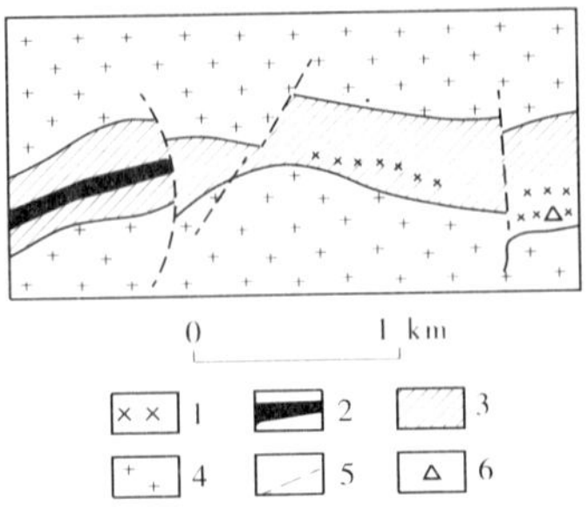

1—伟晶岩；2—石英岩；3—蛇纹岩；4—花岗片麻岩；
5—构造断裂；6—祖母绿产出地点

图12-6 津巴布韦诺维洛－克莱姆斯矿床地质构造示意图

祖母绿粒径一般1～3 mm，最大30 mm，琢磨后仅零点几克拉，但颜色鲜艳。不同产地祖母绿中包体不同，如桑达瓦纳矿床中，是针状透闪石、石榴石、针铁矿、磁铁矿；在穆斯塔德矿床中，是白云母、黑云母，偶尔有电气石；在诺维洛－克莱姆斯矿床中，是金云母和絮状褐铁矿。该地优质祖母绿占10%，不能做宝石的占85%。

据研究，祖母绿成矿温度300～500 ℃，成矿压力100～200 MPa。

三、俄罗斯乌拉尔祖母绿矿床

(一)矿床地质概况

1830年，俄国在乌拉尔找到一批祖母绿矿体，命名为"祖母绿矿坑"，很快闻名于世。这些矿床位于东乌拉尔隆起北部木尔津斯克－阿杜依复背斜同阿斯特斯托夫复向斜的结合带。在这个带内的泥盆纪角闪岩、角闪岩片岩、斜长片麻岩和普通角闪岩玢岩中，发育一些不大的整合的超基性岩体，西部有花岗岩侵入。超基性岩中穿插许多石英闪长岩脉、花岗细长岩脉、块状和分异完全的伟晶岩脉、含祖母绿云母岩脉、石英－钠长石脉、白云母－石英脉和白云母－萤石脉。祖母绿主要产在云母脉中。云母脉主体由金云母组成，中心往往可见斜长石透镜体，两壁断续发育阳起石或阳起石－绿泥石、绿泥石、滑石反应边。斜长岩透镜体厚5～20 cm，由奥长石－中长石及少量石英、萤石、磷灰石、电气石、珍珠云母、辉钼矿等矿物组成(见图12-7、图12-8)。K. A. 弗罗索夫等指出，这种分带现象只见于蛇纹岩中的云母岩脉，如果云母岩是沿着蛇纹岩与闪长岩或闪长石片麻岩接触带形成的，则在闪长岩或角山石片麻岩时，在云母岩周围产生金云母－透闪石带、透闪－绿泥石－滑石带和绿泥石－透闪石带，这种情况在云母岩脉内会大大复杂化，这时夹在相距很近的岩脉之间的围岩一般完全被改造。

矿床有两种类型：一种是祖母绿矿床，另一种是稀有金属祖母绿矿床。前者产在块状

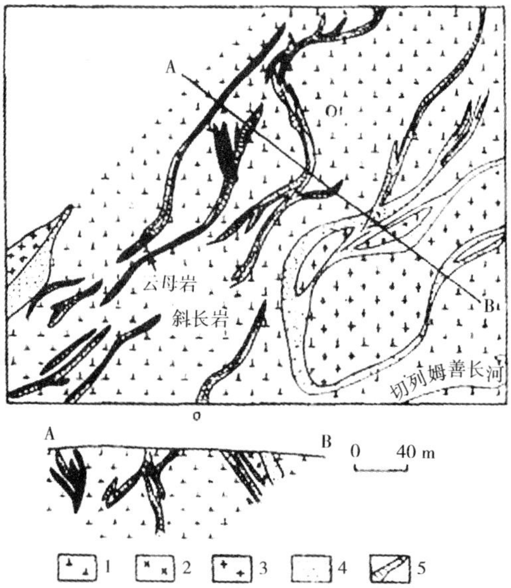

1—橄榄岩和纯橄榄岩;2—闪长玢岩;3—花岗片麻岩;4—阳起石脉带、滑石脉带及二者的混合脉带和接触产物;5—金云母质云母岩和斜长岩;AB—剖面线

图 12-7 中乌拉尔切列姆善祖母绿矿床地质构造图(上)和剖面图(下)

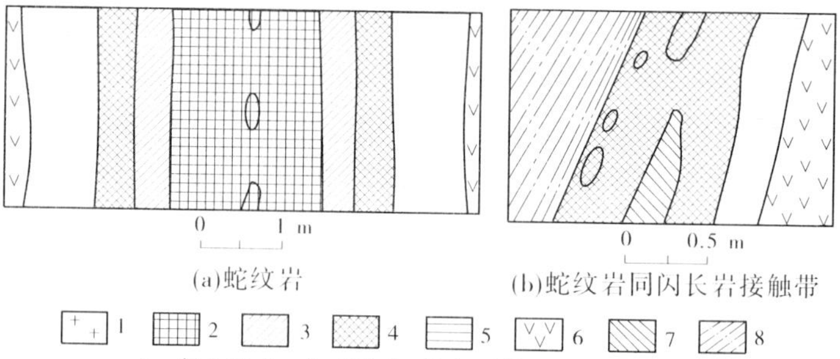

1—斜长岩;2—金云母;3—阳起石带;4—绿泥石带;
5—滑石带;6—蛇纹岩;7—炭质页岩;8—受变质的闪长岩

图 12-8 云母岩脉的内部构造

蛇纹石中,由互相交汇和复杂分支的云母岩脉组成矿带。矿带沿走向长 50~300 m,延伸 100~200 m;云母岩脉厚 0.4~2 m,沿走向和倾向长 30~50 m,矿带由云母岩脉及其间厚度大致相等的围岩夹层组成。偶尔可见单独矿脉,厚 0.2~6 m,长 10~120 m,有稀有金属-祖母绿矿床中,云母岩同伟晶岩和石英-斜长石脉穿插在一起。含矿岩体一般沿超基性岩同闪长玢岩和角山岩的接触带分布。

祖母绿大部分趋向于金云母带,其晶形为柱状,平均大小 1 cm×1 cm×3 cm 或 1.5 cm×1.5 cm×5 cm,偶尔长达 15 cm。晶体呈深绿色,裂隙较多,含大量金云母和滑石包体。斜长石也含祖母绿,但祖母绿的颜色较浅。在金云母岩中,除祖母绿外,还有黑电气石、磷灰石,偶尔有翠绿宝石。

(二)矿床成因

关于乌拉尔祖母绿矿床的成因有以下观点:

(1)A. E. 费尔斯曼(1940)和 K. A. 费罗索夫(1960)认为,含矿云母岩本身的形成是富含水蒸气、氟和其他挥发组分的伟晶岩熔融体同超基性岩发生反应的结果。云母岩内部的斜长岩是熔融体去硅作用的最后产物。按矿物形成温度降低顺序产出金云母带、阳起石带、绿泥石带和滑石带。祖母绿形成在金云母带。

(2)E. R. Khebnbxo 等认为,该区成岩成矿分四期进行,即围晶岩期,形成"纯线"围晶岩脉,有时含薄的云母反应边,云英岩期形成含祖母绿的云母脉,早期热液期形成长石、白云母及萤石脉,晚期热液期形成石英脉、硫化物 - 石英脉,有时含方解石和沸石。

四、印度拉贾斯坦邦德祖母绿矿床

印度拉贾斯坦邦德祖母绿矿床沿梅瓦尔县(卡里古曼、杰克希、古墓古赫)和阿杰米尔 - 梅瓦尔县(拉杰加尔,布巴尼等)等地一条很窄的 30 m 带分布,该祖母绿带沿南北延伸 200 m,区内分布德利群的寒武纪石榴石 - 白云母岩,石英岩和角山石岩以及更古老的阿拉瓦力岩和片麻岩,这些岩石都被挤成复杂的褶皱,并被艾琳普尔的超基性岩和花岗岩切穿,超基性岩(以橄榄岩为主),以遭强烈蚀变成为阳起石片岩、阳起石 - 透闪石岩、滑石 - 透闪石片岩、滑石片岩、黑云母片岩及窟石片岩,艾琳普尔花岗岩伴有围晶岩脉,其中许多围晶岩脉分异良好,含白云母和绿柱石。拉杰加尔矿床是该区最富的矿床之一(见图 12-9)。

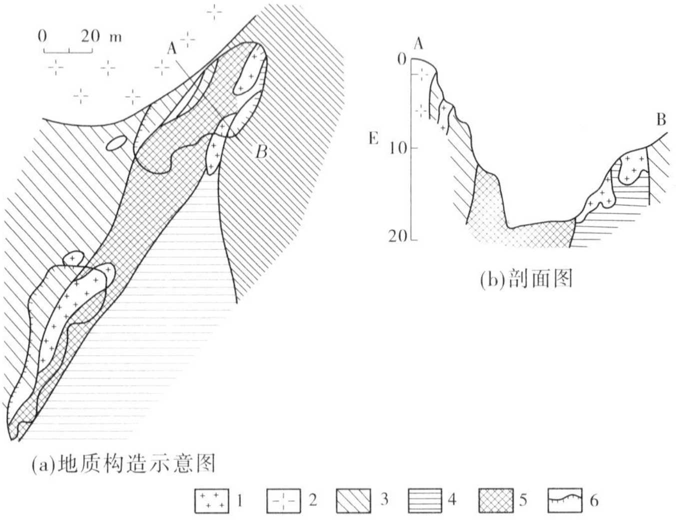

1—伟晶岩;2—花岗岩;3—石榴石 - 云母片岩;4—片理化超基性岩;
5—重结晶黑云母片岩(云母岩);6—采矿场范围;AB—剖面线

图 12-9 印度拉杰加尔矿床中部地质构造示意图及剖面图

区内蚀变超基性岩主要由透闪石、滑石、阳起石和绿柱石等组成。此外,还有斜长石、拉长石、石英、榍石、磁铁矿,偶尔见有电气石和磷灰石。片岩中含铬 0.11% ~0.12%,含镍 0.13% ~0.26%。伟晶岩与围岩片理呈整合产出。伟晶岩体一般呈透镜状,沿走向长 20 ~60 m,厚 2 ~10 m,不产祖母绿。

祖母绿常不均匀地赋生在伟晶岩与超基性片岩接触带中的黑云母片岩中。该片岩几乎完全由黑云母或金云母集合体组成,有的地方被绿泥石交代,有些富含黑电气石。在伟晶岩和云母质岩石附近片理化超基性岩中,可见到祖母绿斑晶。

印度产的祖母绿呈六方柱状,半透明或透明,优质祖母绿为油汪汪的深绿色,晶体一般不大,沿长轴 0.5 ~ 1.5 cm,少量 3 ~ 5 cm,甚至 5 cm 以上。

关于祖母绿的成因,B. G. 罗伊和 A. 戴塔认为,与花岗伟晶岩侵入到受变质作用的超基性岩中并产生接触交代作用有关。含 K、B、F、Be 等元素的花岗岩浆后期高温热液交代超基性岩,由于 K 的加入形成黑云母片岩,Be、Si 与超基性岩中的 Cr 组合而形成祖母绿。

除上述列举的 4 个祖母绿矿床外,还有其他祖母绿矿床,比如:

(1)埃及的祖母绿矿床产在黑云母片岩、滑石 - 黑云母片岩和滑石片岩中。这些片岩附生在黑云母片麻岩和蛇纹岩接触带上,被挤压成复杂的褶皱。

(2)奥地利哈巴赫塔尔矿床产在二云母中粒斑状花岗岩(片麻岩)与片理化角闪石、云母片岩钙质云母片岩(均含蛇纹石化橄榄岩残体)岩系的接触带上;赋存于透闪石片岩和滑石片岩中。离黑云母岩很近。

(3)阿富汗潘德舍尔祖母绿附生在细小的石英 - 微斜长石 - 碳酸盐岩脉中,围岩是热液蚀变大理岩、石英 - 黑云母和千枚板岩。矿化带宽 250 ~ 350 m,长 150 m 以上。细脉周围发育微斜长石化、硅化、碳酸盐化、电气石化和黄铁矿化。

(4)巴基斯坦祖母绿矿床位于印度河缝合线附近南北主逆冲断层间的克达拉 - 明各拉中生代低温高压变质带中。变质带内分布不同规模的超铁质岩体和花岗岩、花岗闪长岩。祖母绿产在滑石片岩中或石英 - 方解石 - 滑石伴生的矿囊中。与石英共生的祖母绿多已破碎,产在滑石片岩中者多为完整晶形。含矿绿岩带长 32 km,年产宝石级祖母绿 2.5 万克拉。成矿热液来自花岗岩和花岗闪长岩。

(5)赞比亚卡富布矿床有 10 个祖母绿矿区全部富生于穆瓦超群三条东西向富镁片岩带内。穆瓦超群由夹有超基性岩的变质沉积岩组成,伏于基底杂岩花岗岩和片麻岩之上。角砾状粗粒(5 ~ 10 mm)石英和电气石组成的石英 - 电气石脉(伟晶岩的一种),也有少量祖母绿产出。

(6)巴西戈亚斯州圣特雷西纳祖母绿矿床,于 1981 年正式开采,一时成为巴西祖母绿的主要供应地。祖母绿富生于滑石片岩中。片岩带厚数米,延伸达 100 m,祖母绿含量 11 克拉/m^3。滑石片岩夹在近垂直的前寒武系结晶片岩层中,并被伟晶花岗岩和伟晶岩交错穿插。这里产出的祖母绿晶体发育良好,单晶一般长 1 cm。颜色从浅绿到深绿,带蓝色色调,具平行于棱柱面的环带结构,内含许多包体,如黄铁矿、滑石、方解石、赤铁矿和钛铁矿等。琢磨成型的宝石多数小于 2 克拉。

据说,巴西还发现祖母绿矿床形成在太古界科马提岩中。这种情况应该引起注意。

我国仅在个别地区找到祖母绿矿化点,至今未找到有工业价值的矿床。

第三节　海蓝宝石矿床

世界优质海蓝宝石主要来自巴西(占世界海蓝宝石产量的 70%);美国很多州也产优

质海蓝宝石；俄罗斯乌拉尔山、马达加斯加和印度都是海蓝宝石的重要产地，其中马达加斯加的产地不下 50 处。红色和金色绿宝石主要产在巴西、马达加斯加和美国。巴西还有绿黄 - 深橙色绿宝石。透绿宝石主要产在美国、巴西、加拿大、墨西哥和俄罗斯等。

我国在新疆、内蒙古、湖南、云南、海南等地均发现海蓝宝石、金色绿宝石和玫瑰绿宝石，最近还发现海蓝宝石猫眼和水胆海蓝宝石。但我国发现的海蓝宝石颜色太浅。

海蓝宝石矿床基本上都产在花岗伟晶岩中，精美优质的晶体多来自伟晶岩中晶洞，是气化热液过程中的产物。矿石主要产在伟晶岩内核及膨胀部位，也可见于结晶片岩、变质石灰岩和各种热液脉中及它们的残坡积砂矿中。一般来说，有价值的宝石主要产在晶洞伟晶岩中。这种伟晶岩形成在离地表 1.5 ~ 2 km 深处，分带较明显，多在其岩体内核、膨胀处及晶洞中形成丰富多彩的宝石。绿柱石宝石常产在与片麻状二云母花岗岩有关的伟晶岩中。

一、新疆阿尔泰阿尤布拉克海蓝宝石矿床

新疆阿尔泰阿尤布拉克海蓝宝石矿床位于阿尔泰褶皱带内的可可托海地背斜褶皱带的层间断裂内。地背斜由奥陶系和志留系的夹碳酸盐岩的变质碎屑岩、泥盆系碎屑岩及少量石炭系碎屑岩组成。岩浆岩主要是海西晚期花岗岩体。

伟晶岩脉走向 NW，倾向 SW，倾角 80°，赋生于黑云母片岩内，接触界限清晰。伟晶岩分带清楚；边缘是长石 - 石英 - 白云母带，中心是块体石英核。海蓝宝石产于石英核中，呈浸染状分布。晶体大小不一，最大者直径 20 cm，呈浅蓝色、海蓝色，透明度好，其中少量具猫眼效应。共生矿物有白云母、石英和长石等。1980 年开始开采海蓝宝石。

二、新疆阿尔泰佳木开海蓝宝石 - 色彩碧玺宝石矿床

该矿床基本地质背景同上述阿尤布拉克矿床。伟晶岩脉宽 2 m。其分带比上述矿床更明显，从内到外可分为块状石英核、长石 - 石英带、长石带。该矿床所产海宝石呈浅蓝色、海蓝色，透明度高，粒径 0.2 ~ 2 cm。

伟晶岩脉中除产海蓝宝石外，还盛产彩色碧玺。碧玺呈玫瑰色、绿色、黄绿色。

佳木开含白云母绿柱石 - 电气石伟晶岩脉剖面示意图见图 12-10。

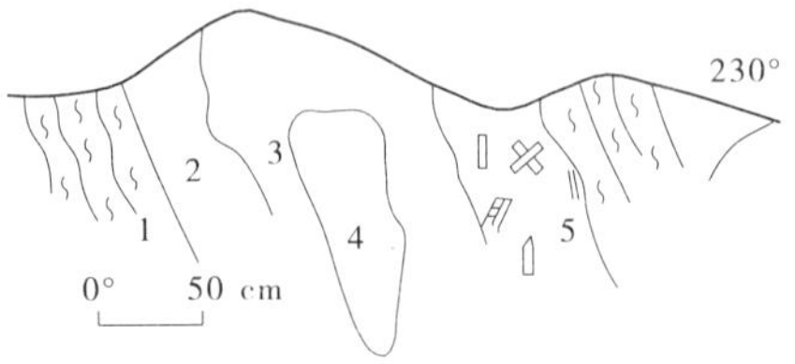

1—黑云母片岩；2—长石带；3—长石石英带；4—块状石英核；
5—白云母长石带（含绿柱石、电气石等）

图 12-10 佳木开含白云母绿柱石 - 电气石伟晶岩脉剖面示意

第四节　其他绿柱石宝石矿床

其他绿柱石宝石矿床的地质产状和成因与海蓝宝石矿床相同,且常生在一起。我国曾发现云英岩型绿宝石矿床,现介绍如下。

矿床产于海西地槽褶皱系近中央处之背斜的轴部。在矿床周围30余km^2范围内,除少量奥陶纪石英黑云母片岩外,90%以上是侵入岩。其中,形成较早的侵入岩,是海西早期的辉长岩类,零星分布,出露面积有限,占总面积80%以上的,主要是一种同位素年龄为303 Ma的片麻状黑云母花岗岩。此外,还有一种同位素年龄为180 Ma的斑状花岩岗,这种花岗岩与将要介绍的矿床在成因上密切相关。

斑状花岗岩以岩钟形态侵入片麻状黑云母花岗岩中。在现阶段侵蚀面上,其出露面积约0.14 km^2。斑状花岩岗又可进一步分为斑状二云母花岗岩(岩钟的主体,内部相)、中粗粒白云母花岗岩(边缘相)和钠长石化细粒白云母花岗岩(位于岩钟顶部)三个相。

位于斑状花岗岩钟顶部的钠长石化细粒白云母花岗岩,具有不同的绿柱石矿化,它的一部分成为绿柱石矿体,而另一部分则是矿体的伟岩。

钠长石细粒白云母花岗岩在平面上呈不规则的椭圆形,其长轴约350 m,短轴为121 m,平均走向330°;在剖面上呈不对称的楔状,最大厚度100 m,倾向北东,倾角上盘为40°,下盘为15°,沿倾斜方向延伸约200 m。

矿体由内部块体及边缘环带两部分组成。内部块体位于矿体中心,其成分比较单一,主要由石英组成。此外,在内接触带约1 m范围内,还见有微斜长石、黄铁矿、绿柱石及少量闪锌矿、石膏及重晶石等。在人工重砂中,还见有刚玉。石英为乳白色或浅玫瑰色,当被黄铁矿风化物污染时呈黄褐色,在接近外部环带外,则往往变为烟色,氧化硅含量为98%,有波状消光。

边缘环带主要有石英、白云母、绿柱石3种矿物以二元组合(石英-白云母、白云母-绿柱石)方式形成,故可以把它称为石英-白云母-绿柱石集合体,或伟晶结构的绿柱石-云英岩。这是一个发育于块状石英及其先前的围岩之接触空间,并"胶结"了条带状钠长石-石英-白云母集合体的很不稳定的矿带。矿带位于筐装石英岩下盘的部分是连续的,厚度大,矿化强;而位于块状石英上盘的那一部分则有间断,厚度小,矿化也相对较弱。本带的厚度为0.3~0.7 m,最厚可达6 m。

石英-白云母-绿柱石集合体的内部构造有对称带状与不对称带状两种。前者出现在以带状钠长石-石英-白云母集合体或钠长石化细粒白云母花岗岩为围岩的情况下,由两侧的白云母和中间的由石英、白云母、绿柱石3种矿物的二元或三元组合3个带。后者见于一侧以块状石英而另一侧以条带状钠长石-石英-白云母集合体或钠长石化细粒白云母花岗岩为围岩的情况。由于在块状石英接触处缺少白云母带的发育,故它都只有两个带。不论是对称成带还是不对称成带,其边缘白云母带中白云母的(001)晶面总是垂直于脉壁而呈梳状,其厚度一般为10~30 cm。与此同时,当有绿柱石存在时,其长轴也往往垂直于脉壁。

值得指出的是，晶洞的发育是本带在内部构造上的一大特点和使本带成为一个绿宝石矿体的重要因素。本带有大小两个晶洞：大的一个大致呈长方形，长 7 m，宽 1 m，斜高平均 10 m，其产状与石英、白云母、绿柱石集合体一致。在这个晶洞的壁上，发育有绿宝石和水晶的晶簇。此外，还有棕、黄或乳白色的蛋白石以及黄铁矿的风化产物——褐铁矿。产于晶壁上的绿宝石为浅绿或浅蓝色，绝大部分透明或部分透明。绿宝石晶体的长轴垂直或近似垂直晶洞壁，长轴最长达 5 cm，短轴最长达 2 cm，比水晶晶体稍大。另一个晶洞规模较小，除水晶外，别无其他。本带的矿物主要为白云母、石英、绿柱石、微斜长石和黄铁矿。其中，绿柱石呈巢状、囊状、带状或团块状分布。在矿带的膨胀、缓倾或产状突变处，其含量可高达 50%；在另一些地段，则含量甚微或完全没有。绿柱石多呈浅绿色、淡蓝色、黄绿色或海蓝色，个别因被黄铁矿风化物所染而呈黄褐色或棕色。成矿过程中，受构造作用的影响，在有的绿柱石晶体中，见有受破坏后又被石英或白云母胶结的现象。绿柱石多半是半透明的，也有一部分因其透明度高和晶形完整而使之当之无愧地跨入宝石之列。它们之中，主要是绿色绿宝石、海蓝宝石、金色绿宝石和无色绿宝石。其产出情况，除晶洞中有所集中外，一般多散见于石英、白云母、绿柱石集合体中。比较起来，以本带位于块状石英上盘的那一部分绿柱石为数最多。此外，所产宝石主要为绿色绿宝石，其晶体大小为(3～7)cm×(0.3～0.7)cm。按晶出时间，本带中的绿柱石大致可确认为两个世代。两个世代的绿柱石分别为烟色石英和白云母共生，它们在光学特征、结晶习性和矿化强度上均有所不同。

按照接触关系、矿物组成和结构、构造等情况，可以把本矿床的各组成部分的生成顺序确认如下：钠长石化细粒白云母花岗岩—花岗伟晶岩异离体—钠长石化细粒白云母花岗岩中的云英脉岩—块状石英—条带化钠长石—石英、白云母、绿柱石集合体。这 6 种岩石矿物组合中，前 3 种的共生时间大致相同，故可列为一组；后 3 种中，条带化钠长石、石英、白云母是另一种作用（接触变质分异）的产物，具有从属、过渡的性质；其他两种形成物（块状石英和石英、绿柱石、白云母集合体）虽然在生成时间上是有差别的，但比较起来，它们与前 3 种形成物之间的差别更为明显，故可列为一组。这两种形成物，各自代表着一个不同的成矿阶段。

在印支运动期形成的富铍斑状花岗岩岩钟，由于结晶分异作用，产生了中心（斑状二云母花岗岩）、边缘（中－粗粒白云母花岗岩）和顶部（细粒白云母花岗岩）3 个相。随着岩浆的冷凝，逐渐分泌和聚集富含以 Na、H_2O、F、Cl 及 Be 为主的呈微碱性的气液。当体系的条件改变时，这种溶液中的酸性阳离子以及稀有元素等将会向形成这些元素的络合物（如 Na_2BeF_4）的反应方向进行。在花岗岩尚未固化的情况下，这种含有铍的络合物溶液在已形成矿物的颗粒间向岩体的相对高位置移动、集中，在有利的上覆围岩——片麻化黑云母花岗岩的阻拦下，一方面，在内接触带以聚合再结晶的方式形成花岗伟晶岩的异离体；另一方面，又以交代等方式形成钠长石化细粒白云母花岗岩和云英岩细脉，并同时沉淀出浸染状的绿柱石。

简单的钠长石化作用可能是按下式进行的：

$$KAlSi_3O_8 + NaOH \rightarrow NaAlSi_3O_8 + KOH$$

（微斜长石）　　　　（钠长石）

继钠长石化之后，气－液成分有所改变，在 H_2O 的作用下，微斜长石被水解而形成云英岩。其反应式可能是：

$$3KAlSi_3O_8 + H_2O \rightarrow KAlSi_3O_{10}(OH)_2 + 6SiO_2 + K_2O$$

（微斜长石）　　　　（白云母）　　　　（石英）

第十三章 猫眼石和变石矿床

第一节 金绿宝石的特性

猫眼石和变石(Cat's eye and alexandrite),这两种宝石的矿物名称都是金绿宝石(Chrysoberyl)。

金绿宝石的化学成分是 Al_2BeO_4,含 Fe_2O_3 最高可达 6%。此外,还含有 Cr、Ti 等元素,斜方晶系,单晶少见,多呈"V"形双晶及假六方形(六个单晶组成的六连晶)。它的硬度很高,莫氏硬度达 8.5,比重 3.65 ~ 3.75;一组较弱的柱状的柱状解理;二轴晶光学性,Ng = 1.746,Np = 1.745,Ng - Np = 0.10,色散 0.015;常呈黄色,也能见浅灰、灰绿黄或绿色的,常较暗淡,如果透明,则有相当强的光泽,明显多色性,在(100)和(010)晶面上常出现垂直条纹;其韧性好撞击后不宜破碎。

金绿宝石类宝石有猫眼、变石、变石猫眼石和其他金绿宝石类宝石等。

猫眼石的晶型如图 13-1 所示,变石单晶及变石的晶型见图 13-2、图 13-3。

图 13-1 猫眼石的晶型

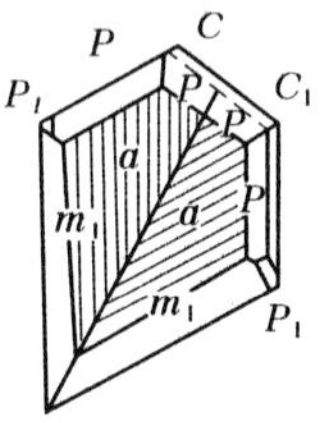

图 13-2 变石单晶

图 13-3 变石的晶型

第二节 猫眼石和变石矿床

在一般宝石书籍和资料中,猫眼石的主要产地是斯里兰卡,变石的主要产地是俄罗斯。据最新资料,目前市场上大部分猫眼石和变石都来自巴西米纳斯吉拉斯。除此之外,印度喀拉拉邦南部、马达加斯加、津巴布韦、赞比亚、缅甸均有这种宝石产出。我国新疆阿勒泰伟晶岩中及四川阿坝州、福建等地也发现金绿宝石,但无宝石价值。

金绿宝石主要产在老变质岩地区的花岗伟晶岩、蚀变细晶岩中,俄罗斯乌拉尔的变石则产在超基性岩的蚀变岩 - 云母岩中,与祖母绿共生。真正具工业意义的金绿宝石矿床大部分都产在砂矿中,如斯里兰卡的猫眼石和变石全是来自砂矿。巴西米纳斯吉拉斯的变石和猫眼石既产于伟晶岩中,又产于砂矿中。

一、巴西米纳斯吉拉斯猫眼石和变石矿床

巴西米纳斯吉拉斯是世界上的宝石基地之一。该区矿床的特点是储量大，种类丰富（产海蓝宝石、碧玺、金绿宝石、黄晶、蓝柱石、红柱石、黄橄榄石、翠锂辉石等），质量很好，且原生和次生矿都有工业价值。世界上只有斯里兰卡、马达加斯加和缅甸产的金绿宝石可以与该地区相比拟。

该区含宝石伟晶岩形成于490 Ma以前，约奥陶纪初期，沿南北向侵入在较老的基底变质岩中，延伸大于20 km。变质岩由结晶片岩、片麻岩和某些石英岩组成。与此同时，大规模岩浆岩岩浆侵入到变质岩中，呈圆形或驼峰形，称为岛山。这种岛山在巴西到处可见，成为伟晶岩地区突出的自然地理景观，也是宝石矿床的找矿标志。

金绿宝石等宝石均以矿囊形式产出在晶洞花岗伟晶岩的晶洞中。由于强烈的风化作用，矿囊中许多矿物都遭到熔蚀，长石变为由高岭石组成的白色黏土，矿工们常将白色黏土、优质白云母片及透明或呈烟色的水晶看成是快接近于找到含宝石矿囊的标志。猫眼石和变石主要产在奥兹洛奥托尼－马兰巴亚伟晶岩区，除铯绿柱石外，所有绿柱石宝石在该地区都有发现，还有黄玉、黑色电气石等。米纳斯吉拉斯伟晶岩中到处都是宝石，伟晶岩浆中不仅富含Si、Al、Fe、Mg、K、Na、Ca等，且含B、Li、Be、Mn、Sn、Nb、Ta、P和放射性元素U、Th，致使伟晶岩阶段矿物成分复杂。

该区产出的金绿宝石，很多是黄色高档的猫眼石。在该地区不远处发现变石，重量小于3克拉，但质量很好，使巴西成为产猫眼石和变石的主要国家之一。

二、印度喀拉拉邦南部含金绿宝石伟晶岩

含金绿宝石的伟晶岩往往呈脉发育在前寒武纪孔兹岩套榴英硅线石变质岩套——以石榴石、硅线石、石墨为主的片麻岩（属角闪麻粒岩相）中。该区间或出现一些黑云母片麻岩或紫苏花岗岩条带。伟晶岩进入年代445Ma～474Ma，沿NW—SE、N—SE和NWW—SEE方向断裂展布。伟晶岩中少见带状构造，有细晶、花岗文象等结构。流体包体研究表明，伟晶岩矿物中含液态CO_2及水，其圈闭温度为500～570 ℃，与CO_2密度对应的压力为250 MPa或更高（这与伟晶岩中硅线石－红柱石及石英－金绿宝石的共生组合是一致的），相应深度大于11 km（见图13-4）。伟晶岩U、Th含量最高，周围有Nb异常。

金绿宝石产在复杂伟晶岩中，其中石英和长石呈文象连生，金绿宝石被长石包裹，说明金绿宝石形成最早，甚至比绿柱石和硅线石还早，金绿宝石中常含Fe、Ti及微量Cr（见图13-5）。

各种不同种类铍矿物的形成，取决于Be与Na^+、K^+、Al^{3+}的相互作用结果。在不同酸碱度、不同成分、不同成矿阶段中，形成不同的含铍矿物：当硅含量较高时，形成绿柱石；反之，形成金绿宝石（见图13-6）。

三、斯里兰卡金绿宝石矿床

斯里兰卡金绿宝石中微量元素含量与巴西金绿宝石中的含量相近（只是Cr稍高些），冲积砂砾层矿物共生组合相同，具有相似的地质条件，伟晶岩、花岗岩年龄也相似，

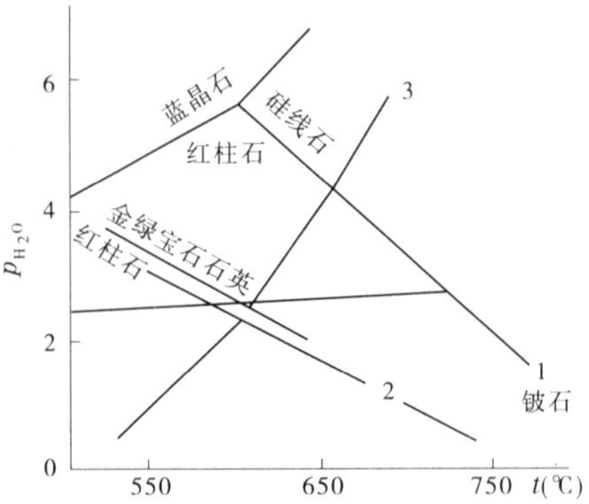

图 13-4　不同温度、压力下铍矿物演化图

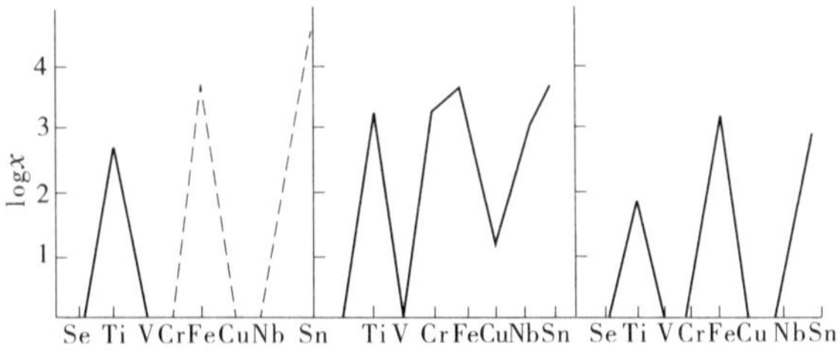

图 13-5　各地金绿宝石中微量元素含量曲线

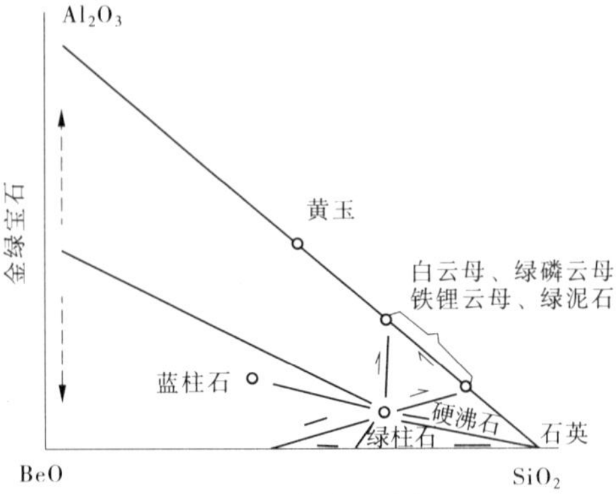

图 13-6　铍矿物演化图

说明斯里兰卡冲积宝石矿床原岩可能仍是伟晶岩。含宝石砾石层常出现钛铁矿-金红石-独居石-硅线石-石榴子石组合。

四、苏联乌拉尔变石矿床

变石除产在巴西外，还产在苏联乌拉尔山祖母绿矿床中。该矿床位于东乌拉尔隆起北部木尔金斯克-阿杜依复背斜同阿斯特斯托夫复向斜结合带中。含矿云母岩脉沿蛇纹岩、滑石片岩、滑石-绿泥片岩（橄榄岩和纯橄榄岩变化而成）的剪切裂隙或沿闪长玢岩岩墙接触带发育。云母岩脉厚0.4～2 m，沿走向延伸30～50 m，由云母岩体汇集成很长的脉带。互相交汇和分支的岩脉被大致相等的围岩夹层分开，脉带长250～300 m，祖母绿和变石均含在其中。变石晶粒较小，但质量较好，显然，它是在超基性岩与酸性岩浆期后热液双生交代作用下形成的（详细地质情况见第十二章）。

除此之外，还有一些金绿宝石矿床，比如，我国新疆金绿宝石产在花岗伟晶岩中，福建行洛坑的金绿宝石产在细晶岩中。细晶岩呈脉状贯入花岗岩中(157 Ma),形成在含黑钨(绿柱石)石英脉之前,伴生矿物是石榴子石、金红石、锆石、磷钇矿、磷灰石、电气石。金绿宝石无色,微带绿,透明度好,粒径 0.08 ~0.35 mm。

第十四章 欧泊矿床

第一节 欧泊概述

“欧泊”这个名字来源于梵文 upala（石头宝石之意），或拉丁文“opalus”，我国古称“屋朴尔兰”，也有“白宝石、骊珠、闪山云、五彩石、青宝石、宝石蛋白石”等称呼。

欧泊的化学成分是 $SiO_2 \cdot nH_2O$。通常含水 4% ~10%，最高可达 20%，其中大部分是吸附水和间隙水，在常温下晾干，或加热到 100 ℃，这部分水就会失去；另一部分水呈氢氧化物存在，主要取代氧化硅四面体中氧原子，这种水在温度超过 250 ℃时才会失去。

天然蛋白石含各种杂质，如 Al_2O_3、Fe_2O_3、CaO、MgO、Na_2O、K_2O 等。其中，含 Fe_2O_3 和 Al_2O_3 为 0.1% ~7%；含 CaO 和 MgO <1%，某些蛋白石中还含 SO_3 和有机质。

欧泊是一种不结晶的胶冻；摩氏硬度 H 为 5.5 ~6.5，D 为 2.0 ~2.2（火欧泊 $D=2.0$，黑欧泊、白欧泊 $D=2.11$）；玻璃质油脂及蛋白光泽；半透明至不透明，透明的罕见。折光率 N 为 1.44 ~1.46，均质。在紫外线照射下，黑欧泊不发光，白欧泊发蓝色或浅绿色荧光，有时发磷光。

欧泊最大的优点是变彩，有单彩（基本一种颜色）、三彩（2 ~3 种颜色）和五彩（基本具有红到紫的全部颜色）。彩色种类愈多愈好，尤以红色多者最佳。优质欧泊石不仅色彩丰富，而且在转动时，色彩不断地变化和移动。劣质欧泊石色彩单调呆板，转动时颜色不变，甚至减弱或消失。

用电子显微镜将欧泊放大到 1 万倍后发现，欧泊是由无数个直径 150 ~400 nm 的非晶质 SiO_2 小圆球组成的。凡是显出变彩的蛋白石，球粒大小相等，球粒的单位堆积是面心立方结构（见图 14-1），紧密堆积球粒间的孔洞为负四面体或八面体，规则地按一定间隔排列于晶格轴上。这种有序排列的孔洞，作为三维光学衍射光栅，对光线起衍射作用。由于可见光波的波长（0.4 ~0.8 μm）和由这些球粒形成的格子参数（$a_0=0.2$ ~0.5 μm）大体相等，所以按这种晶格分散的单色衍射造成了欧泊特有的变彩。

球粒大小决定着衍射结构参数，从而也决定了衍射光束的波长。当球粒增大时，衍射光波也增加。因此，由小球粒组成的欧泊石显现紫色变彩，由大球粒组成的欧泊石显现红色变彩伴随黄光和绿光。当把光线从不同的角度投到衍射格架上时，就会产生丰富而美妙的变彩。颜色相同的那段宝石，晶格排列方向也相同。如将蛋白石浸在折光率和它相同的液体中，或用特制薄膜盖住蛋白石平滑的表面，则会出现更加丰富的彩色。当球粒堆积的不完全均一时，已有的孔洞还会使一部分光线漫射。如果球粒堆积极不均一，则不出现彩色衍射光线，这种蛋白石被称为普通蛋白石，不能作为宝石原料。

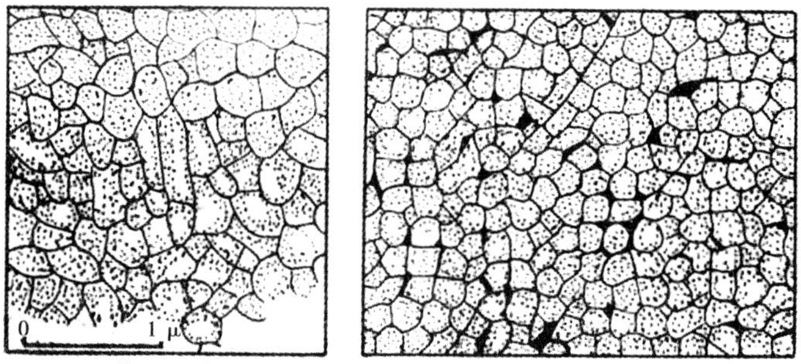

(a) 普通蛋白石 (b) 贵蛋白石(欧泊)

图 14-1 澳大利亚蛋白石的内部结构

第二节 欧泊的资源分布、地质产状及成因

一、资源分布

澳大利亚是目前世界上产欧泊最多的国家,占世界欧泊总产量的 95% 以上,其中 80% 又集中在库伯佩迪(Coober Pedy)和明塔比(Mintabie)两地。库伯佩迪城有世界欧泊之都的誉称。澳大利亚的欧泊向 40 多个国家出口,年产值 4 500 万美元。主要产地是南威尔士州闪电岭(Lighting Ridge),这里产出世界上最优质的黑欧泊;南澳的安达穆卡(Andamooka)以产白欧泊为主,白欧泊产在砂岩和黏土岩中,"Whitecliff"的欧泊夹杂在普通蛋白石中。除此之外,巴西北部皮奥伊州的砂岩中,产出优质白欧泊,且产量丰富。墨西哥的火欧泊产在硅质火山熔岩的洞中。美国内华达州 Virgin Valley 的欧泊,呈细脉状产在蛋白石硅化木中,这种欧泊易脱水龟裂。捷克斯洛伐克在古罗马时代已有生产白欧泊的记载,脉状白欧泊产在褐色安山岩中。目前,已知世界上最大的欧泊产在澳大利亚库伯佩迪,称"澳大利亚奥运会",原石 25.4 cm × 14 cm × 13 cm,重 3 600 g。

二、地质产状及成因

据目前世界上欧泊产出情况看,其产状主要有以下两种:

一种产在中－新生代喷发岩及凝灰岩中,多呈细脉穿插在普通蛋白石或蛋白石化石中。有些欧泊本身就是蛋白石化石。沿火山岩裂隙、孔洞和原生气孔充填发育。伴生矿物有玉髓、黄铁矿、白铁矿、辉锑矿、辰砂、绿泥石、沸石。欧泊颜色品种多,变彩性好,但大部分易裂开,因而实际价值不大。这类矿床产出规模不大,属热液矿床。

另一种产于中生代新生代沉积岩面型风化壳中,由外生淋滤作用形成。欧泊多赋存在风化壳下部蒙脱石化灰岩和浅褐色黏土层中,呈脉状分布,极不均匀,矿石厚度一般 2 ~ 4 cm。伴生矿物有普通蛋白石、绢云母、高岭石、针铁矿、三水铝土矿、玉髓、石英、褐铁矿等。这类矿床主要产在澳大利亚。

第三节 古风化壳型欧泊矿床

与沉积岩古风化壳有关的欧泊矿床，最初发现于17世纪，是澳大利亚昆士兰州一猎人发现的。1915年，南澳14岁的哈德森在与父亲去库伯佩迪找黄金和水时，也发现这种彩色石头。德国地质学家曼格于19世纪前半叶对其进行鉴定、定名。这些矿床分布在澳大利亚东部所谓大自流盆地即白垩纪和早第三纪地层分布区。白垩纪地层分两个群，一个是布利塞兹代尔群(Cr_1)，另一个是罗林当斯群($Cr_1ap \sim Cr_2$)，总厚度1 500 m。罗林当斯群分三组：罗马组(Cr_1ap)、坦博组(Cr_1)和温顿组(Cr_2)，有工业价值的含欧泊石层产在该群风化壳中。

罗马组包括粉砂岩、泥岩和黏土页岩，夹砂岩和钙质岩石。坦博组包括钙质黏土和砂岩。温顿组为潟湖-湖相沉积物：黏土和砂岩，夹少量砂质灰岩、石英岩卵石和漂砾以及大量钙质介壳堆积。有些地方，白垩纪地层之上有很厚的一层砂岩和砾石（属艾连组，Pg_2），这些岩石往往部分或全部硅化。白垩纪和早第三纪岩层被挤压成平缓的倾斜角小于20°的褶皱。

澳大利亚各种火成岩、变质岩和沉积岩风化壳十分发育。这些风化壳是在中新世形成的，因为受到风化作用最年轻的岩石，其时代为渐新世，而且被早上新世未蚀变的褐煤不整合地覆盖。据И. И. 金兹堡(1963)的分类，澳大利亚风化壳属于在地台准平原上产生残余（残积）风化壳这一成因类型。

欧泊石矿区的白垩纪和早第三纪沉积岩风化壳可分为3个带，由下至上为：①下带：颜色浅，以灰色和白色高岭石为主，向下逐渐过渡为母岩。该带的视厚度可达30 m。②杂色带：以被铁氧化物染成红色和黄色的高岭土物质为主，厚5～30 m。③上带：为硅化岩石，厚20 m，在山包顶上形成坚硬的"帽子"。上部带底部是瓷状岩石，往上是较粗粒的岩石，具球状构造，并有二氧化硅再沉积的迹象，这是气候性硅化的结果。风化壳的总厚度为6～60 m。

多数欧泊石聚集在风化壳最下部风化程度较弱的岩石即蒙脱石质灰色和浅褐色黏土中，有时产在夹石青和石英砾岩的黏土质及钙质砂岩中，只是某些矿床（如白崖和伊罗曼加）的欧泊石散布在颜色较浅的高岭土带中。

最大的欧泊石矿床分布在新南威尔士州、昆士兰州和南澳大利亚州三个州。这些矿床彼此差别不大，证明其形成方式是一样的。在已开采的蛋白石总数中，欧泊仅占4%～5%。蛋白石主要呈团状和细脉以及贝壳、爬虫动物的骨骼、方解石和石青假象产出。

一、新南威尔士州的欧泊矿床

新南威尔士州有两个主要的欧泊矿床：莱廷岭矿床和白崖矿床。

（一）莱廷岭矿床

莱廷岭矿床发现于1870年，从1903年或1905年开采至今，矿区地处冲积平原，但有许多由白垩纪沉积岩组成的小山岗，现开采28个矿段。该矿区主要产黑欧泊。

白垩纪岩石属温顿组，是潟湖-湖相沉积物。该剖面自上而下可分为以下3个层：

（1）库科兰泥岩，是含石英颗粒的白色或奶油色高岭石质岩石。只要泥岩出露地表，都被玉髓质或蛋白石质二氧化硅胶结，所以十分坚固。视厚度可达 5 m。

（2）沃伦古拉砂岩，是含白色泥岩球的白色细粒黏土质岩石。碎屑占岩石体积的 50%，由石英、玉髓、蚀变长石和火山玻璃组成。胶结物为不透明黏土物质。地表附近的砂岩有时硅化。真厚度未查明，视厚度为 4 ~ 20 m。

（3）芬奇泥岩，是蒙脱石质灰色和浅褐色黏土，极软，不含砂砾，有时被铁的氧化物染成红色。黏土易吸水，吸水后可塑性很强，但晾干后散开。若干个沿走向不稳定又不经常是水平状的层位，厚 1.7 ~ 7 m。黏土中有 2 ~ 5 个层位（深 12 ~ 30 m）含欧泊。

欧泊多聚集在与上覆黏土质砂岩接触处，呈椭圆形团块及薄层和细脉产出。有时欧泊石交代动植物化石。

（二）白崖矿床

白崖矿床于 1884 年发现，1889 年开始开采，一直延续至今。含蛋白石区是一个平缓平原，面积数百平方千米，间或有些小山岗，由白垩纪潟湖 - 湖相粗粒和巨粒砂岩及其上覆的很厚的一层白色高岭石质黏土组成。黏土主要由高岭石（55%）和游离二氧化硅（20%）组成，很可能是长石砂岩风化后形成的。长石砂岩在风化前曾部分被普通蛋白石交代和胶结。有时在黏土中可见到疏松的砂层和石膏包裹体。沿剖面向上，黏土被地表硅质石英岩层代替。后者有时具有砾岩构造。蛋白石产在高岭石质岩石中，呈与层理整合的细脉、团块以及动植物（瓣鳃类介壳、腕足类、海百合、箭石、脊椎动物骨骼等）化石假象产出。曾经发现一块直径约 15 cm 的菊石，完全被欧泊交代。含蛋白石化生物的结核，常常被极细蛋白石脉切穿。这里还发现过所谓石化的菠萝，也就是呈钙芒硝假象，由蛋白石的尖顶四面柱体组成的放射状集合体。

含蛋白石层位的标志是，其上面有很薄的一层硅化砂岩。蛋白石分布不均匀，其薄层延伸不远。欧泊一般呈细脉产在普通蛋白石中。该矿床主要产白欧泊。

二、昆士兰州的欧泊矿床

昆士兰州西南广大地区产欧泊，先后开采 60 多个矿床（目前仅开采 4 个矿床），较著名的是 Eromanga 和 Quilipie。

矿床赋生在 Eromanga 盆地中部，晚白垩纪温顿组的化学风化沉积岩中。据 Jackson（1902）估计，1891 ~ 1901 年，该区总产值 26 万美元。据 Gourlay 等（1976）估计，1966 ~ 1974 年，总产值 130 万美元。

温顿组由两类风化剖面组成，即 Morney 和 Canaway 剖面。二者均由高岭质沉积岩组成。前者形成在始新世，大致由等厚的 3 层组成，厚度达 90 m。后者形成在渐新世，由不等厚的 4 层风化层组成，厚度 40 m 左右。在许多地区上面有一层硅质壳。欧泊仅分布在 Canaway 风化剖面中。晚新生代的剥蚀作用破坏了这个剖面，特别是沿着褶皱轴和断层附近。看来，Canaway 的剖面是 Morney 剖面进一步风化剥蚀的结果，并使底部含铁层与固结地壳交会在一起，由于地下水面的起伏造成硅质物的沉淀和水解。

欧泊主要赋生在铁质岩的孔洞和裂隙中。昆士兰州的欧泊主要赋生在下部泥质岩和上部砂岩之间，大部分呈层状。它的产出形式主要有四种：

(1)在上覆砂岩和下伏不透水的泥质岩间,沿着起伏的基底呈带状产出。

(2)在铁质岩透镜体和结核中呈放射状、不规则状或同心脉产出,脉很细,不规则的欧泊在内部形成网眼结构,好像基质。

(3)管状欧泊是由于欧泊充填在管状的、下垂的铁质岩中而成的。

(4)欧泊充填在小而圆、中空的铁质岩结核中。这种结核不连续地沿着层面产出。Yowah(约瓦赫)矿区常产出这种欧泊。

铁质岩主要由针铁矿、褐铁矿和赤铁矿组成。除产在铁质岩中的欧泊外,有些欧泊也可以产在木化石的孔洞中(该孔洞是由于有机质的淋滤作用而形成的)。也有少量例子,欧泊产在次生矿物——石膏和明矾石中。但不管怎样,各种形式的铁质岩与欧泊伴生,是昆士兰欧泊矿床的主要特点。据 B. R. Senior 等(1977)研究,认为硅化作用和欧泊的形成是同时的(都是形成在距今 15 Ma ~ 32 Ma 前),由于砂岩的高度渗透性及缺乏一个稳定沉积的环境,所以在上部硅化带不可能形成欧泊。Morney 风化剖面的部分剥蚀造成了广泛硅化作用,并形成富硅和铁的氧化壳,其结果造成 Canaway 和氧化剖面有 4 个带。较老风化层的剥蚀也使隐藏深处的铁质岩靠近地表,进入一个有利于硅质转移和沉淀的地球化学环境。铁质岩中孔洞大小和形状直接影响欧泊的显微结构与颜色。大多数欧泊赋生在狭窄的、较小的孔洞中,而大孔洞中常产出一般的蛋白石。在电子显微镜中可看到硅质球体由一个核心和一个环组成,说明球体堆积后还有硅质沉淀并胶结原有的球体。如果后期硅质物将孔隙全部填满,则蛋白石透明而不显现变形。

通常,欧泊呈环状或韵律层分布,说明欧泊是在静水条件下形成的。由于孔洞常未被完全充填,所以欧泊表面常呈新月形。这种不同颜色的韵律层,指示硅质球粒大小的变化(过饱和水解的连续循环的产物),代表季节的变化。若有少量孔洞在特殊阶段沉淀为块状的、均一大小的硅质球体,具有一致的颜色和图形,则将大大增加宝石价值。

(一)约瓦赫矿床

约瓦赫矿床由大量含蛋白石结核聚集成层。就这点来说,它是举世无双的。目前,该矿床被认为是昆士兰州最富的欧泊矿床之一。矿区的岩石剖面自上而下分为两层:①硅质的极坚硬的岩石,厚可达 15 m,偶尔更厚;②松软的黏土质砂岩和黏土,厚可达 15 m,其上界的标志是,有很薄的一层含铁硅质砂岩。

该矿床的蛋白石在硅质含铁岩团块(结核)的核部。含蛋白石层的埋深为 8 ~9 m,由被松软黏土质砂岩胶结的结核组成,厚 0. 15 ~0. 6 m。结核的直径 0. 6 ~20 cm,呈球状或椭圆状,呈褐色和巧克力色,具同心环带状结构(深灰色和浅褐色条带相间出现)。结核的外壳以二氧化硅(27. 5%)、含铁氧化铝(67%)为主;结核的中心(核部)往往由欧泊构成。有时,在相邻的结核表面之间可见到蛋白石,在其基质中可见到分叉的蛋白石细脉。结核的核部,除由欧泊构成外,尚可由各种颜色的普通蛋白石或由组成结核外壳的那种物质以及主要由二氧化硅组成的细粒白色物质构成,并含少量水溶液。值得说明的是,有些结核是空心的。

约瓦赫矿床的欧泊呈淡乳白色和天蓝白色,呈天蓝色、绿色和红色变彩。

(二)海利克斯矿床

海利克斯矿床的投产,使昆士兰州欧泊近几年的产量保持稳定。蛋白石的堆积体属混合砂岩－砾岩型，出现在高于周围平原 50 ~ 60 m 的桌状高地上。

在格林绍矿段，地层剖面自上而下为：①砂岩，含大量蛋白石化木化石和乳白色蛋白石；②含铁层，厚达 6 cm，含蛋白石细脉；③白色细粒黏土质砂岩，含蛋白石砾石，厚 15 ~ 20 cm；④浅褐色松软黏土；⑤脆性浅色黏土。

欧泊呈细脉或管状，产在与下伏黏土接触处附近的细粒砂岩及蛋白石砾石中，或呈脉状充填在含铁层之上的砂岩中的铁质结核的裂隙中。结核为扁平状，边缘浑圆，长 0.6 ~ 3 m，厚 0.3 ~ 1.2 m。蛋白石包括欧泊产在结核下部、边缘和中部大量短而细的放射状和同心状裂隙中。裂隙的充填程度不同，有时是空心的。其中的蛋白石越少，质量越高。欧泊一般产在边缘裂隙中。

在蛋白石砾石中，蛋白石产在垂直的和水平的裂隙中，呈管状和薄层状。铁的氧化物是在含铁层中形成的，并向下渗透到蛋白石质砾石层中。管状蛋白石直径 5 cm，长 0.3 cm。管心有时是空的，有些被蛋白石部分地（约等于其直径的 1/4）充填。

海利克斯矿床所产的欧泊大多为绿色。

三、南澳大利亚州的欧泊矿床

南澳大利亚州的库伯佩迪矿床和安达莫卡矿床是目前世界上欧泊储量最大的矿床。

（一）库伯佩迪矿床

库伯佩迪矿床位于图斯特山高原，面积 180 km^2。该矿床有实际价值的是一层含铁高岭石质砂岩，砂岩呈粉红色或褐色，其中含蛋白石细脉和呈瓣鳃类贝壳假象的蛋白石，其上为浅色硅质黏土岩（含纤维状石膏层）和粉红色或奶油色斑状黏土（含透石膏的少量磷片），剖面的最上部为灰色或褐色石英岩状岩石。

蛋白石细脉厚 2 ~ 3 mm 至 5 ~ 6 cm，形状不规则，细脉的排列方向多与砂岩层理一致，延伸很长，但有时穿过层理，伸到下伏和上覆黏土质岩石中，这种细脉一般由普通蛋白石组成，有的地方突然变为欧泊，库伯佩迪主要产白欧泊。

（二）安达莫卡矿床

安达莫卡矿床规模较小，有八九个矿段产欧泊。矿区属受切割的平台地区，内有低矮山丘起伏，欧泊产在白垩世岩石中，与莱廷岭矿区的岩石相似。

安达莫卡矿床产的欧泊颜色，一般都较库伯佩迪矿床产的欧泊石颜色要深，有些欧泊颜色很黑，可与莱廷岭矿床所产的黑欧泊石媲美。

关于古风化壳中欧泊石的成因，一般都认为是风化淋滤作用的结果，是在气候性硅化作用过程中形成的，这类矿床只出现在能发生这种作用的沙漠区和半沙漠区。G. 米洛特等（1963）曾研究过撒哈拉沙漠出露地表的岩石的现代硅化作用和蛋白石化作用，他们在查明有些岩石，特别是砂岩，在排水条件良好的高原表面经气候性风化作用后，可转变为石英岩。在斜坡底部、洼地和潜水面附近，岩石经硅化后能形成玉髓和蛋白石。

关于该类型欧泊成因有以下观点：

（1）T. 戴维等（1950）认为，澳大利亚所有的蛋白石矿层都是在中新世形成风化壳的过程中由二氧化硅产生的。这些二氧化硅是长石转变为高岭土的铝土矿时从长石中释放出来的。

(2)T. 康纳等(1960)认为,昆士兰西部矿床产的欧泊是红土化产物,并且认为,红土化作用是岩石在地形平坦、温度较高、有一定降水量(足以保持高且稳定的潜水面)的条件下发生陆上强烈风化的绵长过程。这一过程,铝硅酸盐发生分解,析出碱金属、碱土金属和二氧化硅,铁和二氧化硅随后沉淀下来。

欧泊和普通蛋白石主要融生在风化壳的下部层位(蛋白石带),由 SiO_2 交代母岩中的各种矿物集合体如灰岩结核、龟甲石和卵石、石英岩的卵石和漂砾、天青石和钙芒硝的块体和钙质介壳等而形成,当风化壳变深时,作为在这种条件下的稳定矿物蛋白石,就被保存在以黏土为主的带中,含蛋白石层形成的时代较老,与现代地段没有任何关系,蛋白石堆积体现在风化壳的整个剖面,而不是像"沙漠硅化说"得出的结论那样,只产生在硅质硬壳层之下,硅质硬壳的形成时间可能晚得多,是在干旱气候条件下形成的。

为什么欧泊主要产在澳大利亚,并主要产在黏土岩中,特别是底部的铁质岩中呢?我们知道,澳大利亚欧泊产区是一片准平原,地形起伏很小,从古生代以来基本没有什么构造运动,为沙漠和半沙漠区,气候温暖潮湿。这种条件有利于风化作用的进行,利于沉积岩中的长石变成高岭土和铝土矿,并析出二氧化硅和铁质,由于地形平坦,降水量充沛(保持高且稳定的潜水面),二氧化硅和铁质等向下淋滤风化壳底部,下伏泥质岩作为挡水层,上覆砂岩作为滤水层,使含硅化溶液被圈闭在底部铁质黏土岩或砂页岩裂隙或层间,形成各种蛋白石脉,如果淋滤速度恒定,二氧化硅球体可以沿三维方向有规则地排列,从而形成欧泊石,所以这种欧泊石常形成在风化壳底部,呈脉状铁质黏土或普通蛋白石裂隙分布,或交代动植物遗体而成化石。

第四节　火山热液型欧泊矿床

这类矿床主要是由产在喷发岩(玄武岩、安山岩、流纹岩等)及凝灰岩中的火山热液形成,欧泊(多为白欧泊)常产在其中的裂隙和孔洞中,呈脉状及巢状。这种欧泊虽然变彩好,但粒度较小且裂纹多,因此实用价值不大。

一、捷克欧泊石矿床

捷克欧泊石,过去在世界市场上颇有名气。据 I. 艾特肯斯(1931)报道,奥地利维也纳国立博物馆珍藏着几颗喀尔巴阡山产的漂亮的欧泊石,其中有一颗是世界上最美丽和最大(拳头大)的欧泊石之一,变彩十分美观。自从澳大利亚发现欧泊和世界市场上欧泊价格下跌后,开采欧泊石的就只剩下利班卡山了(1934 年这个矿山也已停产)。

最著名的西蒙卡和利班卡矿床分布在捷克东南部切尔文尼察附近西蒙卡山麓和利班卡山麓,那里老窿和废石堆比比皆是,绵延 8 ~ 10 km。

利班卡矿床是捷克最大的矿床,也是研究程度最高的矿床,在利班卡山坡上,有 3 处出露暗色辉石安山岩,岩层总厚度 25 ~ 30 m,倾角 14° ~ 20°。辉石安山岩岩被与含大孔洞的多孔构造的浅红色和灰色火山砾凝灰岩互层,凝灰岩中含粗紫苏辉石安山岩碎屑。

蛋白石产在凝灰岩中,偶尔产在致密安山岩中,凝灰岩中的蛋白石,形状和大小颇不相同,有的产在细小分叉裂缝中的"根状"蛋白石中,形成 20 ~ 25 mm 的细脉,也有的产在孔洞中(见图 14-2)呈团块状,蛋白石脉或团块周围火山岩强烈绿泥石化和沸石化。蛋白石大部分是浑浊和不透明的,其中欧泊呈水平薄层状产出。安山岩中的欧泊与普通蛋白石(水蛋白石)和玻璃蛋白石一起形成巢状块体。蛋白石的伴生矿物是:黄铁矿、白铁矿、辉铁矿及其氧化产物绿矾和石膏。

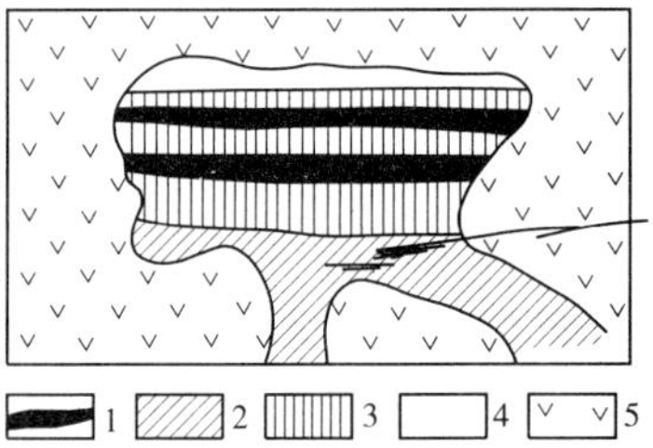

1—欧泊,细脉达 1 cm;2—普通蛋白石;3—乳白色蛋白石;4—未被填充的孔洞;5—安山岩

图 14-2　蛋白石充填安山岩孔洞示意

利班卡矿床的欧泊石,有夺目的红色、绿色和紫 - 天蓝色光彩,其中“地”的颜色较浅,不均匀地衬托着不大的斑斓、花纹和亮点,欧泊石的重量一般为 1 ~ 2 克拉,更大的少见。有些欧泊石,含水时没有变形,慢慢晾干后则有变形。

二、墨西哥欧泊石矿床

墨西哥克雷塔罗州以产火欧泊石著名。这种火欧泊石是在 1503 年哥伦布第四次美洲之行后首次传入欧洲的。后来,在克雷塔罗州和奇瓦瓦州西部也相继发现了优质欧泊石。

克雷塔罗矿床是墨西哥最大矿床之一,位于墨西哥城西北 260 km 处克雷塔罗州市郊。这里的欧泊石是 1855 年首次发现的,1870 年开始开采。

欧泊石与红褐色和灰色流纹岩有关,产在流纹岩原生孔洞的普通蛋白石中,呈细脉产出。有时孔洞中填充着疏松物质,其中也可能有漂亮的欧泊石。

在所产的欧泊石中,高档者只占一小部分,大部分是无变彩的浅黄 - 红色欧泊。在圣玛利亚矿段,可以找到呈现红色变彩的暗青灰色的,甚至是黑色的欧泊石,也可以找到呈现深红色和绿色变彩的欧泊石。在辛巴帝卡矿段,正在开采火红色、乳白色和闪光的欧泊石。U. 福萨格(1953)指出,墨西哥火欧泊石五彩缤纷,从酒黄色到樱桃红色都有,而且都能显现红色和绿色变彩,最鲜艳也是极其贵重的是呈紫蓝色 - 红色变彩的欧泊石。有人认为,欧泊石呈浅红色和褐色色调,是其中含少量铁的氧化物所致。

三、美国欧泊石矿床

美国亚利桑那、加利福尼亚、内华达、爱达荷、得克萨斯和俄勒冈诸州共有 20 多个欧泊石矿点,其中多数矿点的欧泊石,虽颜色和变彩都好,但无工业价值,原因是许多欧泊石加工后往往开裂。

所有的欧泊石矿点都与年轻的火山岩有关。F. 李奇曼(1962)指出,这些矿点的规模不大,只有收藏家对其感兴趣。

(一)哈特山矿床

哈特山矿床是美国最大的欧泊石矿床之一,位于俄勒冈州普拉什市以东 10 km 处,在哈塔山坡上有暗红色玻斑玄武岩出露,这种岩石与白色和黄色安山质凝灰岩、流纹质凝灰岩互层,上面是很厚的玄武岩岩被。火山岩系总厚度为 1 200 m,时代为第三纪。

欧泊产在玄武岩杏仁体中。有的裂隙中填充玉髓和半透明或绿色蛋白石,偶尔也有欧泊石，欧泊为乳白色、浅绿黄色到褐色，也有无色的，多显红色和绿色色调的变彩。

（二）莱因保岭矿床

莱因保岭矿床位于内华达州西北边界附近库姆博特县境内，1908 年首次在这里发现欧泊。矿床的地质构造很特殊，很像风化壳型欧泊石矿床。

在维尔京谷中，含蛋白石火山岩沉积岩系出露地表，时代为中新世，也可能为前中新世，厚度可达 330 m，其上为晚中新世熔岩。该岩系共分为 3 段：下段是致密凝灰岩，可能属始新世；中段（含蛋白石）由比较疏松的褐色和灰色砂质黏土岩石、层凝灰岩和凝灰岩组成，含硅化木和蛋白石化木化石；上段以疏松浅色沉积岩和凝灰岩为主，含哺乳类化石。

蛋白石是在松软的蒙脱石质膨润土层中形成的，膨润土层中含大量木化石，蛋白石主要呈木化石假象产出。木质的原始结构一般都在蛋白石化过程中丧失殆尽，偶尔保持下来，其假象便是漂亮的火欧泊石。

欧泊石一般呈细脉产在白色或暗色的普通蛋白石中，但有时几乎完全是硅化木化石。例如：黑色欧泊石有时形成直径可达 10 cm 的大块体，其切面上可见到树木年轮花纹。这种欧泊石的内部，显现绿色和红色色调的变彩。遗憾的是，大多数欧泊石在加工时容易裂开。

关于莱因保岭矿床蛋白石的成因，有两种观点：一种观点认为，蛋白石是在沉积岩中的火山灰层成岩及其改变为膨润土的过程中形成的；另一种观点认为，膨润土和蛋白石都是由凝灰岩经热液改造而形成的。也有人认为膨润土的形成与凝灰岩和火山灰的成岩作用有关，而蛋白石的形成与火山期后热液活动有关。在维尔京谷中，热矿泉水一直在起作用。

四、澳大利亚热液型欧泊矿床

矿床分布在昆士兰州斯普林休尔和新南威尔士州廷坦巴尔和罗基桥。欧泊石多为透明和半透明，黑色和深灰色，显现红色和绿色变彩，这里的欧泊石因经加工后容易裂开，故实际价值不大。

在斯昔林休尔区，蛋白石产在杏仁状玄武岩和粗面岩中，充填在大量孔洞、圆形气孔和细裂隙中，欧泊有时产在普通蛋白石团块中心的较大气孔里。

悉尼市以南 50 km 处廷坦巴尔附近的欧泊石矿床，虽规模较大，但没有工业意义，欧泊石产在强烈蚀变的玄武岩孔洞中，形成长而细的矿脉，也产在玄武岩风化后形成的土壤中，形成大小如核桃的结核，多数欧泊石为透明的，呈红色和黑色。

第十五章　翡翠矿床

第一节　翡翠的特征

翡翠是玉石中最珍贵的产品,称“玉石之冠”。我国历史上曾有“翡翠产于云南永昌府”之说,实际上是指缅甸密支那地区,因为在明代万历年间该地属云南省永昌府管辖。缅甸原生翡翠发现于1871年,次生翡翠(产于缅甸尤江)早在13世纪已有开采。在国际市场上,翡翠有“东方宝珠”之称。

翡翠矿物成分主要是硬玉 $NaAlSi_2O_6$,理论成分:SiO_2 59.44%,Al_2O_3 25.22%,Na_2O 15.34%,属辉石族硅酸盐。天然翡翠常含有其他辉石的类质同象混入物,如透辉石、钙铁辉石和锥辉石(霓石)等。根据这些混入物的比例关系将翡翠划分为纯翡翠、透辉石翡翠和暗绿玉三种。纯翡翠所含翡翠不低于80%(白色者92%～99%,绿色者80%～85%)。

缅甸产的一种最纯的白色翡翠,SiO_2 和 Al_2O_3 含量接近理论值,特征是几乎完全不含铁,镁含量也不高。世界各矿床纯翡翠的化学成分见表15-1。

表15-1　世界各矿床含硬玉组分大于80%的翡翠(纯翡翠的化学成分)　(%)

组分	1	2	3	4	5	6	7	8	9	10	11	12
SiO_2	58.62	59.00	57.95	59.29	58.63	58.20	58.87	58.69	57.60	58.56	58.40	59.01
TiO_2	—	0.26	0.26	0.06	0.06	0.06	0.34	—	—	—	—	0.01
Al_2O_3	25.28	23.59	23.59	24.15	21.76	21.92	21.60	25.56	25.75	25.12	27.05	24.31
Fe_2O_3	0.20	1.25	1.16	0.48	1.43	0.94	1.44	—	—	0.16	—	0.35
FeO	—	0.27	0.29	0.29	0.47	0.09	0.45	—	—	0.12	—	0.03
MnO	—	0.02	0.01	0.01	0.03	痕量	0.01	—	—	痕量	—	0.02
MgO	0.48	1.04	1.41	0.36	0.88	1.72	1.66	0.11	0.13	0.27	0.57	0.58
CaO	0.78	1.32	2.04	1.54	3.07	2.46	2.77	0.58	0.58	0.44	0.65	0.77
Na_2O	14.54	11.77	12.40	13.47	11.90	14.13	12.79	13.09	13.31	14.62	11.37	14.37
K_2O	痕量	0.41	0.20	0.30	0.93	0.29	0.08	1.54	2.20	0.08	2.20	0.02
H_2O	—	0.20	—	—	—	—	0.16	0.17	0.25	0.15	0.18	—
烧失量	0.82	0.59	1.04	0.73	0.59	0.50	0.04	—	—	0.04	—	0.06
总计	100.72	99.72	100.01	100.68	99.75	100.31	100.21	99.74	99.82	99.56	100.42	99.53
组分	13	14	15	16	17	18	19	20	21	22	23	24

续表 15-1

组分	13	14	15	16	17	18	19	20	21	22	23	24
SiO_2	59.84	58.46	57.48	59.02	58.48	59.06	59.38	61.66	58.97	58.21	58.35	58.02
TiO_2	—	—	—	—	—	0.48	0.04	0.05	—	0.04	0.04	0.04
Al_2O_3	24.48	24.21	21.81	24.88	23.57	24.62	25.82	21.81	23.77	23.72	29.90	22.96
Fe_2O_3	—	0.48	0.12	1.33	1.68	0.41	0.45	0.32	0.32	0.91	0.66	0.77
FeO	1.20	0.76	1.59	0.28	—	0.18	痕量	0.24	0.11	0.24	0.08	0.18
MnO	—	0.03	0.05	0.19	—	0.03	—	0.05	0.02	0.04	—	0.01
MgO	0.81	0.39	3.21	1.10	1.33	0.17	0.12	0.98	0.97	1.20	0.78	1.70
CaO	1.42	1.74	2.08	1.15	1.62	0.35	0.13	1.98	1.43	1.79	0.98	1.58
Na_2O	11.66	12.71	12.35	11.21	10.33	14.95	13.40	12.27	14.42	13.07	12.35	12.38
K_2O	0.35	0.35	0.25	1.34	3.09	0.01	0.02	0.57	—	0.18	0.12	0.16
H_2O	0.11	0.11	0.22	0.07	0.16	0.03	0.16	0.10	—	—	0.67	0.61
烧失量	0.17	0.69	0.55	—	—	0.07	0.22	0.44	—	0.46	—	0.87
总计	100.04	99.93	99.71	100.57	100.26	99.96	99.74	100.47	100.01	99.86	103.93	99.28

注:1 ~3 为哈萨克斯坦伊特穆隆达;4 ~6 为哈萨克斯坦列沃 - 克奇佩利矿床;7 为俄罗斯卡什卡拉克矿床;8 ~17 为缅甸度目等矿床;18 ~20 为美国克列尔克里克矿床;21 ~22 为危地马拉麦塔高矿床;23 ~24 为日本科塔基矿床。

透辉石翡翠是纯翡翠和透辉石之间的过渡类型,含翡翠组分 42% ~79%(分子百分比),透辉石 10% ~49%,锥辉石(霓石)0.9% ~11.3%,钙铁辉石 0 ~12.5%。这种翡翠一般为鲜艳绿色,其化学成分与纯翡翠有很大差别,前者 Al_2O_3 低(12.0% ~20.1%),Na_2O 低(6.14% ~13.0%),CaO 高(2.69% ~14.3%),MgO 高(1.2% ~7.87%),Fe_2O_3 0.27% ~5.67%,FeO 0.59% ~2.95%。

暗绿玉是一种碱性辉石,其成分处于翡翠和霓石或翡翠、透辉石和霓石之间,呈暗绿色,近黑色,是最廉价的翡翠。

翡翠属单斜晶系,完整晶体少见。结构主要有两种:一种为粒状镶嵌结构或花岗变晶结构;另一种为毡状、纤维状结构。透明至不透明,呈玻璃光泽,油脂光泽;解理面珍珠光泽,H 为 6.5 ~7,D 为 3.30 ~3.36,几乎等于二碘甲烷的比重(3.32),强韧性。二轴晶正光性,$2V=72°$(光轴角),$N_g=1.683$,$N_p=1.556$,$N_p-N_g=0.027$。平均折射率 1.654 ~1.667。

原生料呈块状,次生料多为翡翠砾石。

翡翠的颜色有无色、白色、绿色、翠绿色、黄绿色、浅黄绿色、褐色、红色、橙色、淡紫色、粉紫色等。其中,红色称“翡”,绿色称“翠”。鲜绿祖母绿色的翡翠含 Cr,浑浊绿色和黄绿色含铁,其中 Fe 取代了矿物晶格中的 Al。与祖母绿相似的一种透明的祖母绿色翡翠,Cr 含量一般不超过万分之几,而不透明的所谓铬翡翠,铬含量可高达 7%。缅甸翡翠源砾表面呈白色、褐色或黄色,这是长期风化期间铁的氢氧化物渗到细孔洞和显微裂隙中而造成的。翡翠在长波紫外光下发浅白－亮白荧光，无多色性，X射线下发蓝色荧光。

翡翠，按其产状可分为两类：一种称老山料，另一种称新山料；按其透明度可分为三类：一类称老种，另一类称新种，第三类称新老种；按其颜色、光泽和质地可分为18种。

第二节 翡翠矿床

缅甸是饰用和玉雕用翡翠的主要供应国。据1971年《矿业年评》资料，缅甸翡翠的年开采量约75 t。据《宝石杂志》报道，在1972年仰光的第七届博览会上，缅甸销售的翡翠价值为196万美元。

哈萨克斯坦的翡翠矿床有伊特穆隆达和列沃－克奇佩利矿床。前者位于滨巴尔卡北部肯捷劳超基性岩中；后者位于极区乌拉尔帕伊耶尔体内。

在美国加利福尼亚州中部的海岸山脉区，有几个质量不高的翡翠矿床。其中最大的克列巴尔克里克矿床，位于圣别尼托县伊德里亚市附近。门多西落县的利奇湖矿床以及沿其邻县特里尼蒂县境内威廉斯河及其北部支流伊尔河的一些小型翡翠冲积砂矿，均位于克拉马思山区以南。

中美危地马拉，1952年在艾尔普罗格雷索省曼济纳尔附近村发现一个麦塔高翡翠矿床。

日本也有几个翡翠矿点，分布在本州新县。

我国至今未发现真正的翡翠矿床。E. R Kuebnehko 引用A舒勒的资料，说中国有几个翡翠矿床，特别指出南阳矿床，认为是"由钠长石岩组成。这种岩石在某种程度上已变为翡翠，透辉石－翡翠、普通角闪石、黝帘石和铬云母的细粒或极细粒集合体"、"在白'底'上暗绿色普通角闪石和透辉石－翡翠斑点分为明显"。现经我国地质工作者研究表明，这个结论是错误的。实际上，这个白底是钙长石和黝帘石，根本没有钠长石，所谓"翠"斑其实是铬云母，而不是一般的角闪石和透辉石（若为后者，则为暗绿色）。

一、缅甸矿床

缅甸翡翠产地属于东南亚地块，但对该地质单元的内部构造划分长期存在分歧。目前大多数学者认为，该块体可以莫谷（Mogok）和那迦山（Naga Hills）断裂划分为三大块体（见图15-1）。那迦山断裂为印度和印缅地体的分界线，相当于藏南的雅鲁藏布缝合带。莫谷断裂以东为掸泰（Shan－Thai）地体，相当于我国西南境内的宝山－腾冲地体，它又以吕宁－孟连缝合线与我国西南的思茅地体相隔。莫谷与那迦山断裂所限定的范围就是缅甸翡翠所产出的中缅地块（又称东缅地块，它大体相当于藏南的拉萨地块）。印度与亚洲碰撞以后，由于新生代期间的强烈走滑作用，莫谷构造带的西侧发育右行走滑的实皆断裂，该断裂向南与安德曼海的扩张脊相连。

在缅甸北部分布的大大小小近百个超基性岩体中几乎都有翡翠（硬玉）矿体呈透镜状产出，而且只产于超基性岩中，在平面上呈彼此分隔的雁行排列。据目前所知，翡翠原生矿体有度冒、凯苏、八三、铁龙生及纳莫等矿体，其中度冒、凯苏、铁龙生的翡翠原生矿体的海拔在460～610 m，纳莫翡翠原生矿体的海拔为275 m。

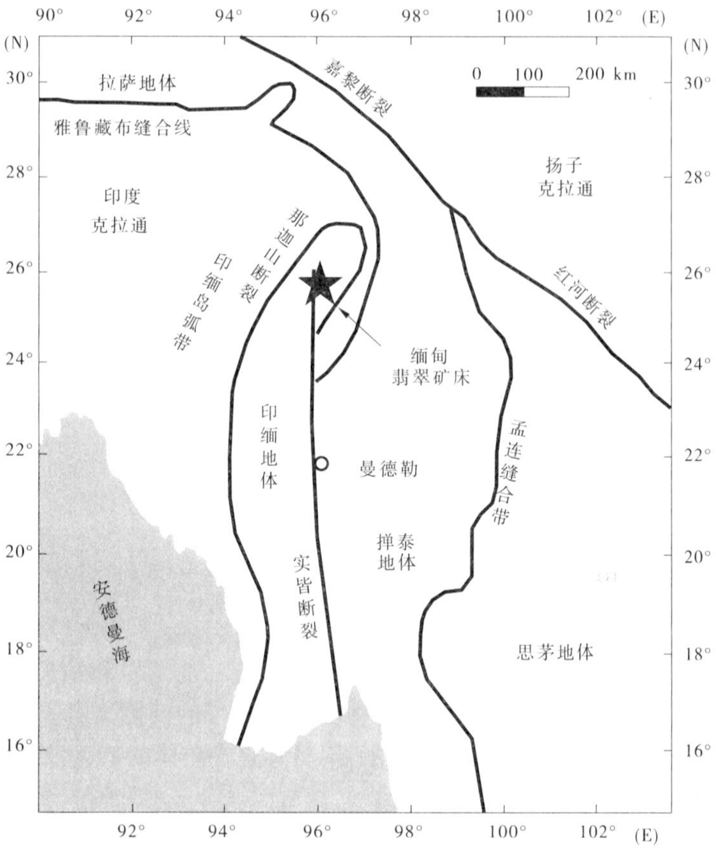

图 15-1 缅甸翡翠产地地质构造简图

(一)缅甸乌尤河流域的翡翠矿床

乌尤河是世界上翡翠主要的产出地。该区位于阿尔卑斯褶皱区外带,沿其与前寒武纪岩石巨大隆起的交界处呈南北向展布。根据 A. A. 马拉库舍夫等(1971)的资料,这条所谓缅甸早第三纪变质代,包括一组在始新世侵入的阿尔卑斯型超基性岩体。除蛇纹岩化纯橄榄岩、角闪石橄榄岩和蛇纹岩外,还广泛分布有蓝闪石片岩、阳起石片岩和绿泥石片岩(这些片岩在局部地区被花岗岩脉切穿)。

主要翡翠矿床产于北东向展布的度冒岩体的蛇纹岩中(见图 15-2)。度冒岩体在平面上呈椭圆形,长 18 km,宽 6.4 km。度冒岩体北面的超基性岩体也有翡翠矿体。例如,在离度冒村 34 km 处就有一些原生矿床。以前,开采翡翠的矿山全部在度冒村附近。

该地区最著名的原生矿床有 4 个:度冒、缅冒、潘冒和男奈冒。这 4 个矿床在文献中被称为岩墙或岩脉,实际很可能是由一些彼此相距很近的脉状、透镜状和岩株状翡翠矿床组成的长达 2.5 km 的矿带。该矿带已采了 100 多年,至今仍未采空。

矿床位于蛇纹岩化橄榄岩体内,靠近岩体与蓝闪石片岩和钠钾镁石片岩系的接触带。蛇纹岩中保存有强烈破碎的橄榄石颗粒残体以及铬铁矿浸染体和细脉。

度冒的翡翠矿体也呈条带状构造,条带由翡翠岩、钠长石岩与角闪石岩组成。矿体的

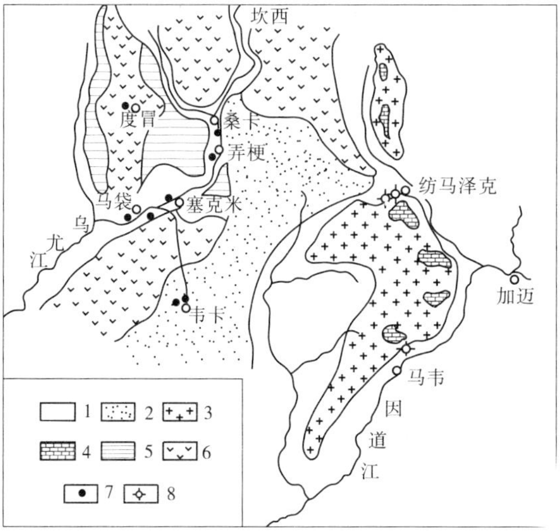

1—现代冲积岩;2—早第三纪砾岩;3—前寒武纪花岗岩;4—前寒武纪大理岩;
5—蓝闪石片岩和其他片岩;6—蛇纹岩化橄榄岩;7—翡翠矿床;8—红宝石矿床

图 15-2　缅甸北部含翡翠区地质构造示意图

中心部分由单矿物翡翠岩组成,朝脉壁方向渐变为钠长石－翡翠岩和钠长岩。在过渡带内,翡翠颗粒都含包有一层脆裂的钠长石集合体。钠长石带的两侧又各有一个碱性角闪石带。在碱性角闪石与蛇纹岩化橄榄石的接触带,特别是在矿体的上盘,被厚度不大的一层绿泥石壳代替(见图 15-3)。

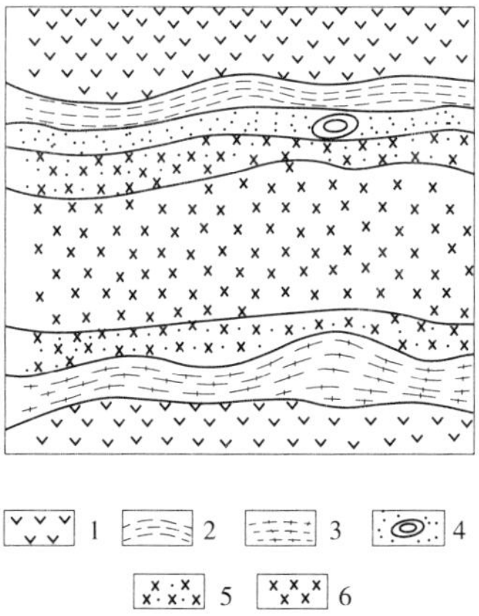

1—蛇纹岩;2—绿泥石片岩;3—角闪石片岩;
4—钠长石岩(含角闪石片岩包体);5—钠长石－翡翠质岩石;6—翡翠岩

图 15-3　翡翠产出部位示意图

翡翠带厚 2.5 ~3 m,主要由白色翡翠组成。这种白色翡翠实为一种致密(极细粒至中粒)的翡翠颗粒集合体,它的外貌很像羊脂或耀眼的白色砂糖状大理岩。有的地方,在白“地”上,杂乱地分布有五彩缤纷的斑点和各种颜色(深绿、苹果绿、黄色和浅红－紫色)的条带;有的在同一块翡翠岩中几种颜色的翡翠恰到好处地配在一起。

祖母绿色的饰用翡翠极为罕见，是白色翡翠岩中的小块体，与白色翡翠岩隔着一层狭窄的浅绿色皮壳。这种小块体的直径有时候可达 30 cm。这种翡翠与其他翡翠不同，它是一种极细粒矿物的集合体（颗粒大小不超过几毫米，在薄片中，颗粒保持祖母绿色，有明显的多色性，而在其他翡翠中（除铬翡翠外），颗粒是无色的，甚至在颜色鲜艳的岩块中，也是无色的。

翡翠岩中还见有其他矿物的包裹体：针状或柱状碱性角闪石（含 Na_2O 6.7% ~ 9.3%）晶体包裹体、霞石包裹体（呈细脉和溶蚀的翡翠周围的皮壳）和浑圆状细粒钠长石包裹体。

中心核周围的钠长石－翡翠过渡带由半透明的白色翡翠以及大量细粒钠长石组成。该带一般都有一些富集碱性角闪石和绿泥石的地段。

钠长石带，从外表上看很像翡翠带和钠长石翡翠带，主要由细粒钠长石带组成。在钠长石岩的“地”上，常出现绿泥石和钠角闪石的绿色斑点。

翡翠－钠长石的边缘部分由镁质钠铁闪石的柱状或粒状集合体构成。在与周围的蛇纹岩接触带附近的镁质钠铁闪石集合体中，可见到块状或角砾状祖母绿色的铬翡翠块体（直径可达 10 cm）。这种铬翡翠与一般翡翠的不同之处是，它的镁含量显著地高于钙含量（MgO 2.82%，CaO 0.75%），铬含量在 3.75% 以上。

绿泥石皮壳往往缺失，主要出现于平缓的钠长石－翡翠脉体的上盘。这是一种经过强烈揉皱的皮带状岩石，很像片岩，由绿泥石及少量阳起石、黝帘石、针状翡翠等矿物颗粒组成。

翡翠－钠长石矿床的成因，被认为是酸性岩浆后期，在高压条件下钠化较高的酸性盐溶液侵入蛇纹岩裂隙中，与蛇纹岩进行双交代作用的结果。

乌尤河流域第四纪砾岩层是玉雕用翡翠的主要来源。砾岩中有优质翡翠岩卵石和漂砾，其中包括透明的祖母绿色特级翡翠段，还找到过重 7 kg 以上的无瑕疵的宝石级翡翠漂砾。有些翡翠岩漂砾是由细粒褐色皮壳的灰色粗粒翡翠组成的。

缅甸北部的冲积砂矿因其质量很高而久负盛名。这些砂矿沿乌尤江及其支流河谷分布，特别是集中在乌蒙、盘马、肯西和卡杰冒一带。其中最大的乌蒙矿床位于度冒翡翠岩原生矿床以南 10 km 处。翡翠岩漂砾和卵石可以直接从矿床中开采出。这种砾岩岩系是片岩、蛇纹岩、辉长岩类等岩石的浑圆形碎屑经砂－黏土或钙质胶结后形成的，一般都包含着一层多孔隙的黄色皮壳，有时包着一层致密的浅绿－黑色皮壳。

砾岩露头可追溯到长度达几十千米，宽 3 ~ 6.5 km；砾岩岩系的厚度有时超过 300 m。在该岩系的局部地方，有些层位富含翡翠漂砾和卵石。含翡翠的砾岩集中在乌尤江河谷的赫帕坎、韦卡村等地。

根据 A. 布里克的资料，著名的韦卡矿床位于韦卡村附近的狭窄的山谷内，谷坡由挤压成褶皱的砂岩和砾岩组成：最上部为灰色砂岩，砂岩之下是夹褐煤层的灰－蓝色砂岩；再下为砾岩状砂岩层，由石英、斜长石、蛇纹石碎屑和颗粒以及少量海绿石、锆石和磁铁矿颗粒组成。这些砂岩直接产在含翡翠砾岩层（厚 15 cm 以上）之上。砾岩以巨大漂砾（1 m^3）为主，胶结物为灰绿色砂－黏土质。砾岩的漂砾和卵石由石英岩、白云母片岩、角闪岩、辉石岩、叶蛇纹岩（含铬铁矿和磁铁矿浸染体）等组成。

(二)缅甸北部帕敢地区

帕敢位于缅甸北部密支那市的 NWW 方向,直距约 125 km,处于缅北中部略偏北。

缅北是印度板块与欧亚大陆板块相互碰撞的接合带,掸泰马板块与印缅岛弧带的分界线呈 NNE 走向白曼德勒北延通过密支那,帕敢地区位于这一缝合线的西侧。

按现在所圈定的帕敢地区翡翠矿点分布图(见图 15-4),在 EW 方向宽约 62 km,SN 方向长约 68.7 km,面积约 4 260 km^2 范围内,崩多崩山脉呈 NNW—SSE 方向分布于图幅中央,雾露河呈 NE—SW 走向分布于图幅中部偏东。最高点为图幅 NW 海拔 1 874 m 的漠蓬崩山,雾露河在帕敢镇一带海拔仅约 150 m。在崩多崩山脉的中段形成一个分水岭,南侧水系汇入雾露河,向 SW 方向流入亲敦江。形成 4 个翡翠场区:新场区、老场区、达木坎场区和会卡场区。北侧水系绕向西后汇入亲敦江,也有一些矿点。

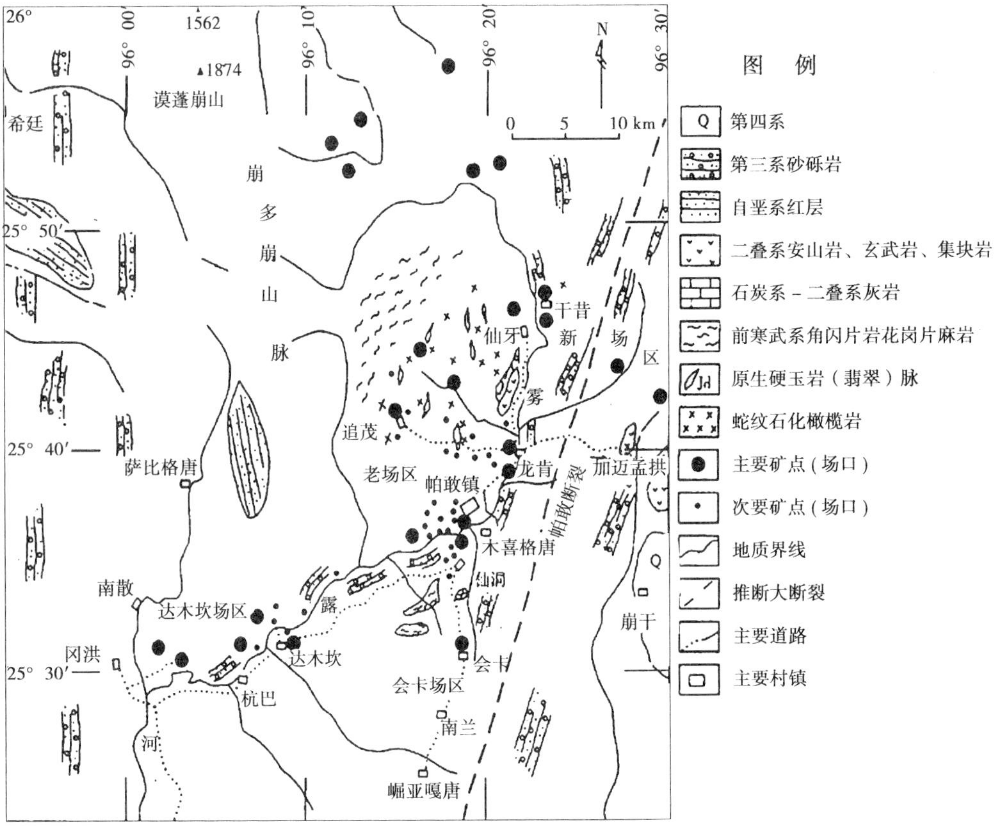

图 15-4 缅甸帕敢地区翡翠矿点分布图

帕敢地区构造线的总体走向为 NNE—SSW 向,控制了地层分布和岩石出露的总走向。根据地形切割和第三系地层分布特征,帕敢镇东侧在第三系底部应有一条本区最重要的断裂——帕敢断裂通过。蛇纹石化橄榄岩体的翡翠矿脉主要分布于帕敢断裂的西侧。

帕敢地区的岩浆岩有橄榄岩、硬玉岩、钠长岩、玄武岩、安山岩、火山集块岩、凝灰岩等。其中,玄武岩、安山岩、火山集块岩和凝灰岩构成一个基性火山岩地层单位。野外也见大小不等的玄武岩和安山岩砾石，大者直径达 1 m 以上。

本区在中生代的红层沉积后，第三纪时期岩石露出地表，并受到强烈的风化剥蚀和沉积作用，形成冲积型的砾岩沉积，已知的最大厚度可达 150 m 以上。有些砾岩含有翡翠砾石，构成沉积型翡翠砾岩矿床，其特点为：①砾石浑圆度好，表明搬运的距离较长。砾石大小不一，大者直径可达 1 m 以上，小者直径仅几厘米，一般为 20 ~ 40 cm。②硬度高、化学性质稳定的砾石所占比例大，表明砾石成熟度高。据观察，砾石中以角闪片岩、花岗片麻岩、石英脉、玄武岩、安山岩等成分的砾石为多，云母石英片岩、辉长岩、蛇纹岩、砂页岩等成分少，一般未见大理岩、灰岩的砾石。翡翠砾石在各种砾石成分中所占的比例很小，其中优质翡翠砾石的比例更小，很难寻觅。而在不同地段这种比例又有很大差别。③第三系中下部砾岩的胶结物颜色为灰 - 黑色，富含有机质，俗称"黑石脚"，表明其沉积、成岩过程经历了还原作用。

二、哈萨克斯坦伊特穆隆达矿床

哈萨克斯坦伊特穆隆达矿床位于哈萨克斯坦巴尔卡什市以东 110 km 处。根据 B. H. 莫斯卡列娃（1962）等的资料，该矿床与肯捷尔劳蛇纹岩体有关。肯捷尔劳蛇纹岩体是滨巴尔卡什北部早古生代超基性岩带的组成部分。

超基性岩体与早古生代喷发 - 沉积岩围岩（辉绿岩、细碧岩、粉砂岩、碧玉状岩石）的接触关系主要是构造接触。该岩体呈北西向延伸，长约 30 km，宽几百米至 1.5 km。岩体由纤维蛇纹石 - 叶蛇纹石岩组成，后者含有弱蚀变的斜辉橄榄岩、纯橄榄岩、异剥橄榄岩和辉石岩残体。

在超基性岩内出现明显的破碎带和片理化带，沿着这些带发育有大片叶蛇纹石岩，其中含翡翠矿体以及与之伴生的各种交代岩。崩裂出去的围岩转变为蓝闪石片岩和铝铁闪石片岩（含钠长石、翡翠 - 透辉石、绿纤石和黑硬绿泥石），属蓝闪石相。

花岗岩类岩石——闪长岩、石英闪长岩、斜长花岗岩和细晶岩组成一些较小的岩体。这些岩体在形态及规模上与单矿物翡翠岩体、翡翠 - 钠长石岩体、钠长石岩体、角闪石 - 钠长石岩体、角闪石岩体、石英 - 钠长石岩体、石英 - 角闪石岩体、石英岩体以及其他交代岩岩体相似。

形成翡翠岩体和翡翠 - 钠长石岩体的花岗岩类岩石属于蛇绿岩套。H. N. 多勃列佐夫等（1965）认为，这种花岗岩类岩石乃是混染化的超基性岩浆的分异产物。

一系列翡翠岩体沿碎裂的和片理化的蛇纹岩带延伸，集中在超基性岩体的顶部和巨大围岩捕虏体附近（见图 15-5）。翡翠岩体的形状为透镜状、浑圆状、岩株状，直径 1 m 至几十米不等。其中，许多岩体，特别是大岩体，全部由灰色翡翠组成。在边缘部分，这种翡翠在某种程度上为绿色透辉石 - 翡翠、钠长石、方沸石和透闪石所代替（见图 15-6）。

翡翠岩主要是细粒和中粒的，颜色为浅灰和暗灰，带绿色斑点和细脉，基本上属于透辉石 - 翡翠。这种翡翠若按颜色（从早到晚）可分为 3 种：①浅灰色的；②暗灰色的；③浅绿至暗绿色的（为角砾状，由翡翠和透辉石 - 翡翠组成）。在早期形成的翡翠中，间或见有祖母绿色细脉和小块体，与缅甸商品级不透明的饰用或玉雕用翡翠相似。

单矿物翡翠岩中的颗粒彼此紧密结合，颗粒形状不规则，界限弯曲，间或为柱状。在

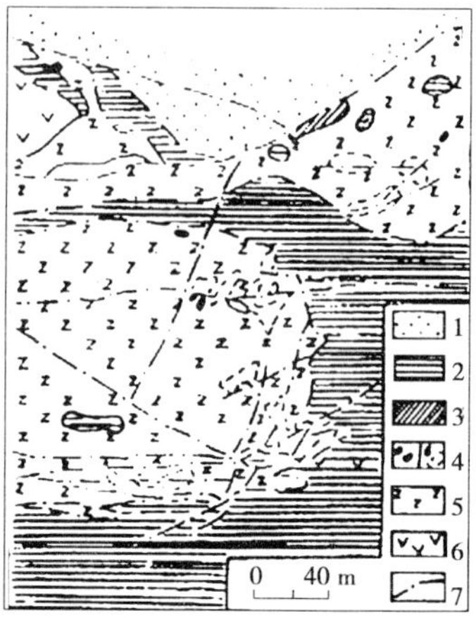

1—晚志留世砂岩和粉砂岩;2—早寒武世喷发－沉积岩系(辉绿岩、细碧岩、粉砂岩、碧玉状岩石);
3—滑石菱镁片岩;4—翡翠岩体(a—原生的;b—残积的);5—蛇纹岩;
6—辉石岩、异剥橄榄岩、异剥古铜橄榄岩(二辉橄榄岩)、纯橄榄岩;7—构造断裂

图 15-5　哈萨克斯坦伊特穆隆达翡翠矿区地质构造示意图

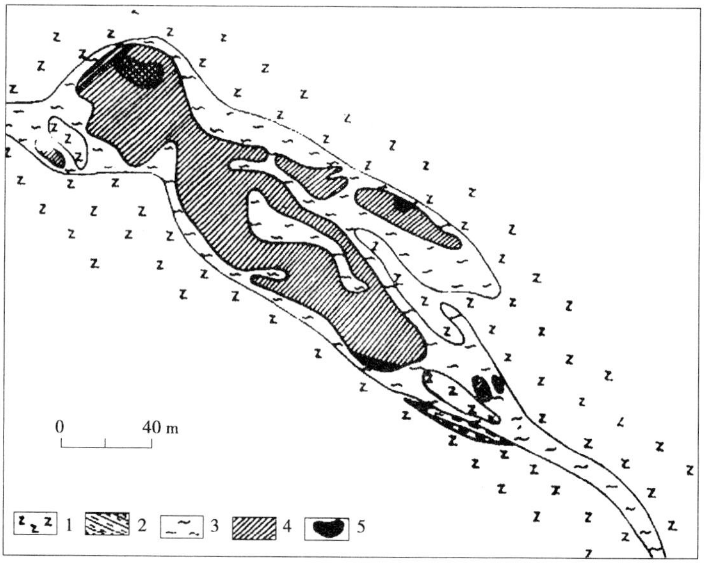

1—蛇纹岩;2—角闪石岩;3—含蛭石和绿泥石的片状黏土;4—灰色翡翠;5—绿色翡翠

图 15-6　哈萨克斯坦伊特穆隆达矿床部分翡翠带的地质构造示意图

颗粒间隙中有时出现硅石楔状晶体、绿纤石和云母颗粒以及原生的钠长石和钠长石－奥长石残体。某些翡翠颗粒被钠长石、透闪石、钠沸石交代。在未经蚀变的岩石或受晚期交代作用影响较小的岩石中,其他矿物的总含量一般不超过 1.5% ~3% 。

单矿物翡翠岩体与围岩蛇纹岩的接触关系明显。蛇纹岩一般沿着接触带发生碎裂或遭到强烈片理化和石香肠化。某些岩体具有对称条带状结构,交代岩带由核心到脉带依次出现:①翡翠岩;②暗绿玉质辉石带;③斜方辉石(顽辉石)带。沿顽辉石带往往发育有低温交代型钠长石－阳起石岩、阳起石岩和绿泥石－蛇纹石岩。作为这些岩石一部分的角闪石，属于阳起石或蓝闪石相似的钠质角闪石。阳起石带不连续，厚达 3 m。在某些岩体中，阳起石几乎全部被蛭石交代，这种蛭石似乎是外生的。翡翠岩体有时强烈钠长石化，是一种含翡翠残体的钠长石岩。在这类岩体周围还发育有阳起石壳和绿泥石壳。

三、美国克列尔克里克矿床

翡翠矿床位于圣贝尼托县的克列尔可立克镇附近，产于晚侏罗世—白垩纪的超基性岩侵入岩和火山岩带的新伊德亚蛇纹岩中。该岩体的延伸方向与围岩走向一致，均为北西向；岩体的平面形状为椭圆形，长约 19 km，宽约 6.4 km，与围岩的接触关系为构造接触（见图 15-7）。

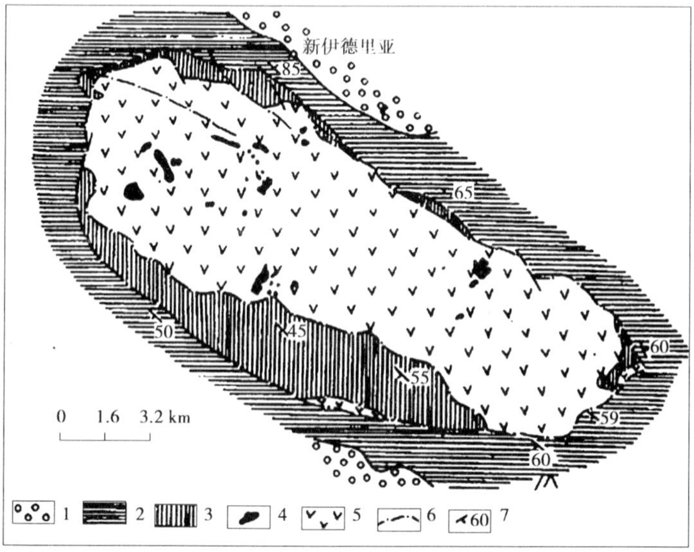

1—未划分的早、晚第三纪沉积；2—晚白垩世海相沉积；3—弗兰西斯科组（侏罗纪－白垩纪）；
4—蛇纹岩中的变质岩"构造包体"；5—蛇纹岩；6—断裂；7—岩层的产状要素

图 15-7 美国加利福尼亚克列尔克里克翡翠矿区地质结构示意图

弗兰西斯科组的沉积岩和火山岩的大量捕虏体很特殊。这些捕虏体长达几十米，间或达几百米。一些小包体受到了强烈的交代改造，其中有些变为致密的异剥钙榴岩状岩石（由粒状钙铝榴石、透辉石、透闪石和符山石集合体组成，并混有钠长石和钠沸石）；另一些小包体，特别是那些位于规则排列的巨大捕虏体附近的包体，受到了强烈的翡翠化，甚至本身就是真正的翡翠岩。

有些片岩附近产有翡翠岩体。这种片岩的构造包体具有残余的原生层理，由极细粒的钠长石和针状碱性角闪石（铝铁闪石，有时为蓝闪石和霓石）集合体组成，还出现少量的黑硬绿泥石、榍石和锆石。有些地方，特别是包体边缘部分，钠长石－铝铁石角闪石片岩逐渐过渡为钠长石－翡翠片岩，后者富含透辉石－翡翠质的绿色纤维辉石。钠长石－翡翠片岩被翡翠脉（长达 15 m，厚 0.2 ~ 0.3 m 或更厚）垂直层理切穿，翡翠脉由纯白色翡翠颗粒(含翡翠组分 99%)组成。局部地段的翡翠被钠长石和沸石(钠沸石和杆沸石)交代。

蛇纹岩中的翡翠岩透镜体很集中,在一些比较短的带内就有六至几十个透镜体。最大的翡翠岩体见于克列尔克里克河区,这里的某些单矿物翡翠岩体,长达 60 m,厚 0.5 ~ 1.5 m。

翡翠岩体与蛇纹岩的接触关系十分明显,有时被一条极细粒致密状或板状岩带(厚 0.5 m 或更厚)所隔开。根据 H. S. 约德等(1951)的资料,这种浅绿 - 棕色岩石由钙铝榴石、硬柱石、绿纤石和绿色角闪石组成。R. 科尔曼(1961)的研究结果表明,这种岩石的主要成分为水绿榴石,并含少量杆沸石、针钠钙石和霓石。由此看来,这条异乎寻常的岩带是由叠加在已经形成的翡翠岩体之上的钙 - 硅交代作用产生的。

翡翠岩体的中心部分,往往由角砾状极细粒绿色翡翠组成,但中间穿插着粗粒白色翡翠细脉。与缅甸的翡翠岩不同,岩体中却是钠长石。在绿色翡翠中,浅绿和暗绿色波状弯曲的薄层(宽几毫米至 2.5 cm)交替出现,很像片岩的原生条带构造。绿色翡翠含细粒钠沸石和硬硅钙石。其中,翡翠组分占 75%,霓石 15%,透辉石约 7%,钙铁辉石 3%。胶结绿色翡翠碎屑的白色翡翠,在光性上和化学成分上与缅甸的纯翡翠相似,含翡翠组分 97%,而锥辉石(霓石)组分的含量不超过 2.5%。克列尔克里克矿床翡翠岩石的质量,总的来说是不高的,这是因为优质玉雕用翡翠的出成率低,又缺少祖母绿色饰用翡翠。R. 科尔曼认为,翡翠岩体是由于蛇纹岩中的角斑岩凝灰岩的构造包体被交代置换而形成的。

该处也有一些冲积砂矿,其形成与切穿含翡翠蛇纹岩体河流的巨砾河床沉积有关,峡谷中翡翠岩漂粒直径可达 1.5 m。

四、利奇湖矿床

利奇湖矿床位于门多西诺县,在形成的地质条件和透辉石 - 翡翠、软玉存在异乎寻常的共生关系,与其他翡翠矿床不同。

在矿区内发育有弱变质的杂砂岩、粉砂岩和硅质板岩、层状灰绿岩体、玄武岩岩颈和岩被,以及与围岩整合产出的蛇纹岩化橄榄岩体。

蛇纹岩体与围岩的接触关系普遍为构造接触。在蛇纹岩附近,厚 4 ~ 5 m 的一条狭窄外接触带的沉积岩和喷发岩受到了蓝闪石变质作用。

由于双交代作用和钙 - 硅淋滤交代作用,在蛇纹石与硬砂岩的接触带上形成了浅绿色细粒岩石(厚 0.5 或更厚),由山毡状阳起石(软玉)和透辉石 - 翡翠质辉石残余地段组成。这种岩石逐渐被异剥钙榴岩状的水绿榴石和符山石集合体(其中含少量真钠钙石、杆沸石和纤维蛇纹石)代替。在这个交代带附近的蛇纹岩中,发育一个由透辉石 - 翡翠质辉石、水绿榴石和符山石组成的交错细脉网。

在蛇纹岩中到处可见异剥钙榴岩细脉。异剥钙榴岩是一种块状白色岩石,由水绿榴石、符山石、葡萄石和滑石组成。除上述矿物外,有时还有交代了钠长石碎粒的纤维状透辉石 - 翡翠质辉石。

五、翡翠的成因

尽管硬玉主要产于榴辉岩、角闪岩、蓝闪石片岩等变质岩中，属变质矿物，但几乎全世界的翡翠矿体都产于超基性岩的交代岩中或岩体与变质岩接触带（缅甸），集中在超基性岩体顶部和巨大围岩捕虏体（苏联），并常与钠长岩、角闪岩等共生，附近常有酸性岩浆活动。

关于蛇纹石中翡翠成因有三种说法，即岩浆说、变质说和热液交代说。

（1）对于岩浆成因，M. 拉克鲁瓦（1930）等认为：在高压条件下，酸性熔融体（残余花岗岩浆）侵入到超基性岩中与之作用失去了二氧化硅，富集了镁、钙、铁和铬，从而形成了具有接触反应边缘（角闪石、绿泥石）的带状翡翠钠长石岩。E. 格别林（1965）认为：翡翠矿床中的脱硅反应作用并未结束，因而翡翠只是形成岩体的花岗岩浆脱硅的中间反应产物，按照这种花岗岩浆侵入脱硅理论，残余花岗岩浆与围岩超基性岩在其接触面发生反应，形成接触式反应边缘，而脱硅的花岗岩浆有可能形成翡翠。

张位及（2002）继承了翡翠的熔体成因，通过野外地质和室内显微镜下观察认为缅北地区首先是超基性岩的入侵，其次是翡翠（硬玉）熔浆的入侵，最后是钠长岩浆的入侵，并指出纯橄榄岩—硬玉岩（翡翠）—钠长岩的演化过程符合鲍温反应系列。

通过对翡翠两相、多相流体包裹体激光拉曼测试，发现流体包裹体的组成为 H_2O 和 CH_4 及子矿物硬玉，又对围岩进行常量元素、微量元素和稀土配分的研究，崔文元（2000）等得出硬玉是由含 H_2O 和 CH_4、富 Na 贫 Si 的硅酸岩熔融体结晶而成，这种熔融体可能来自于上地幔。袁奎荣（2001）在讨论翡翠结构与成因关系时引用了一种岩浆堆积结构（1997），指出了硬玉可能直接由岩浆结晶，但是没有进一步讨论。

（2）W. P. 罗弗（1955）对翡翠是在花岗岩岩浆脱硅形成的说法持有异议，他认为蛇纹石中的翡翠矿体与蓝闪石片岩相中的翡翠矿体一样，都是在区域变质时原生钠长石分解为翡翠和石英而形成的。其形成压力为 300～500 MPa（他推测的蓝闪石片岩相的压力值）。欧阳秋眉认为：翡翠的原岩是蛇绿混杂岩中的浅色组分（斜长岩、花岗岩和角斑岩等），在高温高压条件下经过去钙长石化或钠长石化作用后形成钠长石岩，之后钠长石分解成为翡翠。两种观点均认为翡翠是由钠长石分解成硬玉和石英形成的，而大量室内外研究表明，石英在缅甸硬玉矿物中并不存在，况且硬玉的体积小于等化学成分的其他矿物体积，矿体体积减小必然会产生各种空隙，而从现实中的翡翠的结构及矿床特征上很难发现空隙的存在或各种后期充填或压实。

（3）A. C. 柯尔任斯基（1953）曾提出镁质矽卡岩、刚玉斜长石岩和含祖母绿云母岩的热液交代成因说，他认为蛇纹岩中的翡翠和软玉矿体也属于这种类型的双交代成因产物。按照他的说法，翡翠（带状钠长石翡翠岩体，具有阳起石和金云母－绿泥石边）是由于花岗类岩石与超基性岩产生双交代作用形成的，因而产生在花岗岩类岩脉和超基性的接触带上。

A. C. 柯尔任斯基认为，能使超基性岩中铝硅酸盐岩石发生翡翠化的钠质溶液，可能"与产生超基性岩的岩浆作用以及较年轻的花岗岩岩类岩石有成因关系"。

B. H. 莫斯卡列娃（1960）支持 A. C. 柯尔任斯基的观点，并将滨巴卡什北部的伊特穆隆达翡翠矿床的成因与花岗岩类岩浆期后溶液联系起来。她认为翡翠矿床是在温度不高、压力中等的条件下形成的。B. Φ. 莫尔科夫基娜(1960)推测,翡翠可以直接从高温高压下作用于超基性岩的溶液中形成。她认为,在乌拉尔翡翠岩体周围有透辉石-顽辉石反应带的存在即可证明这一点。H. N. 多波列佐夫(1964)详细地分析了俄罗斯和哈萨克斯坦翡翠矿床形成的地质条件之后,得出结论,超基性岩中的翡翠矿床是交代成因的。按照他们的观点,这些翡翠矿体是花岗岩类岩脉和淡色辉长岩类岩脉在 1.2 ~2.5 GPa,在钠的化学势高的热水溶液作用下发生蜕变而产生,如发生进一步退化变质和低温交代作用,则翡翠被透辉石-翡翠和钠长石交代,而岩体的外接触带辉石边则被阳起石和绿泥石交代。

第十六章 软玉矿床

我国是世界上开采和应用软玉最早的国家，新石器时代就已饰用，如浙江河姆渡出土的玉器就是7 000年前新石器时期的产物。湖北屈家岭出土的青玉质玉鱼也有5 000年历史。汉代使用白玉兴盛。到明、清时代，各种软玉制品琳琅满目，玉雕技术日益高超，形成我国完整而独特的艺术风格，誉满全球，如："会昌九龙图"玉山重500余kg，"大禹治水"玉山重5 035 kg。现在，中国老艺人（特别是北京玉雕厂和上海玉雕厂的老艺人）在历代艺术风格的基础上，又研究出许多新的造型艺术，其玉雕艺术精湛绝美，名扬中外，被称为"东方之瑰宝"。

第一节 软玉的特性

软玉的化学成分介于透闪石和镁阳起石两个端员矿物之间，软玉的分子式为$Ca_2(Mg,Fe)_5(Si_4O_{11})_2(OH)_2$，除主要元素Ca、Mg、Fe、Si、O外，还有一些杂质元素，如B、Al、Mn、K、Na等，有时含Ti。世界软玉化学成分见表16-1。

表16-1 世界软玉化学成分一览表 （%）

成分	0 透闪石理论值	1 中国新疆	2 苏联	3 美国阿拉斯加	4 新西兰	5 巴西	6 澳大利亚	7 波兰	8 美国怀俄明州
SiO_2	59.169	57.31	57.00	58.11	55.00	59.79	56.00	57.58	54.10
TiO_2	—	—	—	—	0.04	0.23	—	0.10	0.10
Al_2O_3	—	0.56	1.42	0.24	0.90	0.88	0.78	1.35	3.30
MnO	—	—	—	衡量	0.19	0.10	—	0.15	0.20
CaO	13.805	13.30	13.19	12.01	11.80	12.52	12.40	0.10	10.30
MgO	24.808	22.69	21.39	21.79	21.31	21.31	20.30	20.65	20.30
FeO	—	0.73	1.89	0.38	3.80	0.96	(7.91)	4.02	(12.30)
Fe_2O_3	—	0.11	1.76	5.44	1.60	0.33	—	0.15	—
Na_2O	—	0.42	0.75	—	0.20	0.35	0.07	0.12	
K_2O	—	0.12	0.27	—	0.20	0.06	0.16	衡量	0.20
H_2O^+	2.218	3.56	2.72	—	3.16	2.10	—	2.61	—
H_2O	—	0.18	—	1.78	1.66	0.32	1.89	—	—
CO_2	—	0.19	—	—	—	—	—	—	—
总计	100.00	99.17	100.39	99.75	99.86	101.95	99.60	99.83	100.80

注：1. 据唐延龄，1980；2～8. 据Leaming，1978。

软玉属透闪石 - 阳起石系列，有时含透辉石、滑石、蛇纹石、黝帘石、钙铝榴石、铬尖晶石等。软玉为块状，河床为卵石状及纤维束状交织构造。软玉的颜色有白色（最好的羊脂白玉）、灰绿、灰白、绿至暗绿、米黄、淡黄、黄绿、褐、淡紫、黑色等，软玉的颜色取决于铁对镁的代替量，贫铁透闪石为白色、灰绿或绿色，而富铁变种（阳起石）为暗绿色、灰绿至黑色。H 为 6.5 ~ 6，D 为 2.9 ~ 3.0（通常 2.95），二轴晶负光性，N_g 为 1.622 ~ 1.640，N_m 为 1.612 ~ 1.630，N_p 为 1.599 ~ 1.619，$N_g - N_p$ 为 0.021 ~ 0.023。半透明 - 不透明，玻璃至油脂光泽。

软玉属单斜晶系，无荧光和磷光。某些软玉在 689 nm 有双重吸收光谱线，在 498 nm 和 460 nm 有两条模糊不清的吸收光谱带，在 509 nm 有一条灵敏的吸收光谱线。

第二节　软玉矿床

世界上主要软玉矿床分布于中国、俄罗斯、加拿大、澳大利亚、美国、韩国、新西兰等。因为不同产地软玉的成因与成矿条件不同，故其宝石矿物学特征上有一定的差异。对软玉矿床的类型划分有不同认识。根据成矿热液的主要来源把软玉矿床分为岩浆热液型和变质热液型。岩浆热液型按侵入岩的类型可分为三大类：中酸性岩型、基性岩型、超基性岩型。变质热液型根据母岩的类型细分为碳酸岩型和蛇纹岩型。属于岩浆热液型的软玉矿床的围岩除新疆玛纳斯碧玉为火山岩或火山碎屑岩外，均以镁质碳酸盐岩为主。变质热液型软玉矿床的母岩除台湾花莲玉为蛇纹岩外，均为碳酸盐岩。

新疆和田玉是世界上最早发现的软玉，特别是高档的羊脂玉就主要产在和田。此外，和田的青玉、黄玉和黑玉储量也十分丰富。朝鲜色软玉是优质玉（称为毛利玉），主要产在新西兰岛奥塔戈、西部和坎特里伯区。但大部分新西兰玉呈暗绿色，这种玉主要产在冲积矿床卵石中。俄罗斯贝加尔湖软玉呈菠菜绿色，并与含石墨（呈黑色或黑色斑点）的品种共生，优质者似翡翠（主要产在西伯利亚）。

软玉矿床分类见表 16-2。

表 16-2　软玉矿床分类

	热液来源	亚类		母岩（围岩）	产地
软玉矿床类型	岩浆热液	侵入体类型	中酸性	镁质碳酸盐岩	和田、溧阳、格尔木、春川等
					青岛三岔口
			基性		四川石棉
			超基性	火山岩、火山碎屑岩	新疆玛纳斯
	变质热液类型	母岩类型	碳酸盐岩型	碳酸盐岩	岫岩、栾川、龙溪、南平
			蛇纹岩型	蛇纹岩	台湾花莲

一、产在花岗岩、花岗闪长岩与大理岩接触带中的软玉矿床

这种软玉往往产在偏大理岩(主要是镁质大理岩)一边,受次一级裂隙控制。这种玉矿应属层控镁质矽卡岩型玉矿,中国新疆和田玉、俄罗斯季姆山软玉、加拿大软玉等,均属于此类型。

(一)中国新疆软玉矿床

新疆软玉矿床地质特征见表16-3。由于和田玉最具代表性,所以对其详述如下。

表16-3 新疆软玉矿床地质特征表

矿床名称	成因类型	矿床特征	软玉特征	价值
莎车－塔什库尔干矿床	花岗闪长岩与白云质碳酸盐接触交代矿床	产于前寒武系蛇纹石化透闪石化大理岩中,呈透镜体及脉状体	以青玉为主,质地细腻	有工艺价值,是青玉的主要来源
和田－于田矿床	海西期闪长岩与前寒武系结晶灰岩接触交代矿床	矿体范围大,呈囊状,透镜体,质量较好。产于大理岩中	以白玉、青玉为主,质地细腻	有工艺价值,是白玉、青玉的主要来源
且末矿床	片麻状花岗岩与大理岩接触交代矿床	矿体产于接触带上,呈不规则团块状	以青玉为主,质地细腻	有工艺价值,是青玉的主要来源
河卵石次生矿床	残余,冲积卵石和砾石型外生矿床	仔玉同河卵石共生,也有残坡积和冰川堆积软玉	以青玉为主,也有少量的白玉	有工艺价值,是软玉的主要来源

新疆和田玉,主要产于塔什库尔干—莎车—和田—于田—且末县绵延1 500 km的以和田为中心的昆仑山脉北坡,地处海拔3 500 ~ 5 000 m高的山岩中,以和田为中心的狭长地带。主要分布有铁克里克塔格古陆缘地块和田玉矿区、公格尔－柳什塔格中间地块和田玉矿区及阿尔金古陵缘地块和田玉矿区,下面以位于公格尔－柳什塔格中间地块的皮山县379矿为例进行说明。

公格尔－柳什塔格中间地块位于西昆仑山的高山轴部,包括桑株塔格、卡兰古塔格及柳什塔格的一部分。赛图拉地段位于皮山县桑株塔格之南,赛图拉到康西瓦之间的喀拉喀什河北岸,包括赛图拉玉矿、康西瓦玉矿及其附近的矿点、矿化点。附近有新疆—西藏的公路线通过,距皮山县城约500 km,交通较方便。矿区海拔4 200 m左右,空气稀薄,气候较寒冷。铁日克地段位于皮山县桑株塔格南坡喀拉喀什河两岸,包括铁日克玉矿、卡拉大坂玉矿及附近的矿化点。距最近的公路线50 km。闭塞于深山,供应线长且交通很困难,矿区海拔3 500余m。其中,位于皮山县境内379和田玉矿床矿石以青白玉为主,颜

色为青白色，占矿石总量的95%，白玉约占5%。而皮山县境内的392和田玉矿床矿石则以白玉为主，占99%，青白玉和青玉较少，占1%左右。

379和田玉矿床位于皮山县境内新藏公路379里程点北约800 m，矿区及其附近主要为长城系桑株塔格群，岩性主要为白云石大理岩与黑云母斜长变粒岩互层，夹少量的斜长片岩、石英闪长岩等，其中白云石大理岩与和田玉关系密切，地表多风化成褐黄色的正地形，走向一般为北西西—南东东向，向北倾斜，倾角小于65°，局部受构造影响，产状变化较大。白云石大理岩以中－厚层状者居多，白云石颗粒粗大，重结晶程度良好，晶体呈"马牙状"，在岩石中占90%以上，蛇纹石化和透闪石化较普遍。和田玉就产在该岩石与石英闪长岩的接触带上。

矿化带长约300 m，宽15～30 m，近于东西向延伸较稳定，局部被第四系覆盖。蚀变带从外到内分带良好，见图16-1。在矿化带内，主矿体矿脉有1～2条，断续延伸。矿体位于石英闪长岩脉与白云石大理岩的接触带上，紧靠白云石大理岩一侧或者稍远。矿体矿石以青白玉为主，昆仑玉偶然可见。矿体受后期构造破坏较强烈，在断层上下盘均可见矿。矿区蚀变范围远比矿北带大，靠近矿体，软玉化，透闪石化发育，局部见透辉石化，靠近岩体，则矽卡岩化强烈；远离岩体，蛇纹石、橄榄石化普遍。

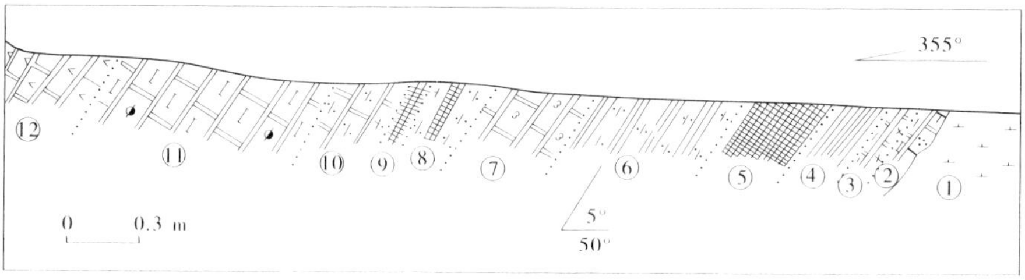

①—蚀变闪长岩；②—透辉透闪石矽卡岩；③—黝帘石化透闪透辉矽卡岩；④—青白玉；
⑤—青玉；⑥—软玉化透闪石岩；⑦—弱蛇纹化大理岩；⑧—软玉化透闪石岩；
⑨—青玉及软玉带；⑩—透闪透辉岩(矽卡岩)；⑪—黝帘石透辉大理岩；⑫—含橄榄石大理岩

图16-1　379和田玉矿北带蚀变分带

矿石以青白玉为主，颜色为青白色，占矿石总量的95%，白玉约占5%。379和田玉的高含量组分是硅、镁、钙的氧化物，次要组分含量低，尤以低铁为特征。微量元素：较普遍的是Bb、Be、Cu，其次是Sn、Pb、Zn，个别亚种中含Cr、Ni。

显微镜下观察主要矿物成分为纤维状透闪石，纤维状变晶结构，致密块状，少部分透闪石为细鳞状与纤维状，晶体呈毛毡状集合体分布。

矿石构造主要是块状构造和片状构造两种，常见为块状构造，片理化是由于玉石后期构造应力作用使其中的透闪石沿一定的方向排列所致，沿片理化方向的裂纹较常见，这种玉石一般不能利用。

青白玉呈致密块状，微透明－半透明，水头较好，硬度大于小刀，块度中等，有裂纹，质地均一性稍差。总之，质量尚可。

玉石矿体赋存在海西晚期花岗岩与镁质大理岩相接触的镁质大理岩一侧，呈北东—南西向延伸。矿脉附近有花岗岩，花岗闪长岩裸露，矿体宽0.1～0.5 m，长10～15 m，延

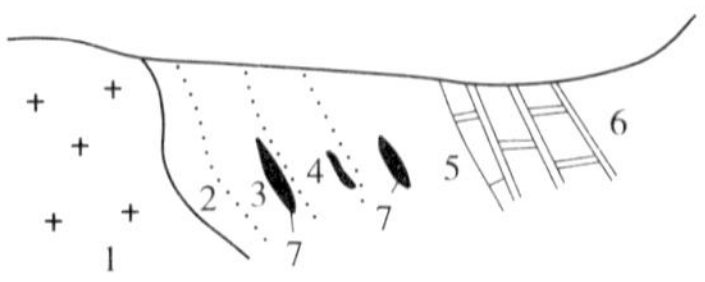

1—花岗闪长岩；2—镁铁闪石尖晶石带；3—透辉石大理岩角岩带；
4—金云母大理岩带；5—镁橄榄石带；
6—白云大理岩；7—玉石矿

图 16-2　和田玉矿带剖面图

（据新疆地矿局研究所）

长方向呈透镜体状或团块状，连续或不连续，极少受节理影响，也见呈巢状者。矿脉紧靠闪长岩脉或正长细晶岩脉分布，见正长细晶岩脉切穿闪长岩脉或矿脉现象，见图 16-2。

和田玉是岩浆期后阶段富硅的热水溶液交代白云石大理岩的产物，其中 Si^{4+}、Na^{+} 等离子属溶液带入组分，Ca^{2+} 属围岩——白云石大理岩的带出组分。当岩浆期后溶液与白云石大理岩发生交换作用时，由于白云石大理岩中 Ca^{2+} 始终属带出组分，向内带迁移，所以岩脉一侧常伴有帘石化现象，而 Mg^{2+} 则始终属于溶液带入组分，向外带迁移，造成了蚀变带的不对称性。这说明和田玉的形成，是岩浆期后溶液与白云石大理岩的双交代作用方式形成的。

据蒋仁华研究，随青玉—青白玉—白玉变化，FeO 含量逐渐降低，而 Fe_2O_3 却逐渐增高，与未蚀变的白云石大理岩（围岩）比较，和田玉形成时氧分压不高，处于一种氧化程度较低但逐渐增高的弱还原环境（西昆仑山某地所产墨玉，其中较多的是石墨，即是还原环境的佐证）。

Fe^{3+} 对于和田玉与白云石大理岩而言，基本上不存在带出和带入，这就是说，溶液组分中的 Fe^{3+} 不向围岩迁移，结果在内带形成含 Fe^{3+} 的绿帘石的堆积，造成帘石化的花岗闪长岩、正长细晶岩，因为蚀变过程处于一种弱还原环境，Fe^{3+} 为活性状态，逐渐向镁质大理岩迁移，从而造成了从下到上或从内到外带 Fe^{2+} 由少变多，相应地，由青玉变为青白玉再变为白玉的纵向和侧向过渡现象，这种现象显示了和田玉形成时还原环境逐渐减弱，氧化环境逐渐增高的过程，并解释了矿体中往往呈单一玉种出现的现象。

下列事实表明，和田玉形成于低温低压环境：

（1）与成矿有关的正长细晶岩中微斜长石的三斜有序度（ST）分别为 0.7、1.0，说明细晶岩形成温度较低。

（2）和田玉化学式表明，Al^{4+} 和 Al^{6+} 的含量均在 0.2 以下，TiO_2 含量也很低，甚至为 0，汤普逊（1947）以及国内外学者对钙质角闪岩石越来越深入的研究表明，高温有利于 Al 形成四次配位，低温则有利 Al 形成六次配位。鉴于青玉中的 Al 主要以 Al^{4+} 的形式出现，青白玉中两者兼有，白玉中 Al 都是以 Al^{6+} 出现，所以相对而言，青玉的形成温度要略高于青白玉，青白玉要略高于白玉。虽然都形成于低温阶段，但白云石大理岩与岩体接触处温度较高，越远离，温度则越低，因此造成了和田玉的垂向分带及纵向和侧向过渡现象。钙质角闪石中 TiO_2 的含量主要受温度影响，温度越高，含量也越高，和田玉中 TiO_2 低，正好与低含量的 Al^{4+} 吻合，反映了和田玉形成在低温和低压环境中。

（3）邻区某矿点有青白玉与重晶共存现象，重晶石系热液成因低温下形成，沿裂隙或孔隙充填于白云石大理岩中，青白玉又填充于重晶石集合体的孔隙中，两者之中均有一些变残的白云石颗粒，这一共存现象不仅说明成玉过程中溶液成分及物理化学环境变化，而且也指示了和田玉的形成温度。

(4)和田玉处于绿片岩相低压带。

计算表明,形成100 cm的和田玉,需MgO约71.5 g,CaO约37.7 g,这说明形成和田玉的围岩必须是镁质大理岩,因为只有镁质大理岩才能源源不断地输出较多的镁,使得裂隙溶液中形成和田玉所必须的Ca^{2+}和Mg^{2+}始终处于饱和状态。可见,镁质大理岩的厚度和杂质等,对和田玉的形成规模甚至种类都起着至关重要的作用。

综上所述,和田玉严格地受前寒武系镁质大理岩的控制,它从一方面提供了形成和田玉所必须具备的CaO、MgO矿源物质,具明显的层控性质,海西期沿昆仑地槽褶皱带中纬向构造断裂带侵入的浅成相中-酸性岩浆岩是决定成矿的条件。它从另一方面提供了形成和田玉必须具备的矿源物质,显示了一定的成矿专属性,岩浆的就地结晶分异作用造成了成矿的多期性及复杂性,随着蚀变温度的降低、还原环境的减弱,造成了由近岩体至远离岩体的不同矿体分布,并随FeO的逐渐减少相应地形成从青玉到青白玉到白玉的垂向分带及纵向和侧向过渡现象,它赋存在逆断层的上盘即溶液上升方向的镁质大理岩一侧,其中半封闭的次一级张性裂隙为重要的控矿因素,它形成于岩浆期后阶段的早、晚两期,是富硅的热水溶液,在弱还原环境中,低温、低压下,以双交代作用的方式,渗透交代镁质大理岩的产物,属层控-镁质矽卡岩型矿床模式。

(二)俄罗斯软玉

中维季姆山浅色软玉产在亚碱性含Al高的钾钠质花岗岩与白云质大理岩接触带上。接触带具有明显的蚀变分带黑云母花岗岩、近矽卡岩的花岗正长岩、辉石-角闪石-斜黝帘石为矽卡岩、软玉-方解石-透辉石矽卡岩、白云质大理岩。

软玉中有F存在,说明形成矽卡岩的流体是超临界岩浆成因的热液,白云质大理岩遭受强度不大的镁橄榄石化,花岗岩属于侵入-深熔的亚碱性含铝很高的钾钠质花岗岩。大量花岗岩化造成热前锋的长期存在,保证交代反应过程完全,并在规模不大的捕虏体中出现软玉。

(三)韩国软玉

韩国软玉矿区位于韩国的中东部,江原道的春川市东面月谷里山沟中,但地理位置并不偏僻。韩国春川的软玉矿床是世界上较大的软玉成矿带,其总储量预测30万~40万t,其中只有1/4达到宝石级,每年开采量平均为150 t。

韩国春川的软玉矿床为世界上较大的闪石玉成矿带,该成矿带赋存于前寒武系白云质大理岩和角闪石片岩中,构造运动后期,由于春川中-酸性花岗岩侵入,产生了接触交代作用,形成此矿床。矿区的地质大约可分为变质岩类与火成岩类。变质岩类由黑云母片岩、钙质硅酸盐岩、花岗片麻岩与角闪岩组成,其中黑云母片岩的分布最宽广。黑云母片岩和钙质硅酸盐岩是起源于沉积的变质岩类,花岗片麻岩与角闪岩是起源于火成的变质岩类,即是贯入岩体。另外,火成岩类有中生代时期的春川花岗岩,其分布宽广,贯入了研究地区西侧面的变质沉积岩(见图16-3)。

春川软玉矿床位于京裴地块的中北部。软玉矿体多呈透镜状或脉状,倾角为40°~60°,EW走向展布,如图16-4所示。到1992年为止被发现的软玉矿脉和坑道基本上均沿白云岩质大理岩层面分布,但白云岩质大理岩的厚度不均匀,故软玉带通常以层

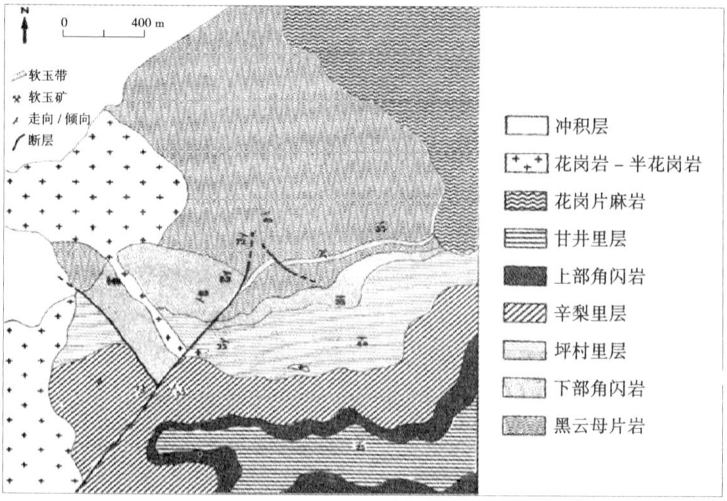

图 16-3 韩国春川软玉矿区地质图

状、不规则脉状、透镜状或镁铁质岩脉夹杂的形态来产出。软玉带和白云质大理岩集合体(N + D)沿镁铁质岩脉或者在镁铁质岩体内分布，白云质大理岩带和镁铁质岩脉的存在与成玉之间存在密切的关系。

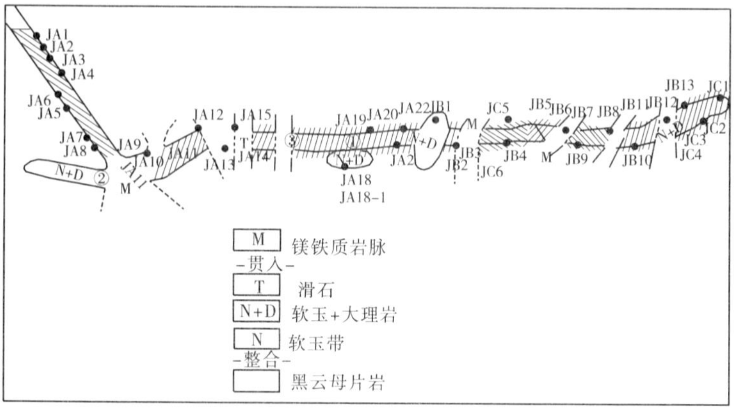

图 16-4 春川软玉矿床图

软玉沿属于龙头里片麻岩复合体的黑云母片岩层顶部上夹杂的 3 ~ 6 m 厚的薄层白云质大理岩或碳酸 - 硅酸盐岩赋存。研究样品所具有的矿化分带特征，显示此变质的碳酸盐岩层(大理岩 + 碳酸 - 硅酸盐岩 + 软玉)的特征。此变质的碳酸盐岩层，由于西侧的断层以及东侧的花岗片麻岩的贯入，无法进行进一步发育。因此，软玉仅在从西侧大约 800 m 的范围以内断断续续地生成，到了东端的花岗片麻岩，层厚度渐渐变薄，其分布则成为不包括软玉的碳酸 - 硅酸盐岩的形态。软玉带一般呈现偏重于碳酸盐岩层顶部的分布倾向。

软玉带宽度一般为 30 ~ 70 cm，同时可见 10 ~ 20 cm 的软玉带呈集合体分布形态。如图 16-4 所示，软玉带和周边岩石之间存在密切的连接接触关系，呈现以软玉带为中心形成的分区现象，即明显的矿化分带特征。自下而上，软玉和周边岩按照单色片麻岩带—白云质大理岩带—碳酸－硅酸盐带—软玉带—绿泥石带—角闪石片岩带—黑云母片岩带的顺序赋存。

矿物组成：软玉以透闪石为主，部分含有透辉石、蛇纹石和斜绿泥石，还有少量的方解石、白云石、磷灰石、铁质氧化物等。韩国春川软玉的特征在于透闪石的含量较高，大致占98%。杂质矿物含量与透闪石含量呈负相关，约占2%，且其种属相对少。透闪石的集合体具有毛毡状结构、纤维状结构、叶片状结构、束状结构、放射状结构、变斑状结构等变晶结构以及一系列复合结构。此外，还有交代假象结构、次生充填结构、碎裂结构。

成矿作用及成因：从韩国软玉的玉石成矿地质条件来看，其地质背景、成矿条件、玉石特征都与新疆和田玉比较接近。新疆和田玉矿床是典型的接触交代型矿床，为华力西期中－酸性侵入岩——花岗岩或花岗闪长岩接触白云质大理岩，前者提供富硅的热水溶液，后者提供镁和钙，以双交代形式形成和田软玉，是一种非常典型的软玉矿床，因此初步推断韩国软玉与新疆和田玉矿床成因类型相似，为中－酸性侵入岩与镁质碳酸盐接触交代型变质矿床，即是富镁的白云质大理岩经受起因于岩浆热液作用的多次交代与蚀变作用而形成的软玉矿床。

形成软玉矿床的矿化作用可分为三个成玉阶段，即白云岩沉积阶段、白云岩的区域变质阶段、白云质大理岩的热液交代变质阶段。

白云岩的区域变质阶段为白云岩变成白云质大理岩的矿化阶段。白云岩经受区域变质作用中，在一定的温度和压力条件下，主要发生重结晶和变质结晶，而原岩的矿物成分重新改造为新的矿物组成，白云石结晶变成了白云质大理岩。根据本次研究结果，在此阶段中形成的主要矿物组成为白云石、方解石和后期形成的斜绿泥石。

白云质大理岩的热液交代变质阶段中发生交代与变质作用，便形成了软玉矿床。对于成玉条件来说，Ca^{2+}和Mg^{2+}显然来自白云石。此外，中酸性花岗岩（热液来源）的岩浆活动提供富含硅质的热水溶液。当白云质大理岩接触富硅的岩浆热液时，由于白云质大理岩的化学性质活泼，就进行了交代变质作用而形成软玉矿床。此阶段细分为下列三个阶段，软玉带是在热液作用条件下通过三个阶段的多次交代变质作用而形成的。

第一阶段为形成粗粒质碳酸－硅酸盐带的阶段，又称为白云质大理岩的粗粒质透闪石化阶段。在此阶段中形成的矿物为粗粒透闪石、透辉石、蛇纹石，附带后期的方解石，其中主要矿物是在较高温度下形成的矿物，即为透辉石。这可以说明在第一阶段中形成的矿物主要归于Si的激活程度较高的高温硅质热水溶液作用。

在此阶段中发生的交代变质作用有两种途径：一种是白云质大理岩在接触热液中受到交代蚀变，随着温度的升高，便会发生“脱碳反应”而形成粗粒的透闪石或蛇纹石等新的矿物。另一种是在来自中酸性花岗岩的SiO_2与白云质大理岩的接触变质作用条件下，早期形成透辉石矽卡岩，晚期随着温度和压力的降低而形成透闪石或蛇纹石的“退化变质作用”。此外，在透辉石向透闪石转变以后，可能会再次发生透闪石蚀变到蛇纹石的交代变质作用。

第二阶段中发生的纤闪石化作用在此矿化阶段中反复进行。从矿化分带结果可以看出，经过结晶出隐晶质透闪石的第三矿化阶段以后才形成完整的软玉带。软玉带主要由隐晶和细晶质透闪石组成，还有少量的透辉石、晚期方解石、斜绿泥石和次生铁质氧化物。

第三阶段为成玉阶段，即白云质大理岩的隐晶质透闪石化阶段。隐晶质透闪石对残留的透辉石或者粗晶或细晶质透闪石再次进行交代变质作用而生成。

依据上述的研究结果得出，韩国春川软玉具有的矿化分带按白云质大理岩带—粗粒碳酸－硅酸盐带—细粒碳酸－硅酸盐带（局部呈现软玉带）—软玉带的顺序形成。

二、产在超基性交待岩中的软玉矿床

（一）产在超基性岩中与其他岩石接触带的软玉矿床

产在超基性岩中与其他岩石接触带的软玉矿床是指产于接触带附近的透闪石蛇纹岩中，或超基性岩与围岩接触带的玄武岩捕虏体裂隙中，或超基性岩与绿泥石透闪石基性火山碎屑岩的接触带中矿床，对于这种类型矿床的成因，一种观点认为，是接触交代热液矿床，即软玉是超基性岩浆同化吸收玄武岩及其他中基性岩中的 SiO_2、CaO、Al_2O_3 而形成的，也即由岩浆期后自变质作用形成的，其开始时间早于蛇纹石化，结束时间晚于蛇纹石化。还有一种观点认为，软玉是动力变质热液交代的产物，即在区域变质作用中，矿物质在特定条件下受均一外力作用，透闪石交代蛇纹石和透辉石而形成的，加拿大软玉矿床就是一个比较典型的例子。

加拿大软玉矿床主要产于科迪勒拉山脉，最著名的软玉产在不列颠哥伦比亚境内，沿着中部的大断裂和蛇纹岩带展布，软玉矿体呈脉状、透镜状产于安山岩和蛇纹岩接触带内的叶片状透闪石绿泥石岩带中，或赋存于蛇纹岩内断层剪切带透闪石岩体中，几乎都与晚古生代蛇纹岩相伴生。

另外，新西兰的一个软玉矿，产在蛇纹岩与围岩的接触带中。

（二）产在剪裂蛇纹岩或块状蛇纹岩中的软玉矿床

典型实例是美国加利福尼亚州软玉矿床，该矿床发现于 1950 年，位于加利福尼亚州 Marin 县南西约 8 km 处山东面，软玉呈淡橄榄绿、淡蓝绿及暗蓝绿色，Massa 山主要由片岩、蛇纹岩和旧金山组沉积岩组成，山顶出露钠长石、硬玉、白云母片岩，这种片岩比靠近蛇纹岩接触带的片岩富石英，当有软玉存在时，接触带的片岩呈现出压扁构造，其中含有轻微变质的玉髓透镜体。Massa 山的大部分由蛇纹岩组成，它成南东方向组成数千米长的狭窄带，多被强烈剪切和碎裂，显示出明显的节理，具鳞片状构造，并具许多擦痕面，偶尔可见纤维蛇纹石呈网脉状分布。蛇纹岩中有时可见辉绿岩侵入期间，见图 16-5。

Massa 山的软玉有三种不同的产状：第一种是在剪裂蛇纹岩中呈厚而短的透镜体；第二种是在剪裂蛇纹岩和块状蛇纹岩中呈被扭曲扁豆体状和脉状；第三种是在块状蛇纹岩和剪裂蛇纹岩中呈脉状产出。

第一种产状的软玉，以厚而短的透镜体产出，透镜状矿体的长厚比接近 2∶1，透镜体为复合构造，核部由深绿色软玉组成，边缘是淡蓝色软玉。核部较边部更透明些，而且边部厚度是变化的，透镜体周围的蛇纹岩强剪裂化，呈浅绿褐色，围绕透镜体形成磷壳。少量蛇纹石与白色纤维状透闪石成为软玉的包裹体，尽管每一个透镜体的核部和边缘颜色显著不同，而且各处包裹无疑有别，但软玉的颜色却没有明显的变化，在显微镜下，可以见到颜色的差异。而软玉的细纤维质性质从透镜体核部至边部都是一致的。

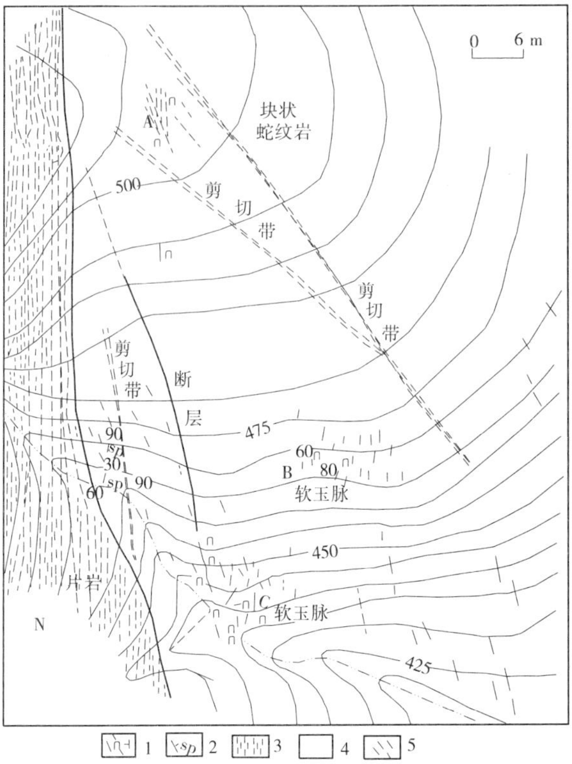

1—软玉;2—纤维状蛇纹岩;3—片岩;4—蛇纹岩;5—节理

图 16-5 加利福尼亚州 Marin 县 Massa 山软玉矿床地质图

第二种产状的软玉,其产出情况特别有意义,软玉脉交切坚硬的深绿色蛇纹岩,并在剪裂蛇纹岩中呈不规则状,且剧烈扭曲,细矿脉的宽度很少超过 2.5 cm,但可追索几米远,剧烈扭曲的扁豆体厚 2 ~15 cm。软玉颜色皆为浅蓝绿 - 浅蓝绿色。和 A 矿区一样,软玉矿脉具分带现象,脉中部颜色较边缘暗,尽管带与带之间边界明显,但在显微镜下都是渐变过渡的,这种明显的颜色分带原因不明,核部较边部更透明的现象可能是由纤维的结晶和定向程度引起的。

第三种产状的软玉(C)矿区呈脉状填充在蛇纹岩的剪切带中,脉宽 0.1 ~2.5 cm,脉中的软玉呈淡橄榄蓝绿色,结构上颇似致密的纤维状蛇纹石。在块状蛇纹岩脉壁上分布一薄层不规则的白色纤维状透闪石,相继有 3 条长纤维淡橄榄绿色软玉,它们被薄而连续的深绿色蛇纹岩所隔开,在所有的脉体中,软玉和透闪石交织在一起,与蛇纹岩脉壁呈 70°夹角。

剪裂蛇纹岩中的软玉似乎比块状蛇纹岩中的软玉含纤维透闪石要多得多,发生剪切作用后,透闪石呈丝绢光泽,白色,一般情况下呈淡绿绸缎色。

在 C 矿区强剪裂带,软玉形成断连脉状,至少可追溯 10 cm,宽 2.5 ~15 cm,多处好像夹有大量剪裂蛇纹岩,软玉的颜色可由淡绿色至浅橄榄绿色,为粗 - 细纤维状。切过含阳起石、滑石和纤维蛇纹石的细脉,紧邻剪切带有几条弯曲成颇似牵引褶皱的雁行状软玉脉。

所有软玉和纤维状透闪石脉都在蛇纹岩剪切带或附近。不仅这类主剪切带之外没有出现软玉,而且与剪切带相接触的片岩中也没有发现软玉。

块状蛇纹岩和剪裂蛇纹岩中呈透镜体扁豆状和脉状产出的软玉,可能的形成过程如下:

(1)由橄榄岩和其他超基性岩形成蛇纹岩;

(2)蛇纹岩碎裂化,阳起石、滑石、纤维蛇纹石脉充填其中;

(3)蛇纹岩被脉体进一步剪切碎裂;

(4)软玉和纤维状透闪石以脉状和透镜体状沉淀在块状和剪裂蛇纹岩中;

(5)软玉的后期剪切与变形作用。

在B矿区和C矿区,见软玉脉切穿含阳起石、滑石与蛇纹石的脉。软玉中的蛇纹岩具有典型的筛状结构,几乎全由叶蛇纹石组成,软玉由许多小网脉和放射状纤维组成,软玉和蛇纹岩的接触界线截然清晰,软玉中的蛇纹岩包体好像是软玉填充时从两壁脱落下来的,剖面上软玉大脉分叉成几个细网脉追踪蛇纹岩裂隙,分散浸染于软玉的透闪石纤维,呈小而分叉的扇形束状集合体,这些透闪石和软玉交织在一起。

A矿区剪裂蛇纹岩中的透镜体状软玉属软玉后期作用的产物,较大透镜体显示出受到后期剪裂作用的影响并显示出擦痕面。

在软玉矿床南部约1 700 m处有小型辉绿岩侵入蛇纹岩中,尽管蛇纹岩均受节理化和剪裂作用,但在辉绿岩附近的蛇纹岩却无软玉。因此,辉绿岩提供软玉矿脉的任何物质似乎是不可能的。有一可能来源是,由蛇纹岩离析的晚期溶液,因为组成阳起石、滑石、纤维蛇纹石脉的物质是蛇纹岩形成时带入的,所以有理由相信,即使不是全部,至少形成软玉的大部分物质来自蛇纹岩。

Marin软玉矿,是继蛇纹岩形成后沿其剪切带以矿脉的形式从溶液中沉淀出来的。形成软玉和纤维状透闪石的有关溶液可能来自蛇纹岩,而并非来自辉绿岩。

(三)产在蛇纹岩与辉长岩接触带的软玉矿床

产在蛇纹岩与辉长岩接触带的软玉矿床是优质软玉产出的主要类型。据报道,波兰软玉1884年发现于西里西亚,产于蛇纹岩和辉长岩交代蚀变产物之间。软玉伴生矿物有钠长石、角闪石、石榴石、绿帘石、黝帘石、石英、葡萄石和黑云母。意大利软玉,分布于北部亚平宁山脉赛斯特利-雷万特和蒙特罗索一带,软玉主要产在蛇纹岩和辉长岩接触反应带中。德国图林根软玉产在蛇纹岩中,哈茨地区软玉产在橄榄岩、辉绿岩接触带中。

我国台湾软玉产在台湾花莲县,又称台湾玉,黄绿色,似碧玉,主要矿物是透闪石(含铁阳起石分子10%),与石棉、滑石、透闪石猫眼共生。

现以青海海西州茫崖镇柴达木玉矿床来说明这类矿床的特征。矿体产在昆仑褶皱带、阿尔金山断隆、阿克提复向斜南翼,断裂构造发育,主要是逆断层,走向NEE—SWW,倾向北,倾角30°~70°。超基性岩侵入该断层中,一般长数千米。矿区出露为上奥陶统,由碳酸盐岩、火山岩、火山碎屑岩、变砂岩等组成。岩浆岩从超基性岩到酸性岩都有分布。

海西期超基性岩共有4个岩体,其中Ⅱ号岩体(斜辉橄榄岩)与玉石关系密切,变辉长岩及辉绿玢岩组成小岩株,常与超基性岩伴生。辉长岩脉与超基性岩接触地段,往往形成玉脉带。另外,还有花岗闪长岩脉和黑云母花岗岩脉。其中,超基性岩全已蛇纹石化,在与辉长岩接触带及其附近有蛇纹石化、绿泥石化和滑石化等。

矿体产在辉长岩脉与超基性岩接触带的超基性岩中,属基性岩交代矿床。矿体呈透镜状、肠状、块状。矿带长 900 m,宽数十厘米至 4 m,呈东西向展布。

玉石种类和性质:软玉有绿花玉、绿斑玉,硬玉有花斑玉、硬白玉、粉玉。玉石呈灰绿、暗绿、灰白、黄白、浅褐等颜色,微晶结构,致密块状,油脂光泽。

该矿主要开采石棉,玉石作为副产品回收。

三、变质类型的软玉矿床

变质类型的软玉矿床产在古代片麻岩、白云质大理岩蚀变-退化变质组合及海西期中级变质的绿泥石-黑云母片岩、石榴片岩带的透闪片岩和白云质大理岩强烈剪切挤压带中,与透闪石石棉、方解石块体及伊利石脉共生,前者如澳大利亚 Cowell 软玉矿床,后者如龙溪玉矿床。对于这类矿床的成因,多数人认为,是多相变质作用过程中热力场和应力场交互变化的动力变质作用的产物。反应早期变质结晶,构造期变形及其后生恢复、重结晶和退变质作用的复杂结合。巴西的软玉主要来源于巴伊亚州,产于辉岩和角闪岩的片麻岩中,也属变质成因类型。

(一)澳大利亚 Cowell 的软玉矿床

澳大利亚 Cowell 的软玉矿床为一大型软玉矿床,软玉储量占世界的 90%,是世界上已知最大的软玉矿床。该矿床于 1965 年被一农民发现,1974 年进行地质评价,查明 91 个独立的软玉露头;目前,已增加到 115 个。矿区分布在 10 km^2 的范围内。据 Don Flint (1989)研究,该区软玉化母岩是早、中元代片麻岩杂质岩的白云质大理岩和条带状钙质硅酸盐岩。高级变质作用和混合岩化产生在造山作用的第一次变形事件(约 18.4 亿年前)和第二次变形事件(约 17.8 亿年前)期间,随后在约 17 亿年前发生退化变质作用,并伴有晚期横向扭曲作用,在 15.0 亿 ~ 16.0 亿年以前产生蚀变作用。软玉只形成在蚀变-退化变质组合中。

蚀变带由透闪石、辉泥石、斜黝帘石和滑石组成。

软玉产出形态主要有三种:①在蚀变带内,呈长达 40 m、宽 3 m 的大透镜体,并与层理结合。②横向裂隙内,平行于横向扭曲的轴面。横向裂隙中的软玉,一般质量高,细粒,块状,呈暗绿-黑色,并有稍透明的绿色玉。③在粗粒角砾化透辉石和不规则纤闪石灰期间(蚀变-退变质期)形成片状软玉,且往往含透辉石包体。

软玉形成的机制是:①在蚀变期间,SiO_2 进入裂隙中。②SiO_2 扩散到白云质大理岩中,交代形成软玉。③随着粒度增大,软玉逐渐变成透闪石灰岩。

(二)龙溪玉

龙溪软玉矿位于四川西部松潘印支地槽褶皱系下庄-三尖山倒转复背斜北西翼的南西段,东部靠近台槽分界的茂汶深大断裂,东、南、西三面分别邻近晋宁-澄江第四期牟托黑云花岗岩、雪隆包斜长花岗岩和印支晚期老君沟-大阴山似斑状角闪二长花岗岩体,北面为背斜翼部海西期的蚀变斜长角闪岩,含玉体赋存于志留系茂县群第三组第二段结晶灰岩夹透闪片岩、变质火山岩、变粒岩和碳质千枚岩的顶部,与下伏深灰色结晶灰岩为平行不整合，同时为上覆变质火山岩所超覆。

含玉体由灰白色中厚层状透闪石化大理岩，夹少许灰白相间的条带状、斑花状大理岩及透闪石岩、软玉和透闪片岩组成，呈扁豆状产出，相互间为整合接触，与之有关的岩石也呈层状、似层状产出，地层层序变化见图 16-6。

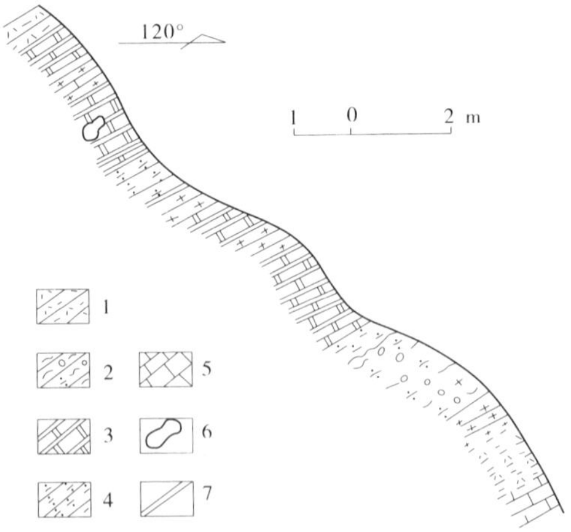

1—角闪黑云片岩；2—石榴角闪斜长变粒岩；3—大理岩；
4—透闪片岩；5—结晶灰岩；6—软玉透镜体；7—软玉层

图 16-6 龙溪玉地质剖面图

玉矿点处所见变质岩自上而下有：

(1)黑绿色透镜状变质火山岩，包括斜长角闪岩和斜长片岩；灰白色薄至中厚层状透闪石化白云质大理岩夹扁豆状透闪石岩和玉石透镜体；浅灰色薄层状透闪石岩夹灰白色透镜状石榴透闪斜长黑云变粒岩；深灰色结晶灰岩夹碳质千枚岩或碳质片岩。软玉通常呈不规则的透镜状或薄层状，发育于透闪片岩和白云质大理岩局部强烈变形处。在透闪片岩大理岩中或在二者的接触带以及二者透镜体的尖灭处都有产出，产状明显受控于剪切应力所产生的局部高应变带。软玉与透闪片岩接触时通常呈渐变关系，而与大理岩接触时则为突变关系。薄层状软玉往往多达 8 ~ 10 层，累计厚度达 0.5 ~ 0.76 m，个别厚达 1.25 m，通常以层面为界，对称出现二色或三色条带，近层面者玉质较好，中心者玉质较劣。有时因其中有石英和云母组成的夹层而呈似层状构造。透镜状软玉形状极不规则，大小各异，一般长 8 ~ 30 cm，平均 10 ~ 20 cm，最长者可达 1 m，同样呈现出绿—浅绿(黄绿)—青灰—灰黑—青灰(黄绿)—浅绿—绿的对称色环，且同样地表现出外环色绿质好、内核青灰质劣的现象，内核有时就是透闪片岩或透闪石化白云质大理岩。质量较好的软玉多呈透镜状产在孔隙发育、蚀变较强的岩石中，因为岩石孔隙为热液活动、透闪片岩重结晶形成软玉创造了条件。

龙溪玉颜色以黄绿色为主，龙溪玉软玉是多相变质作用过程中热力场和应力场交互变化动力变质作用的产物，反应早期变质结晶，构造期变形及其恢复，重结晶和退变质作用的复杂结合。成矿温度 550° ~ 600°，压力 0.4 GPa，变形与退变质作用的温度低于此数值。

第十七章 青金石矿床

青金石是古老玉石之一，早在公元前数千年就在伊朗和印度用作玉石。尤其是含金色黄铁矿浸染体的深蓝色青金石，似星光灿烂的夜空，一直受到东方民族特别是阿拉伯民族的喜爱。我国古代，因青金石相如天（帝青色、宝青色）备受器重，常随葬于皇帝墓中，象征达“升天之路”。《清会典图考》载：皇帝朝珠杂饰，唯天坛用青金石，地坛用黄玉，日坛用珊瑚，月坛用白玉。借玉色来象征天、地、日、月。

青金石主要产于阿富汗 Sar-e-sang（萨雷散格）区、智利科金博（Cognimbo）省、西伯利亚的 Lake Baikal。此外，美国洛杉矶东部 San Gabriel 山、意大利维苏威老火山口附近、缅甸红宝石产区附近、加拿大累克港、巴基斯坦、安哥拉等地也有产出。

第一节 青金石矿物概述

青金石是由多种矿物组成的集合体，其中包括蓝方石$(Na,Ca)_{4-8}[AlSiO_4](SO_4)_{1\text{-}2}$、方钠石 $Na_8[AlSiO_4]_6Cl_2$、黝方石 $Na_8[AlSiO_4]_6(SO_4)$ 和青金石（蓝方石和方钠石的非晶质集合体）。除此之外，还有许多成岩矿物如似长石、方解石（常呈浅白色斑点状）、黄铁矿（星点状）以及少量透辉石、普通辉石、云母和角闪石。矿物种类和含量的不同极大地影响了青金石的物理性质。

青金石常呈暗蓝至蓝黑色，带紫色或绿色色调，但很少呈纯绿色、紫红色等，在某些标本中偶尔可见蓝、绿及红或紫色于一体。有时还可见到浅蓝或几乎无色的青金石，常易误认为绿松石。这种青金石常被描述为阴性青金石，而深蓝者被描述为“男性青金石”。青金石中常有带状、斑点状或不同蓝色的阴影，或有一些闪闪发光的浸染状黄铁矿。青金石条痕为鲜蓝色，玻璃光泽，一般不透明，仅在很薄的薄片中显半透明。摩氏硬度 $H=5\sim6$，比重 $D=2.38\sim2.42$，与石英相近，可能是宝石矿物中最轻者（如果含有较多黄铁矿，比重将增大）。一般呈致密块体，粒度 0.01 ~ 0.1 mm，也曾发现有 5.08 cm 长的菱形十二面体青金石晶体。均质，折射率 1.50。有时也见斜方变体，是二轴晶矿物。$N_g=1.54$，$N_m=1.510$，$N_p=1.504$，重折率 0.010。远紫外光照射下，青金石显出橙色或铜红色斑状或条纹状闪光（特别是智利青金石），短波紫外光下荧光减弱并显浅粉红色，X 射线照射下显出浅黄色条纹。

青金石的化学成分由于各矿物成分比例不同而不同，如 SiO_2 的含量一般为 43% ~ 67%。不同矿床青金石的化学成分如表 17-1 所示。

表 17-1 不同矿床青金石的化学成分 (%)

组分	斯柳甸（苏联）			小贝斯特拉（苏联）			奥瓦列地区（智利）		
	1	2	3	4	5	6	7	8	9
SiO_2	31.17	31.83	32.13	31.76	30.48	32.52	31.37	66.90	45.70
TiO_2	—	—	—	—	—	—	0.09	—	—
Al_2O_3	26.98	28.06	26.64	27.18	28.90	27.61	25.92	20.00	25.34
Fe_2O_3	0.04	0.02	0.14	0.03	0.15	—	0.36	0.10	1.30
MgO	0.26	0.04	0.29	0.15	0.96		1.10		
CaO	9.24	9.14	7.76	8.72	7.44	6.47	9.28		7.48
SrO	0.03	0.01	0.02	0.03	—				
Na_2O	17.18	16.85	16.42	16.86	16.61	19.45	15.00	10.10	10.55
K_2O	—	0.32	0.51	0.23	0.63	0.28	0.64		1.35
CO_2	1.03	—	1.36	1.03	0.74				
S	0.10	0.06	0.20	0.34	2.36	2.71	0.21	2.90	3.96
SO_3	13.08	13.04	10.08	11.78	10.36	10.46	8.99		4.32
Cl	0.20	0.08	0.52	0.25	—	0.47			
烧失量	1.56	—	3.78	1.73	1.02		0.28		
总计	100.87	99.55	99.85	100.09	99.65	99.97	93.24	100.00	100.00

注：据 E. g. КИеВпеНхо 等. 1974.

第二节 青金石矿床的地质产状

世界上几乎所有的青金石矿床产状均为接触交代矽卡岩型。根据被交代岩石的成分，青金石矿床可划分为镁质矽卡岩型和钙质矽卡岩型两类。

青金石矿床的基本情况如表 17-2 所示。

表 17-2　青金石矿床的基本情况

成因类型	矿床类型	矿体特征	青金石堆集体类型	伴生矿物	饰用－玉雕用原石特征	工业意义	矿床实例
气成热液岩	产在硅酸盐－镁质矽卡岩中	赋存在麻粒岩或角闪石岩变质相的白云质大理岩中，交代其中花岗岩、伟晶岩而成，偶尔在石英－长石结晶片岩中。矿带几十米至几百米	青金石呈圆形、椭圆形、扁豆状和透镜矿状，具有同心环带状结构，矿巢最大长几厘米至几米；大理岩中的青金石呈细脉和浸染体	透辉石、镁橄榄石、金云母、方解石、白云石、钾长石。斜长石、黄铁矿、方柱石（海蓝柱石）、蓝方石、霞石、沸石等	饰用青金石具均一深蓝色或天蓝色调，几乎为隐晶极细粒结构	饰用和玉雕用青金石的主要矿物	阿富汗萨雷散格；俄罗斯小贝斯特拉和斯梯甸等
	产在钙质矽卡岩中	分布在花岗岩侵入体接触晕内受到高温变质作用的碳酸盐－陆源岩系中大理岩化灰岩内，呈脉状和透镜体状青金石带产出	青金石呈细脉、浸染体和不大的（直径小于几厘米）巢穴堆积体	方解石、黄铁矿	含方解石和黄铁矿的粒状青金石集合体，颜色由深蓝至淡蓝色，以大量方解石的白色斑点和条带为特征	玉雕用青金石的大型劣质矿床	智利卡连等

一、镁质矽卡岩型青金石矿床

镁质矽卡岩型青金石矿床从区域构造位置上来说，产于地台的地盾及中间地块内，围岩一般属于太古代或元古代。含青金石矽卡岩化硅酸盐产于属深变质（角闪岩相甚至麻砾岩相）碳酸盐岩－片麻岩杂岩的厚层白云质大理石和斑花大理岩中。世界上绝大多数青金石矿床属此类型。根据构造标志和青金石矿化的发育规模，本类型矿床又分为两类：①青金石呈延伸带分布，有许多小的青金石矿巢（青金石化的酸性脉状侵入岩段）组成；②青金石呈堆积体，由为数不多的孤立的和比较大的青金石化伟晶岩或脉状花岗岩段组成。在每一类矿床中，杂青金石呈巢状、皮壳状和团块状及浸染状与镁橄榄石、透辉石、方柱石、金云母共生。应该指出，这两类矿巢之间，有时也有相似之处。例如，在第一类矿床的含青金石带内，有小的青金石矿巢及比较大的青金石化硅酸盐类岩石段；而在第二类矿床内，有时可以见到与孤立的、大的含青金石伴生的、由小青金石矿巢发育而成的条状地段。

在第一类矿床内，双交代置换作用和交代去硅作用最为强烈。正因为这样，一些最富的饰用或玉雕用青金石矿床，如俄罗斯小贝斯特拉矿床和阿富汗萨雷散格矿床，都属于第一类矿床。但是，镁质硅酸盐矽卡岩的大部分青金石矿床属于第二类。脉状花岗岩和伟晶岩中的一段大的矽卡岩化带，其去硅作用一般较弱，青金石化也不强烈，典型实例是俄罗斯滨贝加尔湖南部的斯柳甸矿床、帕米尔西南部的利亚支瓦尔达雷矿床和加拿大累克港矿床。

（一）阿富汗巴达赫尚青金石矿床

阿富汗巴达赫尚青金石矿床分布于兴都库什山脉东部科克奇河流域的科克奇背斜东翼，背斜走向近南北，岩层倾角 50° ~ 70°。大地构造位置处于古老结晶岩组成的发扎巴德中间地块内。青金石矿点分布在碳酸盐类岩石中，厚度产于总厚度达 10 ~ 12 km 的萨雷散格大理岩 - 片麻岩群底部。该群由黑云母片麻岩、石榴石片麻岩、硅线石片麻岩、角闪石片麻岩与含镁橄榄石、透辉石、方柱石、金云母的白云质（或方解石质）大理岩和斑花大理岩互层组成。根据 I. 布莱兹等（1966）和叶菲莫夫等（1967）的资料，该群岩石是在角闪石岩相硅线石——铁铝榴石亚相和部分麻粒岩相角闪石——麻粒岩相条件下变质而成的。

萨雷散格矿区的白云质大理石和下伏片麻岩中，广泛分布着前寒武纪以后的曾剑花岗岩体，长几百米至几千米。此外，还广泛分布着前寒武纪脉状花岗岩和花岗伟晶岩。布莱兹等（1966）认为，这些岩石参与了褶皱作用，已明显片麻岩化，很可能在角闪岩相区域变质作用期间，产生了花岗岩化产物。萨雷散格青金石矿床地质构造示意图如图 17-1 所示。

萨雷散格矿床位于科克奇河支流——萨雷散格河谷中，在发扎巴德以南约 70 km 处。含青金石的一段白云质大理石岩和斑花大理岩。厚 260 ~ 370 m，被挤压成近南北向的向斜褶皱，是巨大的科克奇背斜一翼复杂化。大理岩中产有花岗岩和伟晶岩脉（见图 17-1）。含青金石带产在白云质大理岩段中部，斑花大理岩体中含层状、透镜状青金石矿体，总厚度 30 ~ 40 m。在主要矿段（中段）内，这些彼此相近、相互平行的矿体与围岩大理岩整合产出。矿体走向为近南北向，倾角 50° ~ 70°，长 70 ~ 450 m 以上，厚 1 ~ 4 m。主要矿段的特点是：青金石矿巢很多，但分布不均匀，矿巢最密集的地方是岩层褶皱地段和斑花大理石岩膨大部位；青金石块体的平均重量为 3 ~ 7 kg，偶尔可达 100 ~ 150 kg；体积一般为 30 cm × 15 cm × 10 cm，最大者不超过 100 cm × 80 cm × 50 cm；小矿巢一般由细粒至隐晶质的致密青金石组成，而较大的矿巢显示出明显的环带状结构。环带状矿巢的组成由核部至边缘依次是：①去硅花岗岩或伟晶岩，其中包含有透辉石、方解石和少量青金石颗粒集合体；②含少量金云母、青金石、斜长石等矿物的透辉石岩；③金云母带（与透辉石岩为渐变过渡关系）；④细粒青金石岩；⑤镁橄榄石斑花大理岩。第③带往往缺失，而②和④带往往合二为一，形成透辉石 - 青金石岩；有时透辉石 - 青金石带自外而内被透辉石金云母带代替。

萨雷散格矿床的杂青金石呈均一的深蓝和浅蓝色，为细粒和银晶结构。被列为饰用、

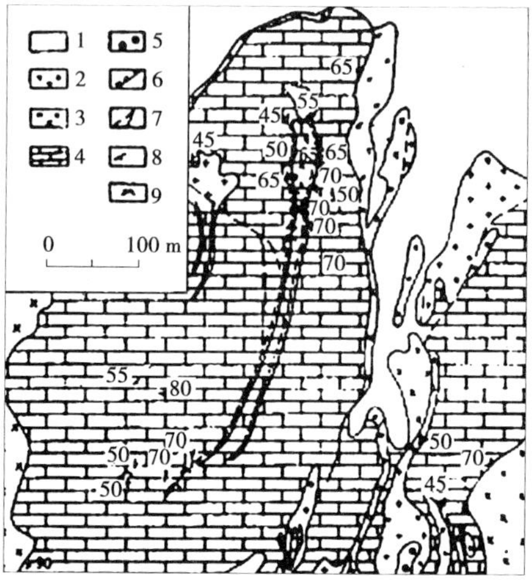

1—第四纪沉积;2—花岗细晶岩、淡色的,伟晶状的花岗岩;
3—贯入片麻岩;4—夹少量结晶片岩层和透镜体的白云质
大理岩和斑花大理岩;5—角页岩;6—含青金石带;
7—断裂;8—产状要素;9—平窥口

图 17-1 萨雷散格青金石矿床地质构造示意图

玉雕级原料,是世界上质量最好的青金石,其平均矿物成分如下:青金石 25% ~75%,方柱石(钠柱石)5% ~50%,黄铁矿 0 ~2%。

(二)俄罗斯滨贝加尔湖南部青金石产区

青金石产区沿哈马尔山构造-岩相带北缘的东萨彦深断裂延展。这里是一个古老结晶岩广泛发育的地区(见图 17-2)。沙费耶夫(1970)将该区的沉积系划分为哈马尔山群,分 5 个整合产出的组,各组以黑云母质-石榴质、角闪石质、角闪石-辉石质、硅线石质、红柱石-十字石质片麻岩和片岩,方解石质和白云质大理岩,斑花大理岩在剖面中所占的比例不同而相互区别。大部分研究人员认为该群的时代为太古代-早元古代,而沙费耶夫认为是晚元古代。

在大地构造上,滨贝加尔湖南部产青金石区是一个近东南向的通金-哈马尔山复背斜。在西部,该复背斜与通金-小贝斯特拉复向斜相邻。这些大型的褶皱构造被次一级(宽达 4 ~8 km)横向向斜和背斜所复杂化。小贝斯特拉矿床就产在这样的向斜褶皱之中。

青金石矿床和矿点分布在成分多样的正长岩侵入体附近的白云质大理岩中,除碱土正长岩、二长岩和花岗正长岩外,这里还有含霓石和碱性角闪石的碱性岩类。含稀土副矿物矿化的花岗伟晶岩和伟晶岩与白岗岩和正长岩有关。这些伟晶岩在斯柳甸卡金云母矿区内广泛分布,其绝对年龄为 550 Ma +50 Ma,相当于晚古元代。

岩浆气候产物是各种交代岩,它们往往沿着花岗伟晶岩和伟晶岩中的裂隙及伟晶岩类与白云质大理石岩上的接触带发育。交代岩分为金云母岩、透辉石岩、透辉石方柱石岩、透辉石-尖晶石岩、海蓝柱石-青金石岩、透辉石-青金岩等。

小贝斯特拉青金石矿床位于小贝斯特拉亚河(伊尔库特河支流)上游,离河口 15 km。青金石产在厚约 90 m 的白云质大理岩层中,该组被挤压成北东向不大的向斜褶皱,与碱

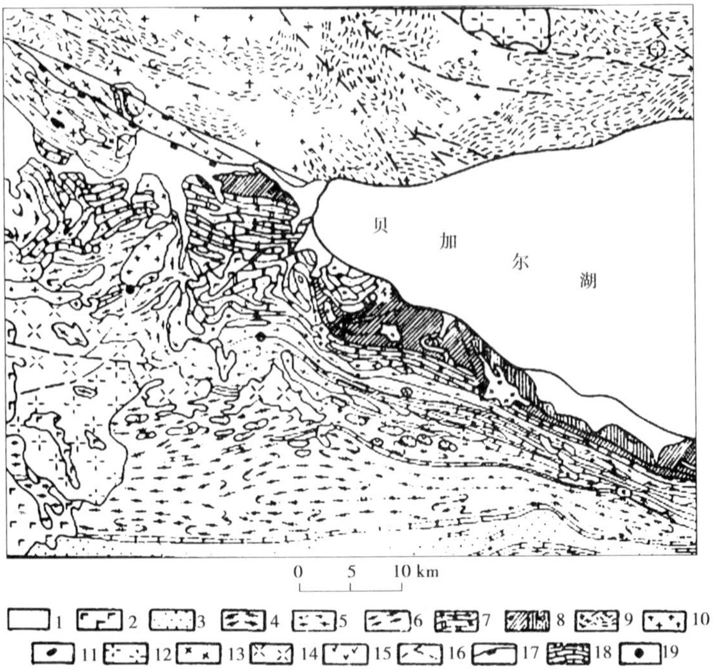

1—第四纪松散沉积;2—玄武岩岩被(中新世－上新世早期),哈马尔山群(前寒武纪);3—舒布图依组;
4—科尔尼洛夫组;5—无名组;6—哈拉戈尔组;7—山隘组;8—库耳图克组(a—上部亚组,b—下部亚组);
9—沙雷热耳盖群,未分;10—治达侵入杂岩(早古生代),淡色花岗岩正长岩和花岗正长岩;
11—察基尔侵入岩的超基性岩(早古生代),萨彦侵入杂岩(晚元古代);
12—第三期的斑状黑云母花岗岩;13—花岗伟晶岩(以图上的比例尺表示);
14—第二期的细粒和中粒黑云母花岗岩;15—斯柳甸卡型微斜长石花岗岩和花岗伟晶岩(晚元古代);
16—碎裂带;17—东萨彦主断裂带的变余糜棱岩;18—结晶灰岩和白云岩标志层;
19—青金石矿床和矿点(1—小贝斯特拉,2—图尔图伊,3—斯柳甸,4—塔林)

图 17-2　滨贝加尔湖西南部青金石产区地质构造示意图

(据 A. A. 沙费耶夫,1970)

性花岗岩和正长岩体隔着一条断裂。大理岩的成分不均一,灰色粗条带状以白云质大理岩为主的岩层与白色复方解石的大理岩层交互出现。在灰色大理岩中,有细小的石墨片,沿岩石聚集成带。含青金石的大理岩富含硫化氢,并含少量透辉石、镁橄榄石、金云母、蛇纹石等硅酸盐矿物,其中广泛分布着花岗岩和伟晶岩的顺层透镜体。

矿床内有两个青金石带:一个在向斜褶皱的西北翼,另一个在东南翼(见图 17-3)。每个含矿带均有一系列距离很近的顺层透镜状和脉状斑花大理岩体组成,斑花大理岩中夹有一段段花岗岩和青金石矿巢。最大的含青金石的斑花大理岩体长 140 m 以上,在膨大处厚度可达 7 m;伴生的小斑花大理岩体长 10 ~ 60 m,厚 2.5 ~ 5 m。岩体倾角 50° ~ 60°,与大理岩围岩的倾角相同。在研究的较深入的西北矿化带中,含青金石的斑花大理岩发育带总长达 250 m,宽 60 ~ 80 m,延伸达 100 m 或更深。

含青金石的斑花大理岩体被矿化以后的破碎和岩溶作用所破坏。大理岩和青金石花岗岩段的岩块、团块被掩埋在松散的沙泥物质中,青金石矿化有以下形式:①青金石颗粒

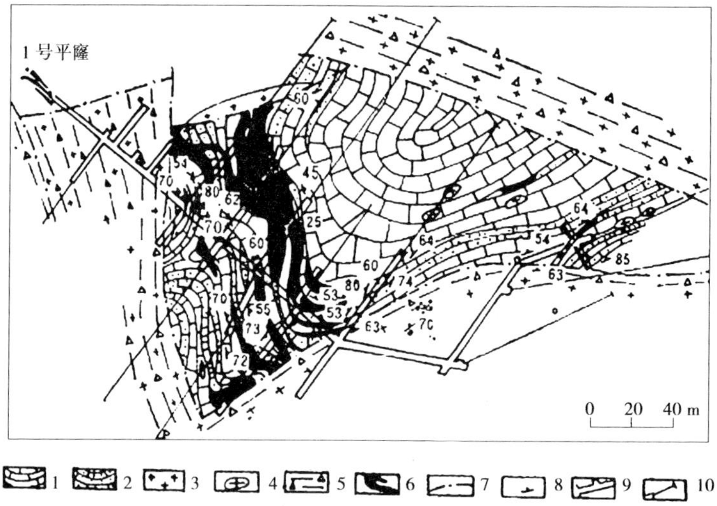

1—灰色中粒条状方解石-白云岩大理岩,含石墨;2—白色细粒方解石大理岩;
3—正长岩和花岗正长岩;4—斯柳甸型花岗岩和花岗岩伟晶;5—角砾花带;
6—脉状花岗岩和花岗伟晶岩段内的含青金石带;
7—断裂;8—岩石产状要素;9—地下坑道;10—地下钻孔

图17-3 小贝斯特拉青金石矿床1号平窿水平上的地质构造示意图

呈浸染体分散或聚集在大理岩内,形成一些斑块或条带,②在矽卡岩化花岗岩段中形成皮壳;③杂青金石通常在白色硅酸盐-碳酸盐壳中形成矿巢和团块。

一段青金石花岗岩的直径为几厘米至1 m,完全由杂青金石组成的团块,其直径一般不超过0.3 m。在含青金石的斑花大理岩内,青金石矿巢和团块彼此距离几厘米至几米。矿巢密集地段沿走向延伸3.5~5 m。青金石矿巢和团块有时呈现出同心环带结构,由核部至边缘依次是:花岗岩→透辉石→青金石带→透辉石→青金石→金云母带→方解石→透辉石带。这种环带状结构是花岗岩和白云岩狭窄接触带上的双交代硅酸盐-镁质矽卡岩的特点。按照柯尔仁斯基(1953)的看法,由于酸性硅酸盐类岩石的去硅作用,形成镁橄榄石。然后,微斜长石-透辉石带被透辉石-青金石取代,而白云岩大理岩发育成为方解石-镁橄榄石带。最后产生了金云母带-透辉石带,该带是由青金石带发育而形成的,同时,方解石-镁橄榄石带发育成为方解石-透辉石带。

在发生双交代青金石化的同时,还发生淋滤-交代青金石化。后一种矿化作用的表现是在大理岩中形成了青金石颗粒及其堆积体。这些作用配合起来,形成矿状和透镜状青金石斑花大理岩体,以及其中所包含的青金石矿巢。

根据薄片研究资料,玉雕用青金石的平均矿物成分如下:青金石36%,透辉石36%,金云母8%,方解石和白云石12%,长石5%,其他矿物(黄铁矿、方柱石)3%。在这种多矿物集合体中,青金石颗粒与透辉石、金云母、碳酸盐形成连生体,并且往往含有这些矿物的包裹体。

斯柳甸矿床位于斯柳甸卡河上游,离该河注入贝加尔湖处14 km。围岩为白云质大理岩,厚约50 m,其底部为方解石大理石岩,顶板为黑云母-石榴石和硅线石片麻岩。围岩走向北东,倾向南东,倾角30°。在白云质大理岩中含有整合产出的石香肠化的一段段伟晶岩和花岗岩体。

含青金石的岩石为稀疏而比较大的伟晶岩(有时为花岗岩)段，主要分布在白云质大理岩层中部，这些伟晶岩(花岗岩)段长4~9 m，偶尔更长些，厚0.5~1.5 m。其中，有许多被富含青金石的交代带切穿，交代带主要沿着伟晶岩与白云质大理岩的接触带及伟晶岩段中的裂隙发育(见图17-4)。这种含青金石的岩石具有环带状结构：①伟晶岩(核部)；②去硅的伟晶岩；③透辉石-青金石带；④含有少量无色蓝方石和透辉石颗粒的金云母带。整个一段伟晶岩都覆盖着一层白色斑花大理岩，后者由方解石及透辉石和金云母组成。有的地方，比较大的伟晶岩段或花岗岩段之间有一连串小的青金石化段，这种堆积体的长度可达30 m。

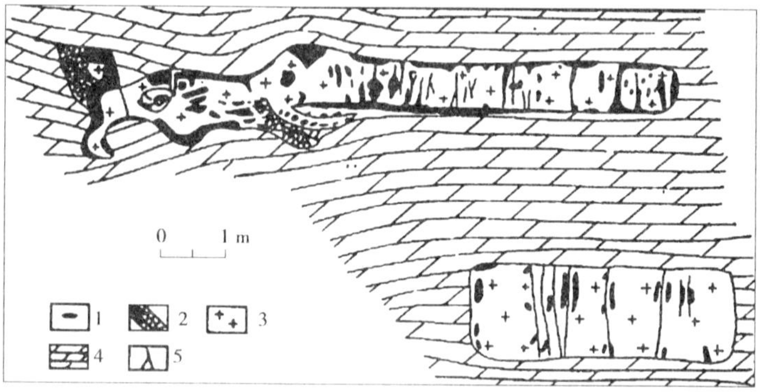

1—杂青金石；2—方解石；3—交代蚀变的花岗伟晶岩；
4—白云质大理岩和方解石-白云质大理岩；5—裂隙

图17-4 斯柳甸青金石矿床一段的地质构造示意图

(三)帕米尔西南部青金石产区

在帕米尔西南部喷赤河与沙赫达腊河之间地带，发现了利亚支瓦尔达雷青金石矿床。这个含青金石区产在前寒武纪结晶岩石发育区的中生-新生代褶皱带的中间地块上。与滨贝加尔湖矿床不同，帕米尔西南部的青金石矿床和矿点不是位于变质岩系剖面的中部，而是位于基底部的戈兰组片麻岩-大理岩组内。含青金石的戈兰组其厚度约1.7 km。由夹硅石片麻岩、蓝晶石片麻岩、角闪石片麻岩、混合岩化黑云母-石榴石片麻岩、厚层白云质大理岩和方解石-白云质大理岩组成。在该组岩石中，主要发育区域变质作用和角闪岩相高温(硅线石-铁铝榴石)亚相的矿物组合，而在局部地段为麻粒岩相的矿物组合。大部分研究者认为，戈兰组的时代为太古代，也有人推测，整个瓦汉群都属于太古代。

青金石化见于达尔沙依深断裂附近的阿布哈尔夫短轴背斜东翼。这条深断裂将戈兰组与霍罗格组分开。该矿区内广泛分布前寒武纪的岩浆岩，正如滨贝加尔湖南部一样，是时代最老的基性岩，即正角闪石岩和灰长角闪岩。较晚期的岩浆岩是一些层状透镜状整合产出的片麻花岗岩、花岗岩、花岗闪长岩和伟晶岩体。有些人认为这些岩体是侵入岩体，另一些人则认为它们是在超变质过程中在片麻岩选择性熔融时产生的深熔岩。

在大理岩与片麻岩、花岗岩、伟晶岩的接触带上，可见到一些厚度由几厘米至2.5 m的矽卡岩化带。矽卡岩可分为尖晶石-镁橄榄石矽卡岩、金云母-透辉石矽卡岩和青金石矽卡岩。青金石矽卡岩以复杂的多矿物成分为特点，其中一般以透辉石、金云母和青金石为主，还有少量方解石、石墨、镁橄榄石、透闪石、方柱石、硅镁石－粒硅镁石族矿物、磷灰石、尖晶石、沸石等。

利亚支瓦尔达累矿床位于霍罗格城东南 60 km，利亚支瓦尔达累河上游。青金石矿化沿大理岩悬崖延伸，长约 1 km。矿床中含青金石的一段岩石为厚 55 ~ 60 m 的白色细粒和中粒含镁橄榄石大理岩和含石墨大理岩，其下为黑云母－角闪石片麻岩，其上为含蓝晶石和石榴石的黑云母片麻岩。岩层走向近南北，倾角 35° ~ 45°。含青金石大理岩中一般都有石香肠化的一段段正角闪岩体，以及细晶岩状花岗岩和伟晶岩透镜体，长达 10 ~ 15 cm，厚 0.2 ~ 5 m。沿大理岩的层状裂隙和与细晶岩、伟晶岩及片麻花岗岩的接触带有矽卡岩化带出现，其中含金云母、顽火辉石和斜长石等矿物。

青金石堆积体不均匀地分布在大理岩内，靠近大理岩段中部。含青金石带的总长度约为 400 m。共有 3 个青金石矿体的富集地段：南段、中段和北段，每段长 50 ~ 30 m。矿体一般为椭圆状、扁豆状，有时为脉状，少数为等轴圆状。矿体长 4 m，宽 1 ~ 2 m。

矿体有明显的环带状结构，由核部至外壳依次是：去硅的细晶岩状花岗岩或伟晶岩→透辉石－青金石带→金云母带、透辉石－金云母带或方解石－金云母带→方解石－透辉石带→镁橄榄石斑花大理岩。特殊的是，含青金石矿体的核部为去硅酸性岩浆岩，而其边缘则有粗大的金云母片。透辉石－青金石带可依据青金石堆积体所显示的鲜蓝色或浅蓝色色调清楚地划分出来。与此相反，方解石－透辉石和镁橄榄石斑花大理岩这两个边缘带显示白色或灰色，与围岩几乎没有差别。

实际意义最大的是分布在南段和中段的椭圆形大青金石矿体。在这些矿体内，透辉石－青金石带厚度为 5 ~ 60 cm，青金石含量达 50% 以上。因此，这种岩石可作为玉雕材料和饰用玉雕材料。杂青金石具细粒结构，颜色由天蓝至蓝色，可见到黄铁矿浸染体和细脉。鲜蓝色致密青金石地段时而可见，这种青金石有时为隐晶结构，被细粒青金石胶结。大量出现在中段和北段的脉状矿体内，主要含斑点状劣质青金石，这种青金石赋含白色和灰色透辉石和方解石包体。

（四）加拿大巴芬岛南端含青金石区

加拿大巴芬岛南端已知有几个含青金石矿化点，其中最有价值的是累克港矿床。从地质构造上说，该区由加拿大地盾晚元古代深变质碳酸盐－陆源岩系组成。

累克港矿床位于累克港以北 15 km 处。与上述的一些青金石矿床不同，矿床中没有矽卡岩化的酸性岩浆岩。代替这种酸性岩浆岩的是产在白云质大理岩中的石英－斜长石片麻岩透镜状夹层。在矿区范围内，可见到一个不大的向斜褶皱，由夹大理岩层和整合产出的变质超基性黑云母片麻岩组成。青金石矿化出现在向斜轴部白色或灰色粗粒大理岩中。这种大理岩往往为条带状结构，含石墨、金云母稀散鳞片和透辉石颗粒。共有 4 条含青金石带，均与围岩整合产出，其中最大的沿走向延深 168 m，宽 8 m。

在矿带范围内，广泛发育着与透闪石、斜长石和金云母共生的斑点－浸染状青金石，其次是直径达 1 m 的巢状和透镜体杂青金石体。这种杂青金石体为浅蓝色，主要由青金石（可达 42%）和透辉石（50% ~ 60% 以上）颗粒集合体组成。此外，还有方解石、斜长石、金云母、黄铁矿，有时还有霞石（可达 20%）、方柱石、透闪石和磷灰石。

浸染状青金石可能为淋滤－交代成因，而杂青青金石的巢状堆积体，根据双交代作用所特有的矿物组合来看，是在石肠化一段短片麻岩层与大理岩围岩的接触带上，经过交代作用而形成的。

D. D. 霍金斯认为，累克港矿床的青金石堆积体与白云石－硬石膏发岩层及其中所含页岩层受到区域变质作用有关，青金石是经过白云石＋硬石膏＋钠长石→透辉石＋青金石这一反应交代方式形成的。

二、钙质矽卡岩型青金石矿床

钙质矽卡岩型青金石矿床与硅酸盐－镁质矽卡岩型矿床有本质差别，矿床见于智利科金博省、安托法加斯省和阿塔卡马省。

从地质构造上说，含青金石区为智利安第斯中生代褶皱区内一个巨大的南北向复向斜的东翼，由晚白垩世轻微变质的砂岩、灰岩、粉砂岩、喷发岩组成。青金石矿床分布在中生代浅色花岗岩的附近，与花岗岩相邻的陆源碳酸盐沉积岩受到强烈接触变质作用。

在花岗岩的接触带上，发育着含黄铁矿和铜硫化物浸染体的角岩化石榴石岩。该带的厚度为 140 m。石榴矽卡岩之下为白色大理岩化灰岩，厚度约 100 m，被青金石矿化，再往下是很厚的一段钙质砂岩。

青金石矿带分布在大理岩化灰岩层的底部，离灰岩与砂岩的接触带不远。其中的青金石矿化以细小浸染体、细脉、巢状堆积体形式出现，有的堆积体重量可达几千克，矿化地段为透镜体，长达几十米，厚为 2 ~ 4 m，沿一个方向断续出现。

青金石的颜色斑杂、发白，带天蓝和浅蓝色调，少数为深蓝色。由于其颜色发白，所以石材质量一般不佳，智利杂青金石的矿物成分比硅酸盐－镁质矽卡岩型矿床中的简单得多，由大小为 0.03 ~ 0.07 mm 的青金石、方解石和黄铁矿颗粒组成，从奥瓦列城地区得到的玉雕用青金石薄片，这几种矿物的比例如下：青金石 82% ~ 84.4%，方解石 15.2% ~ 16.8%，黄铁矿 0.34% ~ 0.37%。蓝色段由方解石和青金石细粒集合体组成；而天蓝色段内，无色透明的细小方解石颗粒被青金石胶结；烟色段则由含黏土物质包裹体的细小方解石颗粒集合体组成。

第三节 成矿过程及机理

几乎所有的研究者都认为，青金石矿床是双交代作用形成的，而且围岩是形成青金石所必需的所有组分的来源。

同位素分析查明，青金石矿床中及其他一些矿物中硫化物的硫和硫酸盐富重硫同位素 ^{34}S，说明硫为原始沉积，是交代溶液中从大理岩中吸取的。围岩也是硅和铝的来源：在镁质矽卡岩青金石矿床中来源于夹杂在大理岩中的一段段花岗岩、伟晶岩和淡色片麻岩；在钙质矽卡岩青金石矿床中来源于以夹杂形式赋生在大理岩化灰岩中的黏土物质。青金石中的钠和铝也是岩浆后期溶液从碳酸盐类岩石中吸取的。因为原生碳酸盐沉积物和陆源沉积物中常有石岩夹层和透镜体存在，当这些沉积岩受到变质作用时，其中所含的蒸发岩就能产生方柱石斑花大理岩及方柱石和富铁钠闪石的片麻岩。

关于完成交代作用的热液来源有不同的说法，加里宁（1957）研究苏联滨贝加尔湖青金石矿床，认为交代溶液来自花岗岩类岩浆；布莱兹研究阿富汗矿床等，认为矿床与超变质作用时产生的再生岩浆源的岩浆期后高温热液有关；叶菲莫夫研究帕米尔和加拿大青金矿床时否认前面的说法，认为热液是变质作用形成的，是变质热液。

关于青金石形成过程，有人认为青金石是在一次作用过程中形成的，即高温高压下，当钠的活度很高时，在性质不同的介质交界处的滞留间隙溶液作用下产生的。奥斯瓦德(1963)认为，交代作用分两个阶段进行：第一阶段，与大理石接触的铝硅酸盐类岩石发生重结晶作用和碱交代作用，从而变为霞石正长岩；第二阶段，进入挥发性硫化氢，霞石被青金石交代。叶菲莫夫等认为，阿富汗青金石矿床的矿化作用是沿着构造断裂在几个相继的阶段发生的。由于斑花大理岩被交代，首先形成透辉石矽卡岩，然后矽卡岩发生金云母化，接着发生方柱石化和青金石化，因此产生环带状构造。

关于青金石成色机理，起初有人认为蓝色是胶状硫进入矿物晶格而成，颜色的变化是由这种硫的不同分散程度所造成，但 X 射线未能证实这种说法；韦尔假设青金石的蓝色是存在较多容易极化的硫离子，这种硫离子吸收相应波长的可见光；普拉托诺夫染色的硫化物中心造成的，其色调取决于这些染色体的硫化物中心的相对浓度，而浓度又取决于矿物的物理化学条件，如结晶温度、系统中硫的含量等；达韦德琴科据顺磁共振认为，青金石颜色和深浅程度取决于 SO 和 S 离子根。

由于青金石矿物被分解时，散发出难闻的硫化氢气味，所以成为青金石矿地区的找矿标志(青金石围岩——大理岩中也将出现含硫化氢的白云石)。此外，由于青金石围岩——大理岩中含石墨，并使大理岩呈黑白相间的条带状结构；而在高压和 600 ~ 650 ℃条件下青金石形成过程中石墨消失，结构周围大理岩褪色，所以大理岩的这种褪色作用也是青金石矿的普查、找矿标志之一。

第十八章 绿松石矿床

第一节 绿松石的特征及资源分布

绿松石化学式是 $CuAl_6(PO_4)_4(OH)_4 \cdot 5H_2O$，属 Cu、Al 的含水磷酸盐。常呈现微晶质集合体，不规则状、叶状和犬牙状或呈一种薄的条纹（不大于几厘米）。至今仅在美国弗吉尼亚州看到鲜蓝色晶体充填在石英裂隙中。三棱晶系，轴面体。颜色蓝白到天蓝，鲜浅绿到鲜绿，通常不透明，薄片时半透明，一般中心颜色较浓且致密，在外围颜色较浅且松散。绿松石硬度随着颗粒大小和孔隙的不同而有惊人的变化，从 $H=5\sim6$ 至与粉笔相同的硬度（浅白色），$D=2.65\sim2.90\ g/cm^3$，单晶折射率 $N=1.61$，$N_g=1.65$；致密显微晶体只有一个折射率 $N=1.61$，二轴晶正光性，色散强，长波紫外灯照射发黄到蓝色的光，短波紫外灯光及 X 光下不发光，在 460 nm 和 432 nm 有明显的吸收光谱线。颜色较均匀，像未上釉的瓷器。其上常含有其他物质的细脉或网脉，这些脉常呈黑或褐色，有时呈浅黄棕色或浅白色，有时含黄铁矿。

据 R. 伯斯特（1962）研究，绿松石的蔚蓝色是有机成因的氨及铜离子所造成的，脱水作用可使蔚蓝色变成绿色。J. 辛坎卡斯认为绿色是一部分铝和铜被铁置换所造成的。据张惠芳等（1982）研究，Cu^{2+} 配位八面体的存在决定了绿松石基本颜色为天蓝色，而 Fe^{3+} 则在矿物由蓝变绿变黄的色调变化中起着关键作用。绿松石的理论成分是：P_2O_5 34.12%，Al_2O_3 36.84%，CuO 9.57%，H_2O 19.47%，在自然界，绿松石的成分与理想成分有很大的差异。某些矿床绿松石化学成分见表 18-1。

表 18-1 某些矿床绿松石的化学成分 （wt%）

组分	尼沙普尔（伊朗）	西奈半岛（埃及）		美国内华达	美国加利福尼亚	美国新墨西哥	阿克苏姆别（哈萨克斯坦）	
SiO_2	—	4.37	—	0.93	—	0.16	4.20	—
Al_2O_3	40.19	40.61	41.05	35.03	35.98	36.88	37.88	35.79
Fe_2O_3	—	—	1.08	1.44	2.99	2.40	4.07	3.52
FeO	2.21	—	—	—	—	—	—	—
MnO	0.36	—	—	—	—	—	—	—
MgO	—	—	0.15	—	—	—	—	—
CaO	—	—	3.95	—	—	0.38	—	—
CuO	5.27	5.32	4.54	8.57	7.80	7.51	6.56	7.67
P_2O_5	32.86	28.40	28.14	34.18	33.21	32.86	28.63	34.42
SO_3	—	0.66	0.68	—	—	—	—	—
H_2O	19.34	20.69	20.98	19.38	19.38	19.60	18.49	18.60
总计	100.34	100.05	100.57	99.53	99.36	99.79	99.83	100.00

注：据 E. R. Kueaeuxo 等，1974。

古时绿松石主要产自埃及西奈半岛和伊朗尼沙普尔，现在主要产自新墨西哥，但质量最好的绿松石仍然来自伊朗。最近美国（新墨西哥、亚利桑那、加利福尼亚、内华达）已经增加出口，这些地方的绿松石质量不太好，均需处理改善它的硬度和颜色。我国湖北产出的优质绿松石矿闻名于世。此外，陕西、安徽、新疆与西藏均有产出，仅湖北和陕西两省绿松石产地已知有 40 多处，绿松石分布于武当山复式背斜西端的南北两翼，一个大透镜体可采矿 5 000 kg。

绿松石是一种非耐热玉石，高温下失水，会爆裂成一些褐色的粉末。不同色调的绿松石中均含有大量的水，平均为 15% ~20%，主要是三种水：吸附水、结晶水和结构水。吸附水的存在会影响绿松石的物理和化学性质，尤其是韧性、强度等力学性质。吸附水对颜色也有影响，原因是绿松石为多晶集合体，玉石材料具有一定的孔隙度，容易吸附污染物，若孔隙被水充填，减小了漫反射，颜色就变深。

第二节　绿松石矿床

一、绿松石矿床的成因观点及成因类型

关于绿松石成因有以下几种观点：B. R. 麦连科夫（1936）、J. 辛坎卡斯（1959）等认为，绿松石属于风化壳矿物，其成因与渗到地下的雨水的循环和胶状“绿松石”溶液的结晶作用有关；A. E. 费尔斯曼（1925）认为绿松石属于热液产物；A. 索谢德科（1932）提出，尼沙普尔矿床是在很厚的构造角岩石带中循环的热水活动中形成的。

Г. B. 格瓦哈里亚等（1962）和 T. N. 缅钦斯卡娅（1971）认为，绿松石是热液交代产物，在外生条件下不稳定，被次生矿物交代。Г. B. 格瓦哈里亚认为，绿松石也可能是在矿床近地表带再沉淀的结果，这样就出现了外生矿物所特有的膜壳状绿松石和团块状绿松石。

E. Я. K. NEBNHKO 认为，关于绿松石是外生的说法比较合理。证明这点的是其有硫化物矿床化学风化带所特有的矿物共生组合存在，而在含原生未氧化的硫化物新鲜岩石中，没有绿松石堆积体存在。地表附近的绿松石被其他磷酸盐交代，这与说它是外生的并不矛盾，因为每一种矿物只是在形成的风化壳的一定带里才是稳定不变的。此外，铝磷酸盐，其中包括绿松石，是表生作用最常见的产物。而在岩浆作用、气成作用和热液作用过程中形成的是无铝的磷酸盐和铝硅酸盐。

绿松石矿床尽管产在不同地区，但在地质产状和矿石类型上几乎一致。实际上它们都属外生淋滤成因，都与含磷的和含铜的硫化物矿化岩石的线性风化壳有关。这些岩石可以是年轻的酸性喷出岩（流纹岩、粗面岩、石英斑岩、二长岩等）和含副矿物磷灰石的花岗岩，也可以是含磷的沉积岩（页岩、砂岩、粉砂岩）和沉积变质岩。绿松石矿体既可以直接产在斑岩铜矿床、多金属矿床、铀矿床和金矿床的成矿区里，也可以产在无工业意义的矿化区中。不过，在厚大的次生硫化物富集带里绿松石矿点是不多的。表 18-2 表明，绿松石的主要来源是具有分散金属矿化的矿床。

表18-2　绿松石矿床的成因分类

成因类型	矿床类型	亚型	围岩	含绿松石带的特征	绿松石堆积体类型	伴生矿物	饰用绿松石特征	工业意义	矿床实例
风化壳矿床	产在具硫化物矿化的岩石线性风化壳中	具有分散金属矿化而没有次生硫化物	流纹岩、粗面岩、二长岩。石英斑岩和安山斑岩，含副矿物磷灰石的碱性花岗岩	网脉状和细脉带状，面积从6 m×25 m至(30～80) m×200 m。绿松石延深20～45 m	细脉，厚0.2～7 cm。团块，直径7～10 cm	褐铁矿、多水高岭石、黄钾铁矾、绢云母、高岭石	优质天蓝色绿松石，高级绿松石“胎”	优质绿松石的主要来源	美国的维拉格罗弗、克特兰、布罗山等，伊朗的尼沙普尔，苏联的比留扎坎等
			含磷页岩、砂岩、粉砂岩和炭质硅质板岩	细脉带长30～60 m，厚1～3 m。绿松石延深30～35 m	细脉厚0.2 cm至2～3 cm	褐铁矿、孔雀石、蓝铜矿、硅孔雀石、银星石、多水高岭石、绢云母、高岭石	浅天蓝色、浅天蓝—绿色、绿色	中档和低档绿松石的重要来源	埃及的瓦迪马哈列，苏联的阿亚卡希等，中国
		具有强烈金属矿化和发育的次生硫化物富集带	流纹岩、粗面岩、二长岩、石英斑岩和含副矿物磷灰石的碱性花岗岩	绿松石见于整个次生硫化物富集带，主要在它的顶部层位	细脉厚可达6 mm；团块，直径可达50 mm	辉铜矿、孔雀石、蓝铜矿、多水高岭石、绢云母	浅绿—天蓝色、蔚蓝色	可以在开铜矿时顺便回收绿松石	美国的凯斯尔多姆，苏联的卡利马凯尔

注：据E. R. Kueaeuxo，1974。

二、几种不同类型的绿松石矿床地质特征和实例

(一)产在具有分散金属矿化而没有次生硫化物富集带的中酸性喷出岩线性风化壳中的绿松石矿床

大量的大型绿松石矿床在此类型中，除伊朗、西奈半岛的一些著名矿床外，还有北美、中亚的大多数矿床都属于这种类型。这些矿床全都与中酸性喷出岩和含磷的沉积变质岩的线性风化壳有关。

如伊朗东北部的尼沙普尔矿床，长期以来就是世界上优质绿松石的主要来源。这些矿床位于内杀布尔市东北50～60 km处的霍拉桑，产在由早第三纪灰岩和砂岩组成、被断

裂切割并被粗面岩和玄武岩覆盖的山里。主要的泥沙普尔矿山位于阿里米尔扎山南坡的麦登村。地下坑道深达 100 m,像一座错综复杂的迷宫。

绿松石产在大块的粗面岩的粗面熔岩和角砾岩风化壳中,后者由结晶良好的含正长石的斑晶的斑岩状粗面岩带棱角的碎屑和富含水的粗面质火山玻璃基质组成磷灰石。岩石被裂隙切割。强烈蚀变,从外貌上看很像含红褐色铁质胶结物的构造角砾岩。在角砾岩碎块内可以看到黄铁矿、黄铜矿等。山麓附近的喷出岩及与之接触的灰岩含丰富的黄铁矿浸染体。

在矿床上部,绿松石呈稀疏细脉状、被含铁物质胶结的角砾岩表面呈覆膜状、与粗面岩碎屑相连的团块状产出。此外,绿松石还沿切穿角砾岩的北东向和北西向陡峭裂隙分布。在较深的层位,绿松石呈疏松物质或致密物质填充在裂隙中。致密的蔚蓝色绿松石细脉在一些地段构成近乎等轴状的网状脉。

这种网状脉在裂隙带分布极不均匀,有时呈树丛状。网状脉中含有优质饰用绿松石,段构成近乎等轴状的网状脉。

K. H. 波格丹诺维奇(1888)和 A. Φ 索谢德科(1932)认为尼沙普尔绿松石是内生作用形成的。K. H. 波格丹诺维奇认为,在深部,热液沿狭窄的构造裂隙流动,而在地表附近,则沿整个角砾岩带漫流。他还推测,网状脉中的高级绿松石是由矿化裂隙中的绿松石再沉积而形成的。据 A. Φ 索谢德科的意见,上升的热液饱和铜、磷和铝,这是热液与长石、磷灰石、黄铁矿、黄铜矿的围岩相互作用的结果。在角砾岩化带上部,由于压力和温度的急剧下降,被溶解的化合物就以绿松石、高岭土和铁的氧化物形式沉淀下来。E. R. knear 认为,尼沙普尔无疑是形成在线性风化壳中,岩体沿角砾岩薄弱带分布。氧化带的分布约 100 m,再往下无绿松石矿化。故认为,绿松石是由于粗棉岩中的长石、黄铜矿、黄铁矿和磷灰石风化淋滤作用而成的。

美国南部科罗拉多、内华达、亚利桑那、新墨西哥州分布着世界上最大的一些优质绿松石矿床。这个广阔的含绿松石区的地质结构在很多方面是由断块构造决定的,隆起断块由前寒武纪岩石组成,而下降断块由晚白垩世 - 始新世沉积岩和喷出岩组成,含矿斑岩建造的花岗岩类岩石组成中产铜、铅、锌、银等金属的硫化物矿床。大多数金属矿床集中在“拉拉米期横向斑岩带”里,其次生硫化物富集带含绿松石。在渐新世末—中新世初,该成矿区是一个风化壳发育的典型准平原。

维拉格罗弗矿床,位于科罗拉多州赛古埃奇县东北,维拉格罗弗城西北 13 km 处,1913 年发现,此后一直是科罗拉多州绿松石的主要来源。绿松石露天开采,采坑深不到 30 m。此矿床绿松石的年产值约 4 万美元,质量上乘。

矿床在早期第三纪的风化霏细斑岩(流纹石)裂隙和断裂中,斑岩被比它更新鲜但也受到绢云母化和高岭土化的含磷灰石的石英安粗岩岩墙切穿,在绿松石矿床附近,可见到贫的铜的硫化物矿石,由黄铜矿、含量黄铁矿和蓝铜矿组成。

绿松石在裂隙膨胀出或围岩空洞中,形成细脉和小团块。裂隙中见有高岭石,偶尔还有云母绿松石脉壁,通常由高林石组成,而团块的周围则是铜心带状结构的贝状高岭石,绿松石质量高,以天蓝色致密绿松石为主,此外还有多孔绿松石,甚至土状绿松石。颜色以蔚蓝色至浅灰绿色。也有些高岭石细脉和团块被铜的化合物着色,看起来与疏松的绿松石相似。

拉哈腊矿床(莫纳萨矿山)位于康焦斯县(科罗拉多州)莫纳萨城以东 16 km 处。该矿床早已为古印第安人所开采是,19 世纪末根据老窿重新发现的。1909 年开始开采,未见到有关其绿松石产量的报道,只于 1947 年开采了 900 多 kg 商品绿松石和绿松石"胎",价值 3 万美元。

拉哈腊矿床矿床有富含绿松石的矿段,组成一个含绿松石矿带。每个矿段的规模为 50 m×100 m,延深为 20m。围岩为强蚀变的粗面岩和流纹岩,已变为疏松物质,但仍保留残余的原始结构,由高岭石、绢云母和破碎的长石晶组成。在疏松物质中有时可见到褐铁矿和粒状石英。围岩的时代可能为中新世。

绿松石呈细脉状沿围岩裂隙分布,厚可达 0.65~1.0 cm。在细脉的膨胀部分可有绿松石团块,这些团块都包着一层高岭石壳或绢云母壳,有时包裹着一层铁化石英壳。绿松石的密度一样,但颜色有变化,由蔚蓝色到天蓝色。最大的一块绿松石,含有褐铁矿的极细的脉,长 17.3 cm,厚 8.3 cm,价值 1 000 美元　从这块罕见的绿松石所在的裂隙中,已经开采了 317 kg 优质绿松石。

值得指出的是,在科罗拉多州米涅拉尔和特勒两县的现代河流沉积物中曾遇到过质量很高的绿松石卵石。

亚利桑那州东南科奇姿县克特兰城附近的克特兰矿床,绿松石呈细脉和团块产在绢云母物质和高岭石物质中,这些物质都充填在寒武纪石英石和二长斑岩裂隙中。有时裂隙中还有褐铁矿和孔雀石。细脉厚 1.5~3.8 mm,通常为 3~12 mm。团块少见,质量可达 0.5~1.3 kg。

克特兰矿床的绿松石,与美国其他矿床的绿松石相比,质量不高。致密的蔚蓝色的或浅蓝色的绿松石最多占开采出来的 5%,其余的原石为绿松石"胎"和多孔的浅绿色的绿松石。1950~1936 年,该矿床共开采了数吨饰用绿松石。

新墨西哥北部的采里洛斯矿床:绿松石出现在沿花岗岩和斑岩接触带发育的构造裂隙痕中。大的含绿松石地段分布在"阿佐尔"和"帕克尔"铜矿山附近。含绿松石带长 200 m 以上,宽 30~60 m;绿松石分部深度为 18~30 m。绿松石呈细脉产出,厚 2~3 mm 至 38 mm。在裂隙膨胀部位的绢云母石和高岭石物质中,可见到优质绿松石的大团块,有些矿石与橄榄绿色多水高岭石伴生。在这个矿段里,除贵重的绿松石外,还开采出优质绿松石"胎"。这种绿松石"胎"周身布满蔚蓝色、浅蓝色绿松石细脉,在围岩的紫色或红褐色"地"上显得格外醒目。

在新墨西哥州其他含绿松石矿床中,值得提到的是贾里尔和哈奇特矿床。这两个矿床的绿松石都呈细脉产在有裂隙的强烈蚀变粗面岩和二长斑岩中。在地表附近,绿松岩(看不见)、褐铁矿伴生,而在深处与部分氧化的黄铁矿、黄铜矿、黄亚铁矾和石膏伴生。

位于内华达州连杰县的科特茨矿床,绿松石见于含少量黄铁矿和黄铜矿浸染体的花岗斑岩体上部,呈细脉状和团块状产在黏土物质中。团块直径在 5~30 mm,有时重达 2 kg。曾发现一块含褐铁矿蛛网状包体的绿松岩,重约 30 kg。

苏联属该类型的绿松岩矿床分布在库拉明含绿松岩石区。围岩是晚古生代喷发岩:石英斑岩、闪长斑岩和安山斑岩、流纹岩和粗面岩,它们属含副矿物磷灰石。库拉明区共含若干个绿松石矿床和矿点。最有意义的是库拉明山脉南坡上的比留扎坎矿床，产在可能属阿尔卑斯期的巨大的东西向的比留佐夫断裂中，其余的矿床产在山脉北坡上部安格连河支流上游。

绿松石只出现在岩石破碎带中的一些地段，这些地段长 300 m，宽 10 ~ 20 m，含绿松石带内的岩石已硅化、铁化、绢云母化、高岭土化和褪色。其原始成分和结构往往难以确定。在矿床的地表部分，高岭土化最强烈；在深处，高岭土则形成长石斑晶的假象，高岭土化的程度可达 60 m。黄铁矿化发生在深 2.5 ~ 30 m 处，在上部层位的孔洞和裂隙里，常可见到黄钾铁矾。含绿松石带中，石英细脉组成网状结构。石英脉和细脉带的走向与主要构造断裂带的走向一致。

绿松石产在破碎带中，呈细脉状和团块状，形成网状脉。这种矿段的面积为 10 ~ 30 m^2，沿破碎带和倾斜带分布不均匀，以细脉状绿松石为主，细脉厚度为 1 ~ 2 mm 至 1 ~ 3 cm，偶尔可达 5 cm。在洞孔和裂隙的交叉部位，绿松石呈孤立的透镜状、等轴状和不规则状。团块状的绿松石少见，绿松石往往“胶结”半透明石英晶粒和围岩碎屑。绿松石的颜色主要为蔚蓝色。根据判断，绿松石最大延深为 40 ~ 50 m。

比留扎坎矿床，位于库拉明山脉南支，在列宁纳巴德城东北 40 km 处。绿松石产在与比留佐夫断裂有关联的强烈高岭土化斑岩的破碎带中。比留佐夫断裂是一个长达 60 km 的垂直大断裂，沿着这条断裂出现很厚的石英脉和岩石全部硅化的地段（见图 18-1）。

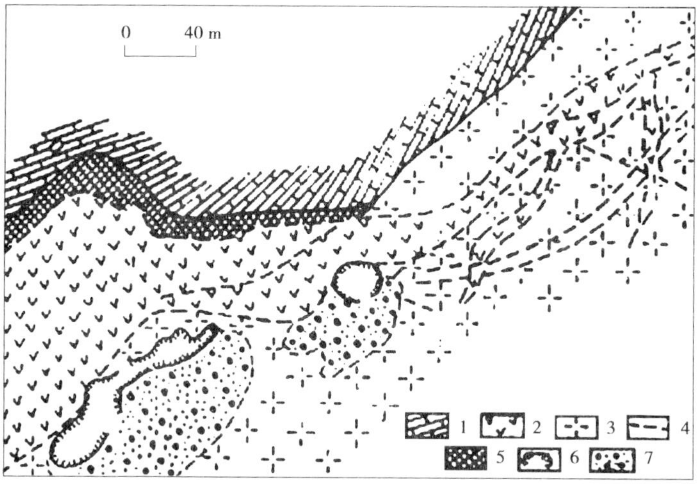

1—灰岩；2—硅化石英斑岩；3—强烈高岭土化花岗斑岩；4—构造裂隙；
5—破碎带；6—老窿范围；7—老窿废矿堆

图 18-1　塔吉克斯坦北部比留扎坎矿床地质结构示意图

（据 E. R. Kueaeuxo）

绿松石构成短树枝状细脉，厚 0.1 ~ 3 cm，也可组成透镜状和等轴状的堆积体。透镜状长 5 ~ 6 cm，厚 2 ~ 3 cm。绿松石为蔚蓝色、浅绿色 – 绿色、浅黄 – 褐 – 绿色。有时在绿松石中含水晶、长石细小晶体包裹体和喷出岩碎屑。

比留扎坎矿床共有 4 个富含绿松石带，这 4 个带中绿松石矿化的性质和形态均相似，但原石质量不同。1 号带厚 7 ~ 20 m，沿走向可追索长 120 m，绿松石延伸大于 20 m。古代矿工已将其采空；2 号带厚不超过 6 m，长 25 m，绿松石矿化深度为 20 ~ 23 m；3 号带长 75 m，厚不超过 10 m，在 25 m 深处还能见到绿松石，但主要富集在离地表不到 10 m 这一段；4 号带的绿松石矿化延深 10 m。越往深处，围岩裂隙度越高，松散的绿松石数量越大。

在比留扎坎矿床，饰用绿松石的出成率不超过总产量的 5% ~ 10%。

（二）产在沉积岩和沉积变质岩风化壳中的绿松石矿床

产在沉积岩和沉积变质岩风化壳中的绿松石矿床是我国绿松石矿的主要工业类型。也见于埃及西奈半岛、俄罗斯克孜耳库姆含绿松石区和甫哈萨克斯坦的卡拉套山脉含磷块岩的沉积岩中。

中国绿松石矿早已驰名中外，主要分布在东秦岭，尤其集中在陕西与湖北交界的武当山隆起西南缘。

本区位于秦岭褶皱带东段南缘武当地块西侧，区内出露的地层有第三系、志留系、奥陶系、寒武系、震旦系及中上元古界武当山群。侵入岩有辉绿岩、正长岩等。寒武系下统水沟口组是绿松岩的含矿层，可分南北两带。母岩皆是含碳或含泥硅质板岩和硅质板岩，北带属南秦岭印支褶皱带，主要构造方向为 NW 向，分布于月儿潭 – 鲍峡向斜中。主要矿点有郧县云盖寺、上坡阳、火烧寺，陕西白河月儿潭、穆英寨以及郧县的广山寨、姚坡、马家沟、偏头山、安沟、马栏口、小沟等。南带属北大巴山加里东褶皱带，主要构造线也是 NW 向，矿点有竹山皇城、喻家岩喇叭山、金莲洞、江家湾、马厂、土地岭等。南北两带之中，由于受 NE 向构造影响，也零星出露有郧县煤炭沟及观音寨矿点。

我国主要绿松石矿床地质特征及矿石特征见表 18-3。

表 18-3 我国主要绿松石矿产地质特征及矿石特征

矿床名称	矿床地质特征	绿松石特征	工业价值
湖北郧阳	绿松石矿体赋存于寒武系硅质板岩、泥质板岩中，呈脉状、透镜状、串珠状、扁豆状。矿体长 1 ~ 5 m，宽 0.2 ~ 0.5 m，顺层产出或产于褶曲宽粗部位	绿松石呈蓝色、绿色、不透明，致密块状。矿物成分有绿松石、水高岭石、褐铁矿等。化学成分（%）：$Al_2O_3$34.58，$P_2O_5$32.77，CuO7.71，$Fe_2O_3$3.50，H_2O^+ 18.69，H_2O^- 1.43	已开发利用，年产几十吨
湖北竹山县喇叭山	绿松石矿体赋存于寒武系硅质泥质板岩中。呈结核状、鲕状、脉状、镶嵌状。产状 350° ~ 20°∠25° ~ 40°。已知矿点 25 处，分布广泛	绿松石呈蓝色、天蓝色、黄绿色结核状集合体，块度大者 30 ~ 40 cm，鲕状者 2 ~ 5 mm。致密块状，不透明。组成矿物：绿松石、乳石英、黄铁钾矾矿、褐铁矿、水高岭石、水锆铝英石等	已开发利用，大料采出率 15% ~ 20%。主要供武汉玉器厂作玉雕原料

续表 18-3

矿床名称	矿床地质特征	绿松石特征	工业价值
河南淅川县刘家坪	绿松石矿体赋存于寒武系下统大泉组黄褐色硅质泥质板岩中，含矿层厚 0.6 m，矿石呈结核状、扁豆状，块度 0.2～5.6 cm	绿松石呈翠绿色，油脂光泽，硬度 5，有滑感，烧灼时有荧光	已开发利用，主要供淅川县玉器厂作玉雕原料
青海乌兰县高特拉蒙	绿松石矿体赋存于上元古界大理岩、片岩、石英岩赤铁矿透镜体内，或含铁石英岩、蚀变闪长岩的节理裂隙中，呈脉状，脉长 1 m，宽 3～7 m；团块状、结核状、角砾状、不规则状者块度一般 <5 cm，个别 8～25 cm	绿松石呈蓝绿色、月白色、褐黄色，不透明，致密块状。主要矿物成分为绿松石、高岭石。化学成分（%）：CuO8.14，$Al_2O_3$34.50，$P_2O_5$30.32，H_2O13.70，$Fe_2O_3$3.50，$SiO_2$8.40	绿松石加工性能良好，可供工业利用
青海乌兰县断层山	绿松石矿体赋存于上元古界石墨绢云母石英片岩、绢云母绿泥石石英片岩的挤压破碎带及次级构造裂隙中。破碎带长 2 900 m，宽 10～70 m。矿体以脉状为主，少量结核状、角砾状、不规则状。脉长一般 0.3～1.0 m，宽 0.1～0.5 cm，向下有变宽趋势	绿松石呈月白色、淡蓝色、天蓝色、蓝绿色、豆绿色，隐晶质结构，块状、结核状、角砾状构造，不透明。矿石呈集合体产出	绿松石加工性能良好，可供工业利用

1. 湖北郧阳绿松石矿

郧阳区绿松石矿相传清代就有人开采。共有矿点 80 多处。古采坑和老洞到处可见，都为顺层开采，一般深 10～30 m，最深达 200 m。老洞中清楚可见挤压透镜体、脉状和薄膜状绿松石。

由于构造作用的干扰和影响，区内构造条件复杂，出现了一系列短轴褶皱，在同一构造线上，由于出露的水平不一致，地层分布随褶皱倒转重复出现，致使寒武系广为分布，上述矿点均分布于寒武系下统的含炭或含泥硅质板岩中。这些矿点的含矿层，由于受底层和构造的影响，含矿层数目也不一，最多有 5 个含矿层，如喇叭山。一般可为 1～3 个含矿层，如云盖寺，全区大致可归纳为上、中、下三个含层矿。

上含矿层：分布于炭质绢云片岩所夹的炭质硅质板岩、泥质硅质板岩中。由于岩性相变大，含矿层不太稳定，常常零星分布。含矿层中的层面挤压透镜体不发育，但各种小褶曲常较发育，含较多的磷结核。这种含矿层中的绿松石一般质量差、个体小、硬度低、颜色呈淡绿色、月白色。

中含矿层：是本区主要含矿点，也是目前开采的主要对象。该矿层又可分为上下两端，上端岩层一般为中厚层含炭或含泥硅质板岩，规模较大。如喇叭山和云盖寺的第 2 含矿层，竹山喻家岩的石门沟及郧县将军河上阳坡矿点。下端岩性主要为硅胶板岩，夹层少，地形一般为悬崖峭壁，含矿层磷结核少见，褶曲不发育。如竹山皇城，喇叭山，云盖寺的第1矿层。上下两层含矿层除岩性有一定的差异外，其他都有共同之处，如夹层之间的挤压透镜体发育，规模也比较大，并成群出现，节理裂隙比较宽并较密集，常常形成矿化富集地段，所育绿松石个体大、颜色好（天蓝、绿、蓝绿色）、色泽鲜艳，致密度及硬度较高、质量好。

下含矿层：岩性为炭质板岩夹薄层硅质板岩，矿化不佳，仅在竹山皇城、喻家岩的天池洞、溢水的洞子沟一带零星出露。绿松石的分布一般与含矿层的构造关系密切。这些构造相互贯通，容易接受地表水渗透。如断层、层间破碎带、节理、裂隙等。断层与绿松石关系密切，几乎所有的绿松石矿点都分布于断层附近。如喇叭山绿松石矿区断层控制了第1、第2含矿层，成为绿松石富矿石地段，地表老洞全部沿此断裂顺断层倾向分布，地下相应位置也都开采到了绿松石矿体，郧西马家沟绿松石矿就分布在一条长3 000 m的金龙山－红岩洞逆断层中，下盘的含矿层比上盘的含矿层厚，绿松石较丰富。著名的云盖寺绿松石矿区就夹在南北两断层中，第1含矿层直接位于南断层中（相当于中含矿层）。上述断层的性质一般为逆断层，但也有正、逆断层叠加现象，规模大小不一，产状与层状一致。绿松石采坑往往沿断层有规律地分布，是寻找绿松石富矿地段的标志。层间破碎带分布于断层附近，一般顺含矿层走向产出，规模大小不一，有的贯穿于全矿区，有的仅在含矿层中某一段，长5～20 m到200～1 000 m，宽0.5～3 m。破碎带中的充填物为硅质板岩碎块、石英团块、石英脉、方解石脉，多水高岭石，局部炭质、泥质成分高，排列杂乱，节理和裂隙常发育，可见脉状和皮壳状绿松石矿化，是寻找深部绿松石的标志。裂隙有张裂隙和剪切裂隙两种，大部分横切层理呈单脉、复脉和网状脉，在这种节理裂隙中一般能见到绿松石分布地段，未见矿化地段则被高岭土、炭质物、泥质物、褐铁矿等充填。层间挤压透镜体，往往发育在含矿层的各个部位，直接与断层有关。在薄、中、厚层含炭或含泥硅质板岩中层间破碎带特别发育，一般沿层呈单体，或首尾相接的藕节状、串珠状成群出现，绿松石就产于这种透镜体中。规模较大的层间挤压破碎带，其中的挤压透镜体规模也大，产出的绿松石也多。如喇叭山绿松石矿区马槽地段薄层条带状硅质板岩与炭质板岩接触部位，由于Fa断层的影响，形成长200 m、宽1.5～4 m层间挤压破碎带中产出的挤压透镜体，规模也不大，长仅几厘米至十几厘米，也呈串珠状、藕节状产出，如郧西姚家坡（见图18-2）。这些层间挤压透镜体，除容纳绿松石外，尚保留部分原岩成分，但大部分破碎成黏土、泥沙质及炭质角砂状松散物质。如云盖寺绿松石矿区第2含矿层层间挤压透镜体，少部分固结成角砾，大部分全部充填泥沙质黏土，也有部分发生次生变化，生成新生矿物，如多水高岭石、土状糖粒状石英、乳石英、方解石、石墨、褐铁矿、水铝英石、孔雀石、蓝铜矿、黏土等。在云盖寺和喇叭山矿区还有少量重晶石。

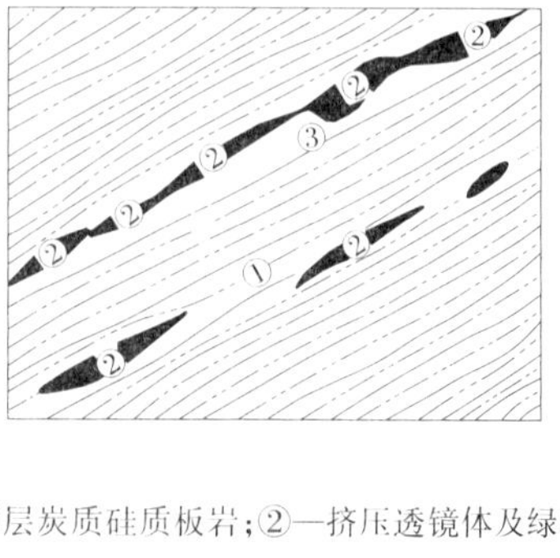

①—薄层炭质硅质板岩；②—挤压透镜体及绿松石；③—裂隙比例1∶20

图18-2　郧西姚家坡PD_4掌子面素描图

（据马玉兴，1989）

绿松石矿体形态主要有透镜状和脉状两种。

(1)透镜状绿松石矿体:一般呈透镜体顺层产出于容矿构造内,大者宽0.2~0.7 m,长1~10 m,小者宽0.2~2 cm,长1~5 cm,大的几吨,小的仅几十克,分布无规律,在含矿层中忽上忽下,时有时无,尖灭再现或尖灭侧状。层间破碎带中的绿松石,个体大;在裂隙发育地段的绿松石,个体小,构不成富矿;在褶曲、拖曳褶曲的核部、鞍部的绿松石,一般个体小,构不成富矿。在灰色、黑色、褐色多水高岭石附近能见到较大的透镜状绿松石。在含矿层的有利构造部位,岩性潮湿滴水地段,也可见富矿。一般的富矿地段的含矿构造倾角在45°~65°,与地形坡向相反,并为微负地形。透镜体里所容纳的绿松石,有的全部是绿松石,只含有少量的炭质物,如云盖寺矿区一个构造透镜体长1.5 m、宽1 m,全部为质量好的结核状的绿松石。有的只含少量的绿松石,其余全部是次生矿物或原岩碎块、炭质泥沙黏土等。如喇叭山PD_1-83.75 m处绿松石矿体,其素描图如图18-3所示。

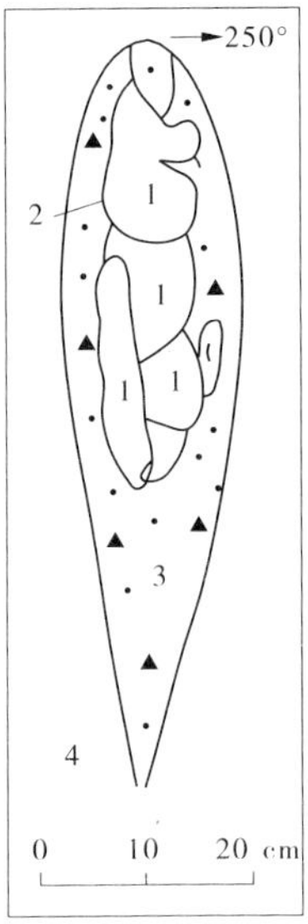

1—绿松石团块;2—炭质物;
3—松散状挤压透镜体;
4—薄层状硅质板岩

图18-3 喇叭山PD_1-83.75 m处绿松石矿体素描图

(据马玉兴,1989)

(2)脉状绿松石:有斜交层理和平行层理两种,都产于硅质板岩破碎带的节理、裂隙中。平行层理的脉体,规模相对大些,长0.5~2 m,厚0.2~2 cm,厚度大的可形成板状绿松石;斜交层理的脉体,一般产于各组裂缝内,规模略小,长5~40 cm,宽0.1~0.5 cm。当脉状绿松石赋存在岩石节理或层面上,厚度薄,便成薄膜状绿松石。

绿松石沿垂向分布有一定规律:地表所见到的绿松石一般个体不大、质松软、硬度低、杂质多、色浅、量少,随着深度增加,个体增大,质坚硬且纯,硬度加大,色泽加深、含量增加,但深度接近该处潜水面时,个体又变小、色深、杂质多而量少,潜水面以下绿松石更小,并逐渐消失。例如云盖寺绿松石矿区,在海拔820~840 m所见绿松石为浅色,个体小,硬度低且杂质多;而海拔720~800 m为富矿地段,数量、质量、个体色泽都比较好。在海拔700 m处,绿松石极少,水铝英石增加。在海拔679 m处,未见绿松石(云盖寺矿区潜水面标高约800 m)

与绿松石伴生的矿物有多水高岭石、褐铁矿、水铝英石、明矾石、方解石、蓝铜矿、孔雀石和泥沙黏土等。

绿松石一般呈结核状、粒状、脉状及薄膜状等4种。其中以结核状为主,是主要工业矿石,部分粒状及脉状绿松石工艺上也可利用。绿松石色泽鲜艳丰富,呈天蓝色、蔚蓝色、翠绿色、绿色、淡绿、苹果绿、淡蓝绿色、淡灰绿色等。一般绿松石色泽均匀,风化后颜色消失或消退,变为淡绿、黄绿、灰绿、黄褐、灰白等色,有的内黄皮绿,有的内绿皮略黄,有的整个为黄色。具有致密的隐晶结构和玻璃、瓷状和蜡状光泽,属不透明矿物,三斜晶系。矿物颗粒极细,高倍镜下能见环状结构、球状构造,无定向排列。

绿松石成因。一般认为，应属次生淋滤成因类型，证据如下：①绿松石矿区及矿点所产出的绿松石与围岩界线清楚，无蚀变现象，无热液活动的痕迹。②绿松石富集带的分布与构造关系密切。富矿地段一般都集中于断层附近或断层下盘，矿体分布于层面挤压破碎带中，呈串珠状、藕节状，藕断丝连地成群顺层分布。围岩中节理裂隙发育，常有绿松石脉充填。这些节理裂隙，上与断层相通，下与构造透镜体相接。透镜状矿体中炭质、泥沙质物含量较高，常有角砾状围岩碎块与绿松石矿体共生，并被褐铁矿、炭质、泥沙质物所胶结包裹，说明绿松石明显比围岩形成晚。绿松石的这些包裹物，绝大多数是围岩风化后被水淋滤的产物。③从绿松石的形态来看，一般呈结核状、葡萄状、脉状，高倍镜下可见同心圆构造，这些都是次生淋滤矿物的常见特征。④从绿松石的伴生矿物来看，一般为乳英石、黄钾铁钒、褐铁矿、水铝英石、高岭石、炭质、泥沙质物，这些也是次生风化带的产物。⑤从绿松石的垂向分布来看，都分布于潜水面以上（云盖寺矿区绿松石矿富集于720～800 m标高），绿松石的富集地段，毫无例外地是反向坡，特别是反向凹坡潮湿和渗水地段。⑥现在采坑洞壁可见到现代新生的绿松石薄膜。

找矿标志：①底层标志。在"武当底层"南北两带中都发育有一套下寒武统水沟口组硅质板岩底坑层，是寻找绿松石的唯一地层标志。在硅质板岩中，地层岩性变化分界处，也是寻找绿松石的有利地段。地层产状（指倾角）一般在45°～70°最宜。②构造标志。在硅质板岩中，断裂、破碎带、褶皱发育区、派生的裂隙、层间挤压透镜体、层间拖曳褶曲、岩石破碎地段都是寻找绿松石的主要标志。③绿松石标志。暴露在地表的各种形态色调不同的绿松石是直接的找矿标志。在含矿层中，地表局部都见有薄膜状、皮壳状绿松石。由于风化，有的呈黑色，有的呈黄色土状物，有的呈多水高岭石，特别是在断裂附近或挤压破碎带中，绿松石矿化更是找矿的直接标志。④老洞标志。老洞的废渣中有绿松石，说明此处曾开采过绿松石矿，特别是硅质板岩中老洞沿断裂有规律地分布，是指示寻找绿松石矿的良好的直接标志。⑤地形标志。在地形上呈反向坡，特别是反向凹坡，往往是绿松石矿富集的主要条件之一（郧阳地区所有绿松石的富集地段都为负地形）。

2. 陕西白河县月儿潭矿床

白河县月儿潭矿区地处秦岭东段武当山复背斜西端，背斜的南北两翼均有绿松石含矿带出露，绿松石矿位于背斜的北翼含矿带，主要集中在地势低洼、相对潮湿的地段，受月儿潭NW向背斜控制（见图18-4）。背斜轴部下寒武统水沟口组控制着1～7号主要的绿松石矿点，主要岩性为绢云母石英片岩夹结晶灰岩透镜体、硅质岩夹绢云母石英片岩（容矿层）。中寒武统岳家坪组为石榴子石石英绢云母片岩（含蓝晶石）、硅质岩夹结晶灰岩、含质绢云母石英片岩夹质硅质岩，控制8～14号矿（化）层。

矿体主要产于含碳硅质岩、硅质岩中，绿松石矿体呈脉状产出，一般长80 m、宽12 m，最大脉长250 m、宽10 m；绿松石在矿体中呈矿囊，其规模一般长20～100 cm，厚1～20 cm，延深10～80 cm，多为不规则状、透镜状，含矿率29.7 kg/m^3，含矿面积20 km^2。

绿松石为细粒结构（粒径<0.1 mm）和粗粒结构（粒径>0.1 mm），葡萄状、环带状、块状构造。矿石自然类型有两种，一种是简单矿石，以绿松石为主，少量炭质粉末与之共生；另一种是多矿物集合体，由多水高岭石、含炭多水高岭石、炭质粉末、褐铁矿、绿碎、绿松石共生组合而成。

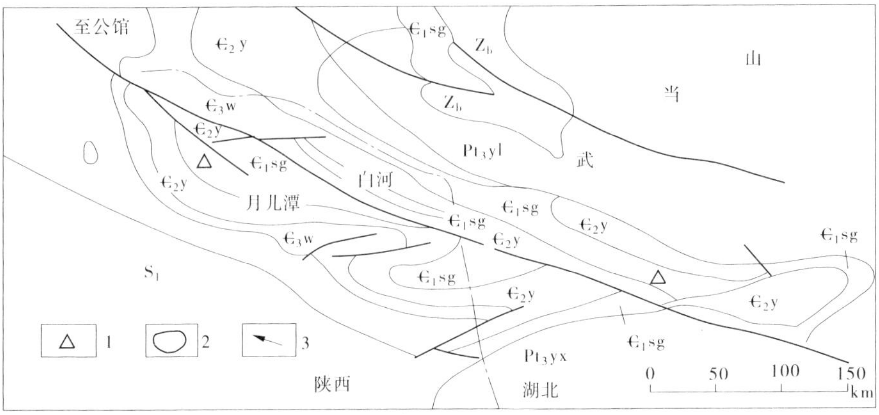

S_1—下志留统；O—奥陶系；ϵ_3w—上寒武统蜈蚣丫组；

ϵ_2y—中寒武统岳家坪组（含绿松石）；$\epsilon_1$sg—下寒武统水沟口组（矿层）；

Z_b—震旦系上统；Pt_3yx—郧西群；Pt_3yl—烟岭河群；

1—松石矿床；2—地质界线；3—主要断层

图 18-4 陕鄂相邻区绿松石矿带地质简图

绿松石呈天蓝、翠绿、蓝绿、淡蓝等色，隐晶质块状皮壳状，质地细腻坚硬，断口贝壳状，硬度 5 ~ 6，蜡状光泽，不透明 - 半透明。

3. 马鞍山市殿庵山绿松石矿区

马鞍山市殿庵山绿松石矿区位于马鞍山市向山镇杜村境内，矿区范围东北起龙山，西北止虎山，南抵殿庵山，即南山铁矿四山铁矿床露采坑北约 130 m 处，矿区绿松石以坑采为主。绿松石规模不大，矿床成矿围岩主要有斑岩、玢岩、角砾岩、石英二长斑岩粗面岩等，岩石中富含磷灰石，伴有铜、铝等矿体（丁山见铜矿体，东山见铝矿体），绿松石产于这类矿床的次生硫化物富集带中，分带明显，氧化带中不见绿松石，最多的为铁帽。次生带中见绿松石、孔雀石、蓝铜矿，向下为原生带，原生带不产绿松石。次生带是绿松石的主要发育带，当围岩环境条件由弱酸性转化为碱性时，形成绿松石矿化。

马鞍山地区的绿松石主要可分为结核状、细脉状和呈磷灰石假象三种类型。结核状绿松石及细脉状绿松石主要产于下白垩统大王山火山岩的构造断裂带内蚀变岩石中，细脉状绿松石充填于构造裂隙或岩石节理中。结核状与细脉状绿松石共同形成绿松石矿体的主体，部分绿松石交代磷灰石呈其假象产出，形成所谓"假象绿松石"。

矿区内的围岩蚀变非常普遍，沿剖面自上而下可分为两个蚀变带类型：黄铁矿、高岭石化带，绿松石矿体产于其中。个别产于高岭石化、明矾石化蚀变带。矿体呈线状分布，与构造裂隙关系密切。矿体多呈脉状、囊状和层状产出，图 18-5 是本区绿松石矿产 - 地质略图。

4. 其他绿松石矿

（1）青海乌兰县高特拉蒙绿松石矿赋存于赤铁矿透镜体、含铁石英岩、蚀变闪长岩的节理裂隙中，呈脉状（脉长 1 m，宽 3 ~ 7 cm）、团块状、结核状、角砾状，呈月白、褐黄、蓝绿

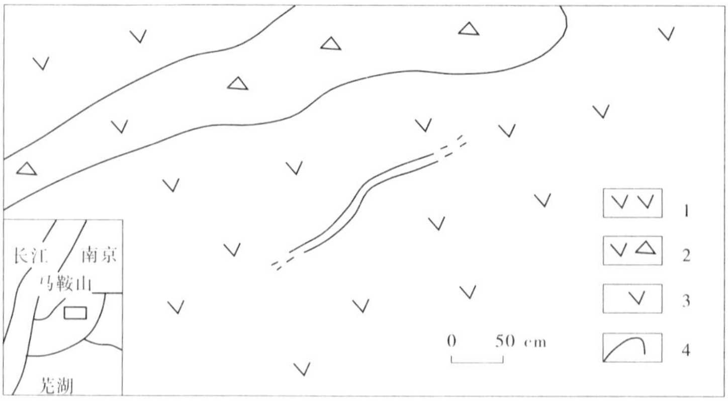

1—安山岩；2—安山质凝灰角砾岩；3—安山质凝灰岩；4—绿松石矿体

图 18-5 马鞍山地区绿松石矿产 - 地质略图

等色，质量欠佳。

(2)青海乌兰县断层山绿松石矿赋存于上元古界石墨绢云母石英片岩、绢云母绿泥石石英片岩中，受构造裂隙控制，呈月白、淡蓝、天蓝、蓝绿及豆绿等色，加工性能良好。

(3)埃及西奈半岛西南部的绿松石矿床也产在沉积岩风化壳中，面积约 640 km^2。该区由古生代灰岩和砂岩组成。有的地方，灰岩和砂岩被玄武岩覆盖。大断层广泛发育，在现代地形上表现为似峡谷状的山谷。

(4)俄罗斯绿松石主要分布于库拉明山脉和克孜耳库姆地区。其中，沉积变质岩中的绿松石矿床集中在克孜耳库姆含绿松石区。绿松石矿化地段的面积达几平方千米。各矿段一般都是沿着有岩石线性风化壳发育的构造断裂带分布。含绿松石带通常产在由阿尔卑斯期大断裂派生的次一级断裂中。围岩是亚复理石状岩系，其中细粒砂岩、粉砂岩、页岩成互层。几乎到处的岩石都已经黄铁矿化。在含绿松石带里可见时代不明的闪长岩岩墙。短的透镜状石英细脉广泛发育，其走向与含绿松石带走向一致。厚度可达 10 ~ 15 cm。交错细脉少，但大部分绿松石与交错细脉有关。

克孜耳库姆区绿松石的形态各种各样，有细脉状、硬壳状、团块状、包体，以及浸染状和蛛网状体等。浸染状和蛛网状绿松石多产在炭质页岩和石墨 - 石英片岩中，填充在其中的裂隙和孔洞中。较常见的是形态复杂和结构不均一的细脉，长度不超过 2 ~ 3 m，一般为 10 ~ 30 cm，厚度从 1 ~ 2 mm 至 2 ~ 3 cm。细脉厚度增大，绿松石的质量有时提高，绿松石的矿化深度不超过 30 ~ 35 m。

细脉由颜色斑杂的绿松石及其伴生的铁的氢氧化物、黄钾铁矾、多水高岭石族矿物组成。细脉中含饰用绿松石的地段不多，而且规模不大。最大的绿松石片体为 25 cm^2。但一般不超过 2 ~4 cm^2。片体厚度平均为 2 ~4 mm。团块的最大直径为 4 ~5 cm。其形态为浑圆状和透镜状，外面包着一层浅色黏土矿物薄膜。

与石英细脉伴生的绿松石，质量不佳。多数是浅绿色和浅蓝 - 绿色的铁质绿松石。有时褐铁矿和水赤铁矿完全交代绿松石，形成浅褐黄色土状集合体。由于硅化作用发育，降低了绿松石的质量。由于多水高岭石发育，绿松石退色，变成淡白色的，甚至白垩状的。

克孜耳库姆矿床中的蔚蓝色致密饰用绿松石虽然块体较大，但只占总量的一小部分，而且一般都产在细脉中。

（三）赋生在具有强烈金属矿化和发育的次生硫化物富集带的绿松石矿床

属赋生在具有强烈金属矿化和发育的次生硫化物富集带的绿松石矿床的有美国亚利桑那州绿松石－铜矿床。在中亚的铜、铜－钼等硫化物金属矿床中也有属于该类型的绿松石矿点（卡里玛凯尔、阿克图尔帕克）。

美国亚利桑那州巨大的铜矿成矿区内的迈阿密、圣里塔、格劳布等浸染状矿床中，发育有很厚的次生硫化物富集带。其中氧化的和次生的铜矿石里含绿松石堆积体。

凯斯尔多姆绿松石矿床可以作为典型实例。这个矿床是迈阿密这一巨大铜矿床的一个矿段，位于贾伊拉县迈阿密城以西 8 km 处。

铜矿石为浸染状。围岩是石英二长斑岩。含矿带呈南西方向延伸，并伴有同一走向的石英脉系。矿石由黄铁矿、黄铜矿和辉钼矿组成。方铅矿和闪锌矿矿化与北东向断裂有关。富含辉铜矿的矿石产在次生硫化物富集带中。淋滤带发育良好。在这些带中能见到绿松石、孔雀石和蓝铜矿。已查明，当围岩斑岩里的副矿物磷灰石发生绢云母化时，P_2O_5 含量降低一半（从 0.19% ~0.23% 降到 0.08% ~0.13%）。

绿松石组成厚度可达 6 mm 的细脉和直径可达 50 mm、厚 13 mm 的扁平团块。细脉的脉壁由黏土矿物和绢云母组成。绝大多数绿松石集中在次生硫化物富集带的上部，但也见于更深的裂隙中，裂隙中的黄铜矿几乎未被氧化。

致密绿松石呈浅绿－蔚蓝色到天蓝色。以比较松软的白垩状绿松石为主，这种绿松石组成小细脉或在张裂隙的壁上形成皮壳。这种绿松石为淡白色到蔚蓝色。未发现坚硬的和松软的绿松石在分布上有垂直分带现象，因而松软绿松石并非总是坚硬绿松石的风化产物。绿松石是在碱性介质中沉淀的，证明这点的是其中没有高岭石的存在，而且绿松石经常与多水高岭石共生。

第十九章　鸡血石矿床

鸡血石是中国特有的珍贵宝石，是一种上等的雕刻材料。因其中的辰砂色泽艳丽、红似鸡血而得名。

鸡血石主要产于浙江昌化和内蒙古巴林，故据产地不同又分为昌化鸡血石(昌化石)和巴林鸡血石(巴林石)。因昌化在我国南部，巴林在北部，行业界又分称为南方石和北方石，其有关参数见表 19-1。

表 19-1　鸡血石有关参数

鸡血石品种	比重		硬度		折光率	辰砂反射率(%)
	地开石	鸡血石	维氏	摩氏		
昌化石	2.576	2.62	66.14	2.5	1.562	26.8
巴林石	2.569	2.61	46.71	2.3	1.576	27.8

注：据陈志强、郑艳华，1991。

昌化石发现于明代(1368～1644)，后受清代政府重视。新中国成立前由于战乱，昌化石一直停采。新中国成立后一度将昌化石当作汞矿开采，1978 年以后，由于国内外市场对鸡血石需求量的复苏，当地群众自发开采。

巴林石的开采始于民国初年。1937 年，焦作工学院张守范所编《矿物学》曾称作林西石，首次将林西石定为叶腊石，归于图章石类。在抗日战争时期，巴林石曾被日寇进行过掠夺式开采。1981 年，巴林石矿被轻工业部定为中国图章石重要原产地之一。其产品销往日本、美国、英国、法国、加拿大和中国香港、中国台湾等十几个国家和地区。其产量、销量、创汇量等均超过昌化石。

第一节　鸡血石的特性

鸡血石的品种一般以“地”的不同颜色来划分，主要有白冻鸡血石、灰冻鸡血石、红冻鸡血石、绿冻鸡血石、紫冻鸡血石、彩冻鸡血石。

据作者研究，鸡血石中的“血”并非是单一的辰砂晶体，而是辰砂和地开石的集合体。因此，集合体中辰砂的大小、含量以及其中地开石颜色等，对“血”的颜色都有不同程度的影响。鸡血石中“血”的颜色在红色的基调下，也是多种多样的，很难作出准确的描述。一般“血”的颜色可分为鲜红、朱红和暗红 3 种。以鲜红最佳，朱红次之，暗红最差。“血”的形态常有块血、条血和点血 3 种。鸡血石的主要化学成分见表 19-2。

表 19-2　鸡血石的主要化学成分　（%）

产地	品种	SiO_2	Al_2O_3	Fe_2O_3	FeO	TiO_2	MnO	CaO	MgO	K_2O	Na_2O	P_2O_5	烧失量	总量
昌化石	白冻	45.31	39.45	0.11	—	0.02	—	—	—	—	—	—	14.36	99.25
		47.28	38.27	0.13	—	0.03	—	—	—	—	—	—	13.92	99.63
	乌冻	47.20	37.18	0.39	—	0.03	—	—	—	—	—	—	13.80	98.6
		49.46	39.27	0.41	—	0.03	—	—	—	—	—	—	13.27	102.44
	黄冻	45.81	41.16	0.22	—	0.02	—	—	—	—	—	—	14.20	101.41
	绿地伊利石	35.97	41.16	1.98	—	0.02	—	—	—	—	—	—	6.17	85.30
	白冻伊利石	42.31	38.64	0.13	—	0.02	—	—	—	—	—	—	17.17	98.27
	乌冻伊利石	48.56	37.03	0.34	—	0.05	—	—	—	—	—	—	13.45	99.43
巴林石	瓷白色冻	45.51	39.28	0.11	0.07	0.04	0.00	0.06	0.05	0.14	0.13	0.02	14.51	99.92
		45.32	39.82	0.06	0.09	0.02	0.00	0.12	0.00	0.00	0.01	0.01	14.24	99.69
		45.06	39.46	0.00	0.09	0.05	0.00	0.06	0.02	0.00	0.02	0.02	14.20	99.98
	乳白冻	45.87	39.26	0.15	0.00	0.05	0.00	0.06	0.11	0.00	0.02	0.01	14.28	99.81
	黄冻	45.57	39.48	0.30	0.09	0.02	0.00	0.11	0.02	0.00	0.05	0.02	14.17	99.83
	紫红冻	45.29	39.53	0.43	0.18	0.05	0.00	0.12	0.02	0.08	0.06	0.01	14.08	99.85
		45.50	39.37	0.13	0.09	0.02	0.00	0.17	0.04	0.00	0.00	0.01	14.44	99.77
	青灰色乌冻	44.90	39.62	0.50	0.18	0.04	0.00	0.12	0.07	0.00	0.00	0.01	14.40	99.84
		44.37	39.12	0.23	0.00	0.04	0.01	0.23	0.04	0.08	0.00	0.01	15.34	99.47
	黑灰乌冻	45.50	39.34	0.12	0.14	0.03	0.01	0.13	0.01	0.00	0.15	0.02	14.35	114.65
		45.02	39.78	0.77	0.14	0.04	0.00	0.10	0.01	0.00	0.10	0.03	14.39	100.38

注：昌化石来源于浙江地质一队资料，巴林石据杨争火等资料。

第二节　鸡血石矿床地质特征

一、浙江昌化鸡血石矿床

昌化鸡血石产于浙江省临安市昌化北区西北面的玉岩山一带。矿区中心位置为东经 118°55′，北纬 30°15′。矿山走势自上溪乡西北角的鸡冠岩开始，向东北延伸，经灰石岭、康山岭、核桃岭、纤岭等山岭，约 10 km。主矿区在海拔 1 230 m 的玉岩山北坡。主矿区离南侧的上溪乡政府约 2 km，离北侧的新桥乡政府约 5 km，离昌化镇 50 多 km。

矿区地处中山浅谷区，四周群山环抱，峻岭延绵，玉岩山鼎峙其中。昌化鸡血石矿山的地形与华夏式构造线有深刻联系。矿区山峰自西南向东北，依次主要有鸡冠岩、灰石岭、蚌锰脚背、康山岭、玉岩山、核桃岭、纤岭等，海拔大都在 1 000 m 以上。

（一）地层

昌化鸡血石矿位于浙江西北部昌化镇玉岩山至康石岭一带，构造上位于中生代火山盆地西北翼，呈单斜产出，矿区的构造和出露的地层都较为简单。鸡血石产于侏罗系上统劳村组浅灰－灰白色流纹质晶屑、玻屑凝灰岩中，产出的形态多种多样，顺层理产出或穿插层理产出，矿区所出露的地层较为简单，主要有：

(1)寒武系上统。西阳山组(ϵ_3x)，灰－深灰色薄层状钙质泥岩及饼状灰岩，厚121.7 m。分布于矿区西北部。

(2)奥陶系下统。印诸埠组(O_1y)黄绿－浅灰色薄层状页岩；宁国组(O_1a)灰黑色薄层状粉砂质页岩。两组地层在矿区均出露不全，厚度不详。

(3)侏罗系上统。

①劳村组。属燕山早期火山活动形式，是一套钙碱系列的安玄岩－安山岩－英安岩－流纹岩和火山碎屑岩组合。其典型岩性是"红层"夹火山岩，所以火山岩以酸性火山碎屑岩居多，酸性及中性熔岩较少。自上而下按岩性变化可分为5个阶段：

第1段，灰－深灰色底砾石(J_3t^2)。砾石成分有灰岩、硅质岩、砂页岩等。砾径2～20 cm，次棱角状，砾石含量一般大于50%，由钙质及凝灰质物质胶结，层理不发育，厚0～75 m。含Hg 0.88×10^{-6}。

第2段，青灰－紫红色凝灰质物质胶结，薄层状，微细层理比较发育。厚0～20 m。含Hg 0.55×10^{-6}。

第3段，灰－深灰色细砾岩(J_3t^3)。砾石成分有灰岩、硅质岩、泥岩等。砾径2～5 cm，次棱角状，砾石含量变化大，一般在50%以上。主要由磷灰质物质胶结，层理不发育。出露厚度小于75 m，含Hg 0.87×10^{-6}。

第4段，浅灰－灰白色流纹质晶屑、玻屑凝灰岩(J_3t^4)。晶屑成分以石英为主，长石次之。玻屑成分亦为长英质，多数已脱玻化。岩石中局部还见少量泥岩、粉砂质泥岩岩屑。所有碎屑物含量变化都比较大。岩石普遍蚀变，蚀变种类有次生石英岩化、地开石化、明矾石化等。该岩性段为产出鸡血石的主要层位，厚38～89 m。含Hg 6.5×10^{-6}。

第5段，浅灰色流纹质晶屑、玻屑熔结凝灰岩(J_3t^5)，晶屑成分为石英、长石，有少量黑云母。玻质成分为长英质，有少量脱玻化。岩石中还含有粉砂岩、泥岩的岩屑。有不同程度硅化、黄铁矿化。厚55～82 m。含Hg 1.83×10^{-6}。

②黄尖组(J_3b)。自下而上可分两个岩性段：

第1段，紫红色凝灰质粉砂岩(J_3b^1)。粉砂成分以石英为主，少量云母和长石。呈薄层状，水平层理发育，有绢云母化。厚0～13.4 m。含Hg 0.65×10^{-6}。

第2段，黄褐－暗红色流纹－英安质晶质、玻屑熔结凝灰岩(J_3b^2)。晶屑成分为石英、长石，含量在50%以上，具碎裂结构。剥蚀成分已脱玻化，局部已绢云母化。岩石具明显柱状节理。厚度不详(估计大于50 m)。含Hg 0.49×10^{-6}。

(二)构造

矿区位于中生代火山盆地西北翼，呈单斜产出，构造较为简单，地层倾向东南，倾角一般为17°～35°。断裂构造有两组：①走向北西的平移断层，陡倾角，断距一般为数米至数十米不等，断层延长可达近千米，常与劳村组火山岩走向垂直，具有一定的等距性，鸡血石常产于此组断层两侧约50 m范围内更次一级的小构造之中。②北东向的层间断裂产在劳村组流纹质晶屑玻屑凝灰岩的熔岩凝灰岩之间，断距不大，在滑动面上常可见到动力变质而产生的绢云母化，鸡血石均产于本滑动面之下。

脉状或小规则小团块状鸡血石矿体常产于此组断层两侧约 50 m 更次一级的裂隙构造内。此鸡血石虽然块小，一般不超 10 kg，但质地较纯，辰砂含量高，为优质的鸡血石。

（三）次火山岩

矿区南面出露的石英二长斑岩体（邵家岩体），侵入于黄尖组流纹 – 英安质晶屑玻屑熔结凝灰岩中，长约 9 km，宽 1.5 km，属燕山晚期的产物。岩石呈暗红色 – 浅灰色，斑状结构。斑晶以钾长石、斜长石为主，也有部分石英和黑云母，呈半自形 – 自形晶，含量一般为 20% ~30%，多者达 50% 左右，基质由石英、钾长石、斜长石及角闪石、云母等暗色矿物组成。

据对该岩体北东侧的研究，边缘相矿物粒度细，斑晶 2 mm 左右，暗色矿物除黑云母外，还有较多的角闪石，偶尔可见少量辉石。中心相 SiO_2 低，Al_2O_3 及全铁偏高（见表 19-3）。

表 19-3　中心相和边缘相化学成分对比

化学成分	平均含量（%）	
	中心相	边缘相
SiO_2	60.70	74.07
Al_2O_3	17.00	13.14
$Fe_2O_3 + FeO$	9.99	4.83

岩体的东北部边缘还有黄铁矿化（呈立方体），含量多者可达 10%。从岩体化学成分可以看出，岩体属硅酸弱饱和过碱性岩石，而且从中心向边缘岩浆成分由中基性向中酸性化，与黄尖组酸 – 中酸性熔结凝灰岩、劳村组酸性熔结凝灰岩及凝灰岩，共同组成了一个由酸性火山沉积岩、酸性火山岩、酸 – 中酸性火山岩、中酸 – 中基性火山岩构成的岩系。其形成时间大致相同，空间上在一起，成分亦有相似性和继承性。

（四）岩石的交代蚀变作用

岩石的交代蚀变作用主要有硅化、地开石化、辰砂矿化、明矾石化，其次还有绢云母化、黄铁矿化和伊利石化。这些蚀变主要集中在劳村组第 4 岩性段，即流纹质晶屑玻屑凝灰岩的底部。

1. 硅化

硅化呈面状广泛分布，蚀变岩石致密坚硬，蚀变强烈时原岩可完全成为次生石英岩，含 SiO_2 可达 99%，一般也达 92% ~97%。较早的蚀变作用常与地开石化及辰砂矿化等伴生，是该区找矿标志之一。

2. 地开石化（含少量高岭石）

地开石化主要分布在玉岩山和康石岭西侧 1 号水系局部地段，是鸡血石“地”的主要成分。呈粒状集合体，粒度变化较大，大者可达 0.20 mm，小者则为 5 μm 左右，多数在 10 μm 左右。纯地开石为透明 – 半透明，蜡状光泽，呈不规则团块状或脉状产出，常见早、晚期地开石脉穿插。一般晚期地开石的透明度质地往往比早期地开石的好。地开石化过程常残留一些次生石英岩化晶屑玻屑凝灰岩或原晶屑玻屑凝灰岩中的石英斑晶。这些残留物硬度远比地开石大，工艺上称为砂丁，为雕刻家所大忌。因此，地开石化的程度及残留物的多少直接影响鸡血石的质量。

3. 辰砂矿化

西起康石岭、东至鱼跳都见辰砂矿化，尤以玉岩山、康石岭为甚。辰砂常以浸染状、脉状或块状产出。辰砂作为鸡血石“血”的主要成分，是鸡血石找矿的直接标志。

4. 明矾石化

明矾石化为灰白色或浅粉红色，蚀变强烈时，所有原岩均被明矾石交代，成为明矾石岩。明矾石颗粒很小(<0.01 mm)，在显微镜下一般很难与地开石和高岭石区分。区内明矾石化主要分布在玉岩山和康石岭。据浙江地质一队宝玉石普查组同志的薄片观察，在流纹质晶屑玻屑凝灰岩(J_3t^4)中，可见到玻屑同时被明矾石和地开石交代，而未见到两者间的相互交代关系，可见明矾石化和高岭石化几乎是同期发生的。

明矾石化对鸡血石的质量亦有明显的影响。当明矾石和地开石并存时，鸡血石“地”的透明度、比重、折射率、光泽均变差。明矾石化的有无和强弱是鸡血石“地”多种多样的原因之一。

5. 绢云母化

绢云母化几乎在整个劳村组火山岩(J_3l)中均有发现，绢云母呈片状集合体沿裂隙产出，裂隙中还常见岩石表面风化后形成的铁质物，因此绢云母化一般来说与地表水作用有关。

6. 黄铁矿化

黄铁矿化在整个劳村组火山岩和石英二长斑岩局部均有产出。镜下观察发现，与鸡血石伴生的黄铁矿多数为五角十二面体，黄铁矿化形成的温度估计不高。黄铁矿亦是鸡血石中常见的瑕疵之一。因黄铁矿不透明，硬度高，既不美观又有碍于雕刻工艺，故黄铁矿的出现会大大降低鸡血石的质量。

7. 伊利石化

伊利石化主要分布于康石岭西部。较强伊利石化的岩石呈孔雀绿色，硬度小，貌似孔雀石，但滴盐酸不发生反应。工艺上可利用其特有绿色，作为一种雕刻材料。

综上所述，工作区岩石的交代蚀变是以硅化为主，蚀变的范围主要在劳村组火山岩，尤其是第4岩性段流纹岩质晶屑玻屑凝灰岩(J_3t^4)中，是鸡血石的唯一产出层位，因此岩石交代蚀变作用与鸡血石的形成及其质量有密切关系。而地开石化、明矾石化及黄铁矿化的发育程度对鸡血石的质量有决定性的影响。

(五)昌化鸡血石的产出形态和产状

鸡血石的产出形态和鸡血石中“血”的分布形态的概念常常容易混为一谈。其实前者是指鸡血石作为矿体在地质环境中的空间分布形式，而后者是指鸡血石这种产品中辰砂的分布状态，因此两者是不同的。

鸡血石中“血”的形态多种多样，或似天上彩云，或似地上走兽。但从地质角度，有团块状、条带状和浸染状(行业界所称的块血、条血和点血)，这3种基本形态的不同组合使其形态千变万化。

鸡血石矿体的产出形态也是多种多样的，主要受构造裂隙控制，即顺层理产出和穿插层理产出两种。顺层理产出者多为似层状、透镜状或不规则团块状，沿岩层层面断续分布。此类鸡血石多数产于劳村组第4岩性段，矿石块度可以比较大，局部可达10 kg以上，但质量较差，鸡血石中往往含有大小不同的砂丁（见图 19-1）。切穿层理者均在节理裂隙中，多为脉状或沿裂隙分布的不规则小团块状，鸡血石脉倾角陡，亦主要产于劳村组第 4 和第 5 岩性段底部（见图 19-2）。此类鸡血石块度小，一般不超过 10 kg，但质地纯，水头足，辰砂含量高，常产出优质鸡血石。昌化鸡血石特征见表 19-4。

1—次生石英岩化晶屑玻屑凝灰岩；2—地开石脉；3—鸡血石脉

图 19-1 顺层理产出的鸡血石

（据浙江地质一队资料）

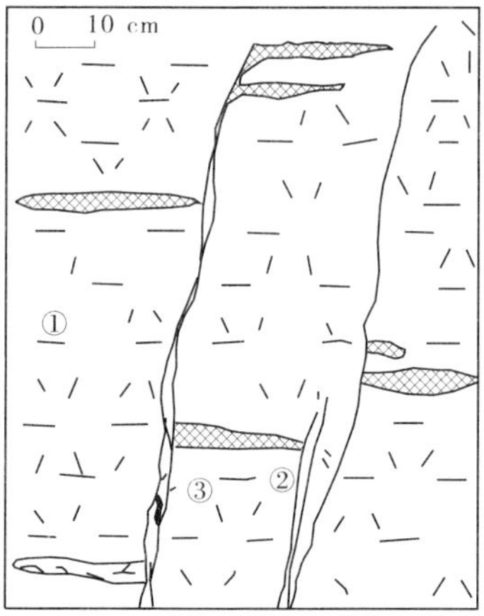

①—次生石英岩化晶屑玻屑凝灰岩；②—地开石脉；③—鸡血石脉

图 19-2 穿插层理产出的鸡血石

（据浙江地质一队资料）

表 19-4 昌化鸡血石的一般特征

<table>
<tr><th>性质</th><th colspan="5">特征</th></tr>
<tr><td>颜色</td><td colspan="5">白、黄、红、灰、灰黑、无色、杂色</td></tr>
<tr><td>矿物成分</td><td colspan="5">地开石、辰砂</td></tr>
<tr><td rowspan="2">主要化学成分（%）</td><td>SiO_2</td><td>TiO_2</td><td>Al_2O_3</td><td colspan="2">Fe_2O_3</td></tr>
<tr><td>42.31 ~ 49.46</td><td>0.02 ~ 0.05</td><td>37.03 ~ 39.45</td><td colspan="2">0.11 ~ 1.98</td></tr>
<tr><td rowspan="2">辰砂颜色指数</td><td>R_{is}（%）</td><td>X</td><td>Y</td><td>λ_d（nm）</td><td>P_e</td></tr>
<tr><td>26.88</td><td>0.322</td><td>0.318</td><td>495</td><td>0.100</td></tr>
<tr><td rowspan="4">有关参数</td><td>结晶习性</td><td colspan="2">透明度</td><td colspan="2">光泽</td></tr>
<tr><td>隐晶质 - 微晶质</td><td colspan="2">半透明 - 微透明</td><td colspan="2">蜡状光泽</td></tr>
<tr><td>比重</td><td colspan="2">硬度</td><td colspan="2">折射率</td></tr>
<tr><td>2.61 ~ 2.62</td><td colspan="2">2.40 ~ 2.60</td><td colspan="2">1.56（地开石）、3.26（辰砂）</td></tr>
</table>

（六）昌化鸡血石矿床的成因及形成机制

昌化鸡血石矿位于中国东部中生代火山盆地中，成矿具有多阶段性，是在浅成和酸性热液条件下形成的，这种浅成环境必然导致地下水也参加了火山期后热液成矿作用，根据矿石矿物组成和围岩蚀变类型等分析，其形成和演化过程必然与中生代火山岩、火山盆地密切相关。昌化鸡血石矿床的成矿机制归纳如下：

(1)物质来源和构造环境：太平洋板块的俯冲导致火山活动极为频繁，堆积了巨厚的以酸性、中酸性岩为主的火山沉积地层，塑造了形态纷杂的构造盆地，为鸡血石的形成在构造环境和物质来源上提供了必备的条件。

(2)成矿作用：在盆地封闭和半封闭的构造条件下，火山期后具有一定压力的含汞火山热液沿次级断裂小构造缓慢上升，对两侧的围岩形成热液渗透带。热液对渗透带中的矿物进行选择性蚀变，劳村组的流纹岩或流纹质凝灰岩中碱性元素溶于热水溶液而淋滤掉，剩余的铝硅酸盐矿物则向地开石、高岭石等转化，形成鸡血石的“地”。

(七)昌化石找矿标志

(1)强烈硅化是成矿的前提，找矿必须限于次生石英岩化发育地段，亦即在侏罗系上统劳村组第4岩性段的流纹质晶屑玻屑凝灰岩(J_3t^4)和第5岩性段鸡血石常有黄铁矿，而有黄铁矿不一定有鸡血石。

(2)辰砂化是直接的找矿标志。但是，运用本找矿标志时，要注意鸡血石和汞矿不同，汞的原生晕与辰砂的重砂异常可以较标准地指示汞矿的寻找，但作为鸡血石找矿还必须同时考虑辰砂和地开石共生。由于辰砂熔点低、晶格能小，在中低温条件下很活跃，其蚀变范围比地开石化的范围要大得多，甚至比次生石英岩化的范围还大。而鸡血石只能限于地开石和辰砂化重叠的范围。因此，地开石化的辰砂化同时出现才是寻找鸡血石的可靠标志。

(3)黄铁矿化因常和辰砂伴生可作为间接找矿标志。

二、巴林鸡血石的成矿地质条件

巴林鸡血石矿区分布于上侏罗统马尼吐组中酸性火山岩。按岩性和接触关系分为3类不同岩相组合。自下而上为安山岩－凝灰岩组合(包括辉石安山岩、流纹质晶屑岩屑熔岩－晶屑凝灰石、安山质晶屑凝灰岩、含角砾角闪安山岩)、层凝灰岩－凝灰质泥岩组合(包括层凝灰岩、凝灰质泥岩和粉砂岩)和流纹岩组合。流纹岩组合是矿区最主要的火山岩，其中紫色流纹岩是鸡血石的产出层位。矿区中南部出露含角砾流纹斑岩的次火山岩体，它与流纹岩和层凝灰岩成侵入接触。矿区内存在近东西向层间断裂构造，它成为矿区流纹岩中一条近东西向展布的含矿蚀变带，长度达2 500 m，宽度达500 m以上。

此外，存在一系列呈南北延伸近于平行的平移断裂，局部地段密集成带。围岩蚀变主要集中于流纹岩中，有硅化、地开石化(高岭石化)、明矾石化、黄铁矿化等。矿体形态受制于东西向层间断裂和南北向的平移断裂。在前者中，矿体呈似层状、透镜状等产出；在后者中，矿体则多呈脉状。其所见的辰砂晶体形态以极细的近等轴状为主。

(一)地层

矿区位于大兴安岭火山岩带内蒙古境内的巴林右旗，白音诺－景峰新华夏系断裂构造带与新林镇纬向断裂带交会部位的东南侧，雅玛吐山向斜南西端。

矿区及区域外围广泛分布着晚侏罗世玛尼吐组(J_3^2)陆相喷发中酸性火山岩、火山碎屑熔岩，底层走向东西，倾向北，倾角40°～75°，南缓北陡。此外，矿区还广泛覆盖有第四系风成砂土(见图19-3)。按岩性特征和接触关系可分为3个岩相组合。自上而下为安山岩－凝灰岩组合、层凝灰岩－凝灰岩泥岩组合、流纹岩组合。

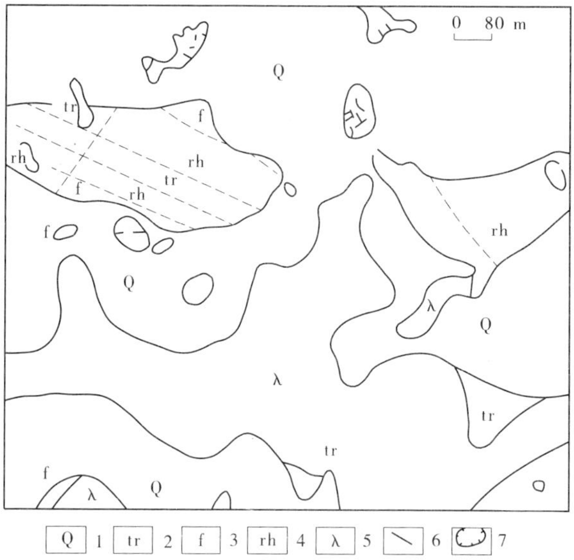

1—第四系;2—酸性晶屑岩屑凝灰岩;3—菲细岩;4—流纹岩;
5—流纹斑岩;6—矿体;7—露天采矿场

图 19-3 雅玛吐巴林石矿区地质简图

(据第二地质大队资料)

1. 安山岩－凝灰岩组合

按其成分和构造又可分为:

(1)辉石安山岩,出露于矿区南部,岩石呈褐绿色、暗灰色、紫褐色。斑状构造,基质玻晶交织构造。矿物成分有奥长石、中长石、易变辉石、角闪石、磷灰石、磁铁矿、绿泥石、绢云母、石英等。

(2)流纹质晶屑岩屑熔岩－晶屑凝灰岩,呈灰色、紫褐色。斑状结构,基质具流纹状构造。矿物成分有透长石、石英、更长石、角闪石、黑云母、黏土矿物、沸石等。岩屑和玻屑为中酸性物质。

(3)安山质晶屑岩屑凝灰岩,火山凝灰岩碎屑结构。碎屑成分有奥长石、安山岩屑、中酸性岩屑。

(4)含角砾的角闪安山岩,灰褐色,斑状结构,基质具交织结构。矿物成分有奥长石、角闪石、磷灰石、石英、磷酸盐矿物等。角砾成分为安山岩。

2. 层凝灰岩－凝灰岩泥岩组合

层凝灰岩－凝灰岩泥岩组合层理清晰,倾向 340°,倾角 50°～70°,微层理构造明显。为矿区火山喷发间歇期陆相湖盆沉积建造,可分为两种岩性:①层凝灰岩:为隐晶质矿物集合体;②凝灰质泥岩和粉砂岩:灰色至灰绿色。碎屑结构,微层纹状构造。碎屑成分为长石和石英,基质由隐晶质矿物组成。

3. 流纹岩组合

流纹岩组合为矿区最主要的火山岩,其中紫色流纹岩为巴林石的产出层位。按岩石结构构造及成分划分为:①次生石英岩化流纹岩。灰白色,致密坚硬。在地形上多构成陡峭山崖。全部由隐晶质硅质集合体组成。②紫色流纹岩。蚀变后呈褐色－灰白杂色,斑状结构,残余斑状结构,基质具流纹状构造。矿物成分有斜长石、正长石、地开石、明矾石、石英和一些隐晶质集合体。巴林石即产其中。③珍珠岩。紫红色、浅灰绿色。基质残余珍珠构造,亦可为巴林石矿脉围岩。④岩泡流纹岩。主要分布在矿区的北山。紫红色流纹质构造、石泡、岩泡构造。岩泡呈相粒(约 1 cm)扁圆状,成分与岩石基质相同;石泡呈圆形,由次生石英集合体组成。

综上所述,本区火山活动具有以下特点:火山作用第一次以喷发－喷溢为主,火山碎屑岩、碎屑熔岩和熔岩相互更迭,稍后有短暂间歇并沉积了层凝灰岩及泥质岩;第二次以溢流为主形成酸性火山熔岩;从喷溢物成分来看,先由安山岩到流纹岩,由中性向酸性演化,巴林石矿化分布在酸性的流纹岩中。

(二) 构造

矿区构造以断裂为主。成矿前断裂近东西向,即蚀变流纹岩的展布方向。规模较大,是控制次火山岩侵入和围岩蚀变的主要断裂。其性质不明。

成矿期断裂由一系列近于平行的扭性断裂组成,局部地段密集成带,呈南北延伸,倾向西,倾角 55°～80°。成矿期断裂具多期脉动特点,因此成矿交代期次多,矿脉结构复杂,矿石质量变化大。

成矿后断裂为与矿脉平行或重合的南北向压扭性断裂为主,对矿脉有一定的破坏作用。其次有一组横向张性断裂,此组断裂常有岩脉充填。

(三) 次火山岩

巴林鸡血石矿区中南部出露有一含角砾流纹岩,侵入于流纹岩和层凝灰岩中,规模不详。呈灰色－肉红色、灰绿色的小角砾约 1%,斑状结构,基质具流纹状构造。斑晶有石英、正长石、斜长石、黑云母;基质由脱玻化隐晶质集合体组成,有锆石、鳞片云母、电气石,黄铁矿少量。岩体边部发育暗色蚀变。

(四) 围岩蚀变

巴林鸡血石矿区主要的围岩蚀变有硅化、地开石化、明矾石化,其次有黄铁矿化、水云母化等。这些蚀变主要集中于流纹岩中,形成一条近东西向展布的含矿蚀变带,长 2 500 m、宽 500 m 以上,向北为第四系所覆盖。蚀变很不均匀,强弱差异很大。地开石化、明矾石化及硅化,从矿脉脉壁向中心有一定的分带性,自内向外为地开石带→明矾石带→硅化带。

(五) 地开石和鸡血石的产出形态

巴林石地开石形成至少可划分成 4 个世代(见表 19-5)。地开石形成世代愈晚,透明度愈高。颜色从白色变成无色。

从地开石穿插关系看,辰砂形成时间大致在第三世代稍后,早于第四世代。其主要分布于第三世代地开石中,因此第三世代的形态基本上代表了巴林鸡血石的形态。由于地开石和辰砂主要充填于裂隙中,因此其产出形态主要受成矿前和矿期裂隙控制。成矿前裂隙(层间裂隙)呈东西走向,成矿期裂隙呈南北走向。南北向裂隙常形成更有价值的巴林石。

表 19-5　不同世代地开石的特征

世代	颜色	透明度	工艺性能
第一世代	白色土状	不透明	不符合工艺要求
第二世代	瓷白色、灰白色,局部可有紫红色	不透明至微透明	多数不符合工艺要求,少数透明度好者可作为工艺材料
第三世代	青灰色、灰黑色、无色	半透明至透明	巴林石的主要来源
第四世代	灰黑色、淡青色、无色	透明	块度小,且常不含辰砂,故达不到工艺要求

(六)矿床成因及形成机制

矿区内侏罗系火山岩很发育,火山活动较强烈,矿体在空间上分布于火山岩内,因此一般认为成矿作用与火山后期后热液活动有关。地开石矿形成于火山岩浆期后,东西向断裂为热液上升提供了有利通道,南北向断裂则为热液中成矿物质的沉淀提供了很好的场所。酸性热水溶液在裂隙中运移时,对流纹岩进行渗透,原岩中部分 Si、Fe、K、Na 遭淋失,而 Al 和 Si 则重新组合形成瓷白色地开石。成矿过程中的脉动作用,为再次上升的热液提供了活动场所。这些后期热液再次淋滤了先形成的地开石中的杂质,对早期地开石进一步纯化,使之成分越来越纯,透明度也越来越高,使后期地开石常处于前期地开石之中。由于温度在脉动作用过程中逐渐降低,因此地开石的蚀变作用也一次比一次弱,规模一次比一次小。到了第四世代时,一般只形成数毫米的微脉,地开石矿化即告结束。

辰砂的沉淀温度较低,因此只有当出现了第三世代地开石之后,第四世代地开石之前才开始沉淀,故在野外可见到辰砂交代第二世代和第三世代的地开石,第四世代地开石穿插辰砂的现象。

第三节　昌化石和巴林石产出及特征对比

通过比较,可以发现虽然昌化鸡血石和巴林鸡血石的产地不同、鸡血石特征不同,但它们的地质特征、控矿因素却大同小异。如两地矿床均产于中生代火山岩,巴林石位于大兴安岭火山岩带,昌化石位于我国东南沿海火山岩带。

两种鸡血石主要区别是火山活动的机制,昌化石的火山活动以喷发为主,物质成分上从酸性向基性演化;而巴林石的火山活动则以溢流为主,喷发为次,物质成分上则从基性向酸性演化,因此火山期形成的次火山岩也略有不同。

巴林石的围岩是侏罗系上统流纹岩,昌化石的围岩是侏罗系上统流纹质晶屑玻屑凝灰岩。含矿构造均存在层间断裂带和穿插层理裂隙带,而矿体形态受控于这些断裂构造。

层间断裂带中产出的矿体呈似层状、透镜状的形态，且沿岩层层理断续分布，在穿插层理的裂隙带内的矿体则呈脉状等形态产出。围岩蚀变均为硅化、地开石化、高岭石化、明矾石化、黄铁矿化等。

据陈光远等研究，常压下辰砂在580 ℃升华，而呈溶解状态的HgS在200 ℃时便开始从溶液中挥发，到315 ℃时在2 h内便可全部挥发完。这些试验数据表明，这类矿床均属浅成低温热液矿床。因此，加强浅成低温热液矿床的研究，寻找那些与巴林鸡血石和昌化鸡血石矿床相近或相似的成矿区域，就大有可能拓展鸡血石的找矿前景。

昌化石与巴林石的地质特征对比见表19-6，两种鸡血石的鉴别见表19-7。

表19-6 昌化石与巴林石地质特征对比

地质因素		昌化石	巴林石
构造位置		复背斜	向斜
地（侏罗系上统）层	鸡血石均产于酸性火山岩	流纹英安质熔结凝灰岩（J_3h^2） 凝灰质粉砂岩（J_3h^4） 流纹质熔结凝灰岩（J_3l^5） 流纹质凝灰岩（J_3l^4） 细粒岩（J_3l^3） 凝灰质粉砂岩（J_3l^2） 底砾岩（J_3l^1） 寒武系灰岩、奥陶系页岩	石泡流纹岩 珍珠岩 紫色流纹岩 次生石英岩化流纹岩 凝灰质泥岩、粉砂岩 层凝灰岩 含角砾角闪安山岩 安山质凝灰岩 流纹质熔岩－凝灰岩 辉石安山岩
构造		1. 层间构造 2. 平移断裂	1. 层间构造（成矿前） 2. 平移断裂（成矿期） 3. 压性断裂（成矿后）
次火山岩	时代	火山岩之后	火山岩之后
	定名	石英二长斑岩	含角砾流纹斑岩
	斑晶	石英、钾长石、斜长石、黑云母	石英、正长石、斜长石、黑云母
	基质	石英、钾长石、斜长石、角闪石、黑云母等	脱玻化隐晶质集合体，具流纹构造
围岩蚀变	主要	次生石英化、地开石化、明矾石化	次生石英化、地开石化、明矾石化
	次要	黄铁矿化、叶腊石化、绢云母化、伊利石化	黄铁矿化、叶腊石化、水云母化
矿床成因		次火山热液矿床受构造、层位控制	次火山热液矿床受构造、层位控制

表 19-7 昌化鸡血石和巴林鸡血石的鉴别

鉴别特征	昌化鸡血石	巴林鸡血石
血色	纯正浓艳，多呈鲜红色	偏暗，多呈大红色和暗红色
褪色	褪色	更易褪色
血形	片状、团块状、条带状、略具方向性	棉絮状、星点状、云雾状，无方向性
浓度	血浓聚	血清散
质地	多呈灰白色、浅黄绿色，冻地少，块度小，杂质多	多呈乳白、青灰、灰黑及无色，冻地多，块度大，杂质少
硬度	硬度较高	硬度较低
韧性	石性坚韧	石性细嫩而易裂

第二十章 二氧化硅质玉石矿床

第一节 二氧化硅质玉石种类和性质

二氧化硅质玉石包括石英微晶组成的芙蓉石、东陵石等；由玉髓组成的碧玉、绿玉髓、玛瑙等；蛋白石组成各种蛋白石宝石；二氧化硅交代角闪石、蛇纹石石棉等而成的木变石、虎眼石；SiO_2 热水置换交代形成的硅化木和其他化石等。

一、玛瑙和玉髓

玛瑙是由玉髓组成，呈纹带状。如果块体无纹带构造即为玉髓；有纹带，若除玉髓外含长石、黏土等仍称玉髓。古时玛瑙是七宝之一，因产量多，目前已降为中低档玉石。其纯者为白色，如含其他元素和杂质则出现灰、褐、红、蓝、绿、葱绿、粉绿、黑等色。有时各色相杂形成美丽的无纹带，透明、半透明至不透明，摩氏硬度 $H=6.5\sim7.0$，比重 $D=2.65$。玛瑙颜色以红色和蓝色最佳，次为褐色和绿色，纹带愈细愈珍贵。

玉髓的种类不少，有价值的玉髓有绿玉髓、葱绿玉髓、血滴石、碧玉、缟玉髓。

二、石英岩及其石英细粒集合体组成玉石

(一)次生石英岩玉

次生石英岩玉由显微粒状石英集合体组成，并含蓝闪石、锂云母、铬云母、赤铁矿等，从而呈现白、绿、翠绿、蓝绿、紫、淡紫色等。摩氏硬度 $H=7$，比重 $D=2.65\sim3.00$。半透明到不透明。如果含云母及黄铁矿较多，称砂金石。砂金石又称金星石，在次生石英岩中含有绿色云母，很像翡翠，又称印度玉。砂金石主要产在印度、俄罗斯、巴西和澳大利亚等国，我国次生石英玉分布较广，按地名分为不同品种；北京西山震旦系沉积岩中产出的京白玉；密玉是一种绿色致密石英岩，含次生绢云母等，产在河南密县震旦系灰白细粒石英岩中，成脉状断续分布，贵翠是淡绿色石英岩，产在贵州二叠纪峨眉山玄武岩中，与辉锑矿共生，台湾翠则是蓝色石英岩。

次生石英岩玉料主要要求细腻和致密，颜色上以翠绿最佳，印度产的翠绿色东陵石闻名世界，色正的紫色也可以。

(二)芙蓉石

芙蓉石是一种粉红色的石英块体，有半透明云雾状的斑或条纹(由内部的裂纹和不连续性所引起)，所以易碎，用它作为装饰材料是因为它的颜色好而且相对较稀少。如果晶体中含有显微平行分布的针状金红石则可琢磨出芙蓉石猫眼石，芙蓉石主要产在巴西、美国、马达加斯加的花岗伟晶岩中，我国主要产在内蒙古和河北的花岗伟晶岩中，并与绿

柱石共生。

三、硅化石棉及硅化木玉石

(一)硅化石棉玉石

硅化石棉玉石是指石英质的纤维定向排列而呈现出变采或猫眼效应的玉石,是青石棉(钠闪石)被硅化的结果。青石棉的化学成分是:$Na_2Fe_3^{2+}Fe_3^{3+}\{SiO_4O_{11}\}_2(OH)_2$,硅化后含有较高的$SiO_2$。其品种有猫眼石、鹰眼石、虎眼石、牛眼石、木变石。猫眼石主要来自巴西、印度、斯里兰卡、德国Bavaria、缅甸。鹰眼石、牛眼石和虎眼石主要来自南非,在我国河南淅川是唯一产地,主要有黄褐色,也有灰蓝色及暗紫色者,其质量次于巴西。我国主要从巴西进口该玉石。

(二)硅化木玉石

硅化木玉石是埋在地下的树木受到地下水中SiO_2的交代后仍保留木质结构者。摩氏硬度$H=7$,比重$D=2.65\sim2.91$,如被蛋白石交代者称蛋白石硅化木;被玛瑙交代者称玛瑙硅化木;被隐晶质SiO_2(微粒石英)交代者称普通硅化木。如果木质结构清晰、光泽较强烈,可作雕琢原料、陈设及装饰花园用。硅化木产在许多国家。我国河北、辽宁等地亦有产出。

四、蛋白石玉

普通蛋白石品种有玛瑙蛋白石、琥珀蛋白石、蓝蛋白石、生物蛋白石、圆砾蛋白石、樱桃红蛋白石、绿蛋白石、金黄蛋白石、科伦石、铁碧石蛋白石、闪光蛋白石、紫红蛋白石、蓝紫蛋白石、玻璃蛋白石、冰岛蛋白石、碧石蛋白石、胶蛋白石、石木、乳蛋白石、矿物冻、珍珠蛋白石、海角石、蛋白石化贝壳、菠萝石、雀蛋白石、玫瑰蛋白石、朱砂红、水蛋白石、核桃石。

普通蛋白石玉品种非常丰富,如果具完整的化石,则既是宝玉又是珍贵的化石珍藏品。不少大块的蛋白石玉比玉髓或玛瑙质地更细腻,特别是罕见的纹带状蛋白石比玛瑙更珍贵。

第二节　二氧化硅类玉石矿床

一、玛瑙矿床

(一)玛瑙的地质产状

玛瑙矿床主要分布在基性和中性熔岩被中(巴西和乌拉圭巴拉那暗色岩建造、印度德干暗色岩建造等)。有时分布在次火山侵入体(亚美尼亚伊支凡)和凝灰岩中,基性和中性喷发岩系中含玛瑙矿带多出现在熔岩岩被的多孔隙(杏仁状)岩石地段的熔岩破碎地段。

在玄武岩和安山岩中可见到许许多多的玉髓和蛋白石细脉及巢状堆积体,有时含方解石和沸石,矿既产在构造裂隙,也产在原始喷发岩中的孔洞以及被构造活动扩大了的收缩节理裂隙。裂隙和孔洞附近的玄武岩和安山岩产生褪色化、沸石化和碳酸盐化。

较大矿床中的含玛瑙热液蚀变带沿熔岩岩被延伸数百米，涉及几乎全部杏仁状岩层，厚5~10 m，乃至50~100 m以上（格鲁吉亚阿哈尔采赫）。玛瑙充填在熔岩的原生气孔里以及裂隙交汇处和裂隙膨胀处的孔洞里。

玛瑙的杏仁状结核直径可达0.5~0.8 m，重可达500 kg以上（巴西）。有些玛瑙有空心洞，四壁长满无色的菱形石英和水晶（有时还有方解石）的晶体，这种晶洞也是贵重的标本材料。在大的晶洞及被玉髓矿化的开口节理裂隙和熔岩破碎带中，可见到适于加工的较大的紫水晶晶体。紫水晶－玛瑙综合火山期后型矿物见于巴西和乌拉圭。

在凝灰岩质沉积中，玛瑙矿化岩少见得多。在帕马锲矿床（格鲁吉亚南阿哈尔采赫组），含玛瑙围岩是一些未矿化的被层凝灰岩覆盖的细碎屑和中碎屑安山质集块凝灰岩。该矿床有一个突出的特点，就是玫瑰色都产在洞中，而这些洞孔据认为是埋在炽热的凝灰岩下面树木被烧尽后而形成的。

有时，致密的碧玉状产物和玛瑙伴生在一起，所谓碧玉状产物就是一些长在玛瑙的和沸石－方解石－玉髓的杏仁体和脉矿壁带上的硅化喷发岩。这些产物以玉髓质为主，被绿泥石、镁绿泥石、铁的氧化物和黏土质点染成绿色、浅绿－褐色、黄色和红色。

有一种特殊玛瑙（美国叫雷蛋）小矿床见于酸性熔岩即流纹岩、流纹英安岩、粗面流纹岩中（见于美国俄勒冈州、俄罗斯磁山矿床等）。玻璃质熔岩矿化，含大量石泡，部分或全部为玛瑙充填。从围岩中可提取出浑圆形的带状玛瑙与硅质结核，直径达20~30 cm。这种玛瑙心的切面往往显示出一种不规则星状轮廓。

（二）矿床实例

中国是一个玛瑙资源丰富的国家，在黑龙江、吉林、辽宁、内蒙古、新疆和台湾等省区已知玛瑙产地20余处，其中阜新的玛瑙资源储量丰富，是全国最大的玛瑙原料产地和加工基地。2004年9月，第十二届国际矿山测量大会宣布阜新玛瑙资源储量占全国总量的50%。

下面以阜新玛瑙矿床为例，探讨玛瑙的矿床地质特征。阜新地区的大地构造位置处于华北陆块东段北缘，包括槽台说的内蒙古地轴东端、燕山台褶带辽西台陷和华北断坳。

1. 区域地质特征

区内地层主要为太古宙上壳岩系、中元古界长城系、蓟县系、清白口系、古生界石炭系、中生界侏罗系、白垩系、新生界第四系。玛瑙矿主要赋存于中生界侏罗－白垩系、白垩系中－基性火山岩、火山碎屑岩夹中酸性－酸性和碱性火山岩、火山碎屑岩及沉积岩。

区域构造：本区位于中国东北部，新生代构造活动带属于滨太平洋构造域，部分属于古亚洲构造区域。区域构造的基本轮廓，是呈北北东向展布的构造岩浆杂岩带与东西向展布构造岩浆杂岩带构成的隆起区，与中生代（侏罗纪和白垩纪）断陷盆地组成的构造组合。

区内岩浆岩发育，出露面积大，以酸性岩为主，少量基性、中性岩。形成时代为中元古、古生代、中生代。各期岩体在其地质分布、岩石组分、结构构造及岩石化学和地球化学特征等方面均存在明显差异，反映出岩体是形成于不同地质环境下的特定产物。

与成矿关系密切的中生代火山断陷盆地，主要有阜新－义县和彰武－黑山两个火山断陷盆地。

2. 玛瑙的成因类型

根据玛瑙的成矿条件，阜新西部地区火山岩系玛瑙的成因类型可分为原生的分泌体状玛瑙、断裂充填型脉状玛瑙和次生富集型玛瑙。在每一大类中，按赋矿岩石种类可作进一步划分。对阜新西部地区火山岩系玛瑙的成因类型具体划分如下：

(1)分泌体状玛瑙。按围岩性质，分泌体状玛瑙可进一步分为玄武岩和玄武安山岩中的分泌体状玛瑙，安山岩、英安岩及珍珠岩中的分泌体状玛瑙。

(2)断裂充填型脉状玛瑙。按脉体的围岩类型不同可进一步分为四种类型：玄武岩和玄武安山岩中断裂充填型脉状玛瑙，安山岩中断裂充填型脉状玛瑙，火山碎屑岩中断裂充填型脉状玛瑙，安山玢岩中断裂充填型脉状玛瑙。

(3)次生富集型玛瑙。

3. 玛瑙矿床的地质特征

按照玛瑙类型分别对玛瑙的地质特征进行描述。

1)分泌体状玛瑙的地质特征

(1)玄武岩和玄武安山岩中的分泌体状玛瑙。

分泌体状玛瑙通常呈近球形、扁球形、扁饼状及不规则状，其中，直径 < 10 mm 者称杏仁体，直径 > 10 mm 者称晶腺。杏仁体状玛瑙具有广泛发育、密集状产出的特点，但因该类玛瑙自然产出体积小，当前利用价值不大；晶腺状玛瑙虽然总产出量较杏仁体状玛瑙小得多，因个体较大而利用价值亦大。据野外地质调查及研究区当地村民介绍，研究区所产较大晶腺直径多为几厘米至十余厘米，重量多为数十千克，但亦见数十厘米(大者直径可达 80 cm、重达 50 kg 以上的玛瑙晶腺。玄武岩和玄武安山岩是分泌体状玛瑙的主要赋矿岩石。阜新西部地区义县组大多数具杏仁状构造的玄武岩和玄武安山岩中的杏仁体都是由玛瑙组成的，但玄武安山岩的含矿性不如玄武岩。虽然杏仁体状玛瑙当前利用价值不大，但因其总量大而具有很大的潜在价值。另外，杏仁体状玛瑙常常因其与晶腺状玛瑙共生而对找矿具有重要的指示意义。

玄武岩和玄武安山岩中的分泌体状玛瑙，按玛瑙是否具有缟状构造，可分为以下两种类型：

①块状构造的玛瑙(广义的玛瑙)：块状构造(指肉眼观察)即无缟状构造，无缟状构造的玛瑙为广义的玛瑙。玄武岩、玄武安山岩中具块状构造的分泌体状玛瑙的颜色通常以近无色或灰白、浅灰色调为主，少部分略呈浅紫(在玛瑙工艺品中，称此颜色为“紫罗兰”)、浅黄、红褐、浅蓝等色调，它们(尤其是近无色、灰白、浅灰色者)多具有透明度较高、质地细腻、光泽柔和的特点。

②高状构造的玛瑙(狭义的玛瑙)：玄武岩和玄武安山岩中具缟状构造的分泌体状玛瑙，其缟状构造通常是由于玛瑙颜色的变化或色调深浅的变化而显示，常见深灰色与浅灰色相间，灰色与黄褐或红褐色相间，近于无色与灰白色相间构成的缟状玛瑙。这类玛瑙的品质主要与玛瑙显示缟状构造的颜色、条纹或条带的宽窄及其组合情况有关，匹配自然、美观者常成为玛瑙工艺品的上等原料。

(2)安山岩、英安岩及珍珠岩中的分泌体状玛瑙。

安山岩、英安岩及珍珠岩中的分泌体状玛瑙含量较玄武岩、玄武安山岩中的分泌体状玛瑙少得多，但也常因玛瑙的个体较大而经济价值较大，珍珠岩中的晶腺状玛瑙尤其如此。玛瑙的个体直径多为数厘米到数十厘米，并以十几厘米到三十厘米者常见。这类玛瑙多呈灰－深灰色，并以具编状构造者居多，但色泽常逊于产于玄武岩、玄武安山岩中的分泌体状玛瑙。

2）断裂充填型脉状玛瑙的地质特征

断裂充填型玛瑙脉体规模差别很大，小脉体宽仅数毫米，多在数厘米至 10 cm，地表出露长度为数厘米至数米不等，大者宽度 >10 cm，地表或揭露控制长度一般为数米至百米以上。如紫都台乡东营子所产“玛瑙墙”、宝珠营子所产“玛瑙王”等均属大型玛瑙矿脉。

（1）玄武岩和玄武安山岩中断裂充填型脉状玛瑙：以小矿化脉居多，较大矿脉较少。玛瑙脉状矿化点在阜新地区较为多见，玛瑙脉体宽度多变化于 1～10 cm，大者达 15 cm。如在紫都台乡东营子村东灰黑色玄武岩中见有多条沿裂隙充填的灰白或浅灰色玛瑙脉体，宽度为 2～8 cm，长为数十厘米至 10 m 左右。

（2）安山岩中断裂充填型脉状玛瑙：脉体规模变化较大，目前已知产于安山岩中的较大玛瑙脉体有紫都台乡东营子村的“玛瑙墙”，玛瑙颜色以呈黑灰－黑色占绝对优势为特征。

（3）火山碎屑岩中断裂充填型脉状玛瑙：脉体比较常见，颜色有灰白、灰、深灰、黑色等多种，但较大者以灰、深灰色为主。如七家子乡西水泉东南梁已采玛瑙产于集块质火山角砾岩中，集块和火山角砾含量在岩石中约占 90%，最大集块直径达 80 cm；现残留大体平行采坑 4 条，相间 13～30 m 不等，矿坑走向介于 354°～10°，采坑宽为 0.5～1.2 m，长 10～30 m。

（4）安山玢岩（含隐爆角砾岩、隐爆集块岩）中断裂充填型脉状玛瑙：在阜新西部地区较大脉状玛瑙矿体中占有重要位置。至今发现的这类玛瑙主要发育于研究区的宝珠营子东部的伊吗吐山的西北坡，已开采或已部分开采的规模较大的玛瑙矿脉有 4 处，阜新地区的“玛瑙王”亦产于此地。

3）次生富集型玛瑙的地质特征

次生富集型玛瑙即原生玛瑙（主要是分泌体状玛瑙）经风化－沉积作用改造的第四系中的玛瑙，包括：①原地残积物以及经短距离搬运的坡积物（二者统称为残、坡积物）中的玛瑙；②冲积物中的玛瑙。其中的玛瑙既有分泌体状，也有脉体碎块状。它们所形成的矿化点系原生玛瑙经风化、沉积作用改造的次生玛瑙矿化点。

这类玛瑙的富集在成因上属于风化矿床中的残、坡积砂矿床或沉积矿床中的机械沉积（砂）矿床的成因范畴。阜新地区的残、坡积成因的玛瑙主要是玄武岩或玄武安山岩遭受风化作用，化学性质稳定的分泌体状或脉状玛瑙块体残留在原地或沿斜坡短距离位移后堆积形成次生富集型玛瑙；冲积物中的玛瑙是指含有玛瑙的火山岩风化的碎屑物质被片流、洪流或河流搬运，当搬运介质运载力减弱时，经机械沉积分异作用而成的次生富集型玛瑙。残、坡积物中的玛瑙较为常见，只是随着开采时间的不断延续具有玛瑙个体较小但数量多（品位较高）的特点，目前经济价值较小。

4. 玛瑙成矿的空间条件及其规律

1) 原生孔洞控制着分泌体状玛瑙体的形状、大小

原生孔洞是指在火山岩形成过程中产生的孔洞。岩浆中的挥发组分在岩浆冷凝后所占据的空间为后期的富 SiO_2 热液提供了沉淀的空间场所。

由于基性或偏基性的岩浆黏度较小，岩浆中的气体易于逸散，没有逸散的气体在玄武岩及玄武安山岩中形成的气孔体积通常也较小，所以沉淀、充填其中形成的玛瑙以杏仁体（直径 <0.01 m 的分泌体）状居多，这类玛瑙常具有个体小但数量多的特点。同样，由于基性或偏基性的岩浆黏度较小的原因，在岩浆冷凝前的流动过程中，易造成岩浆中气孔的拉扁，并使其后形成的玛瑙体呈扁饼状。

中、酸性岩浆黏度较大，其中的气体不易逸散，导致气体积聚的空间具有体积大、数量少的特点，岩浆冷凝后形成了安山岩、珍珠岩等中、酸性岩浆岩中的较大孔洞，即为后期的 SiO_2 热液形成玉髓提供了较大空间。所以，安山岩、珍珠岩中的玛瑙体以晶腺状为主，并因中、酸性岩浆黏度大、流动性差，岩浆中的气孔不易变形，形成的玛瑙体多呈近球形或椭球形。

在火山碎屑岩及与安山玢岩共生的隐爆角砾岩中，不论是凝灰胶结还是熔岩胶结，常常存在着较多的孔洞或空隙，这类空隙多呈多角形或不规则形，导致其中的玛瑙体亦呈多角形或不规则形。

2) 次生断裂控制着脉状玛瑙体的形状、规模

次生断裂是指岩石形成后生成的构造断裂。其中，由于节理形成的空间窄小，很难形成具有经济意义的玛瑙矿体，但当它们较密集地大量出现时，常常是地下隐伏玛瑙矿体的重要找矿标志；断层或断裂带是形成玛瑙矿脉的重要构造条件，一方面，断层是富含 SiO_2 热液运移的通道；另一方面，断层也为 SiO_2 热液沉淀形成玛瑙提供了必要的空间条件。目前所知的较大的脉状玛瑙矿体无一不形成于断裂带中。

（三）成因综述

H. J. Blankenburg 等（1982）对火山玛瑙的氧同位素进行测定，其 δ_{18O}（‰）达 22.4 ~ 31.3（见表 20-1）。

表 20-1　火山玛瑙和石英壳的氧同位素 δ_{18O}（‰）

样品号	产地	δ_{18O}
Si204a	德国奥伯施泰因暗玢岩中的玛瑙	+31.3
Si204b	上述玛瑙杏仁体中的乳状石英	+28.0
Si213a	巴西塞拉暗玢岩中的玛瑙	+28.3
Si213b	上述玛瑙杏仁体的石英	+25.5
Si307b	德国卡尔·马克思市附近阿尔滕多夫流纹岩中的玛瑙	+22.4
Si307a	上述玛瑙体中的石英	+22.8
Si309b	德国迈森附近塞利茨流纹岩中的玛瑙	+26.1
Si309a	上述玛瑙中的石英	+26.6
Si305b	德国迈森附近卡什卡流纹岩中的玛瑙	+23.9

续表 20-1

样品号	产地	$\delta_{^{18}O}$
Si305a	上述玛瑙中的石英	+22.8
Si303b	德国莱斯尼希附近沮迪斯海因流纹岩中的玛瑙	+25.9
Si303a	上述玛瑙球中的石英	+25.4
Si440	德国罗斯魏因附近罗伊绍－菲尔森的红色燧石	+20.7

注：据唐晴，1983。

硅酸盐（或碳酸盐）间氧同位素分馏与温度有关，在大约 10 ℃时，该值可达 3%，或更高，如果温度上升，该值不断下降。

据此认为，玛瑙杏仁体物质是来自富 $\delta_{^{18}O}$ 的沉积岩，亦即玛瑙石隧石捕虏体熔化后又重结晶而形成的（见图 20-1）。

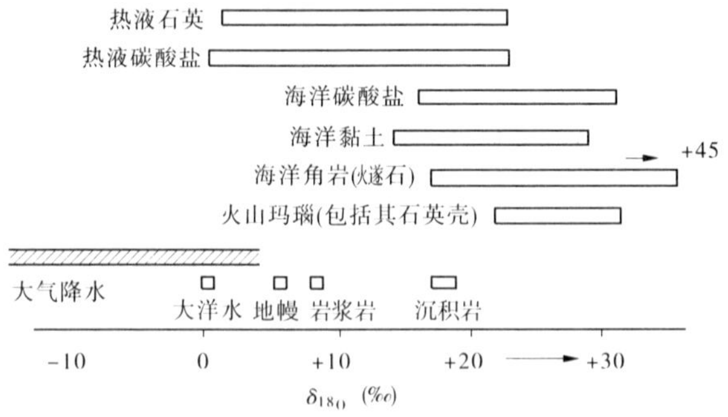

图 20-1　各种沉积矿化和热液矿化以及大气降水 $\delta_{^{18}O}$ 范围

（据唐晴，1983）

根据板块构造学说，与中欧二叠纪火山岩相当的火山岩，无论是与消亡带岩浆作用有关的安第斯型还是岛弧型火山岩中玛瑙杏仁体，都是通过消亡大洋岩石圈的部分熔融产生的岩溶而形成的。在大洋壳的第一次沉积岩内，燧石产出极为普遍，二叠纪岩浆的深熔化作用过程中可以吸收燧石残留体并作为捕虏体一起带上来。

Stewart Sim（1979）曾对玄武岩气孔溶洞中玛瑙的形成提出一种观点，他认为含玛瑙杏仁孔形成分五个阶段（见图 20-2）。

（1）热液进入气孔初期形成方解石晶体、树枝状物质和针状晶体（如金红石）。

（2）通常（但不一定）形成绿色土状矿物，称绿磷石，主要来自普通辉石和铁镁矿物。这种绿色土状矿物沿着气孔壁分布，随之而来的是由长石变来的沸石。

（3）进入富硅质热液并形成玉髓层，冷却后玉髓收缩并产生裂隙，围岩中的空气从裂隙进入气孔，裂隙成十字形。

（4）熔岩进一步冷却后，雨水可以从裂隙进入并形成滴状物，因为裂隙呈十字形使之在一定情况下向外扩散。熔岩完全冷却后，大气通过岩石进入水平面。潜水面随季节上升和下降，使之在一定情况下向外扩散。

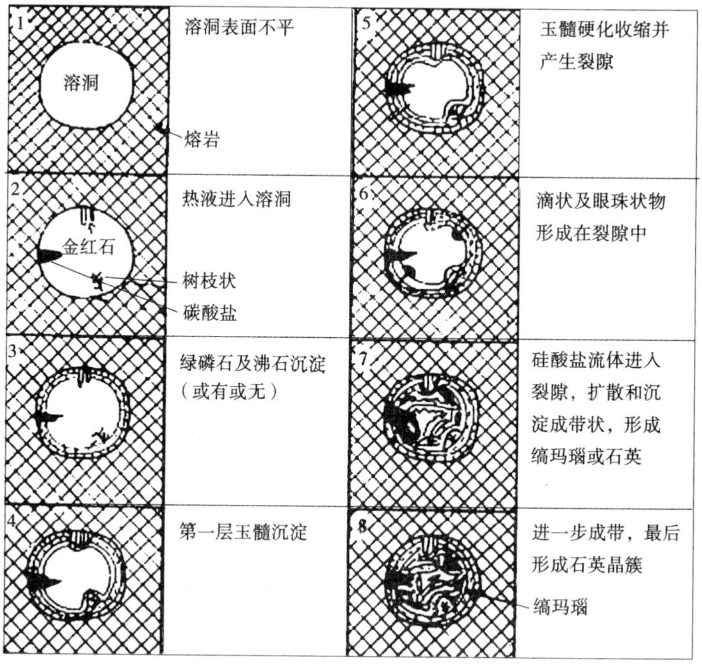

图 20-2　玄武岩溶洞中玛瑙的推测发育过程

（据 Stewart Sim,1979）

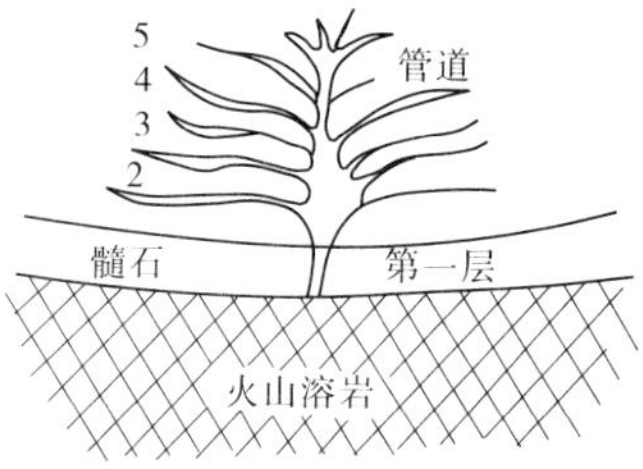

图 20-3　进入溶洞管道入口的设想模式

（据 Stewart Sim,1979）

（5）熔岩完全冷却后，大气通过岩石进入水平面。潜水面随季节上升和下降，溶液从岩石中吸取某些成分并上升进入原有的和其后形成的裂隙。这种富硅热液缓慢进入气孔，从溶胶快速沉淀为玉髓，溶液将气孔空气赶到围岩中，而当潜水面下降时，空气又回到气孔中（见图 20-3）。这期间有一定的时间间隔，估计玛瑙一年的沉积厚度为 2.54 cm（约合一天沉积一张纸的厚度）。所以，潜水面的升降间隔控制了玛瑙的发育形态，重力、液体和气体交换压力及毛细管均起作用，因此玛瑙沉淀的韵律图案实际上反映了潜水面移动的情况。如果只有少量气体进入气孔，由于重力它将落入底部，以玛瑙或水平状玉髓的形状出现。若充填气孔的液体在相当长的一段时间内从不间断，则形成石英，所以随着潜水面的移动形成玛瑙及石英环状。杏仁孔中玛瑙还可以包裹黄铁矿、赤铁矿等。

除充填在气孔中的玛瑙外，在江苏郑江以东南山地区还有一种产状较特殊的玛瑙矿床。矿床位于埤城腹背斜东南翼，赋存于白垩纪碱性流纹质火山岩中。火山岩自上而下分为四个岩性段：第一岩性段以钙碱质－碱质中酸性火山岩流纹岩为主，次为流纹质角砾岩，局部夹沉积碎屑岩及蒙脱石化、沸石化矿层；第二岩性段主要由紫红色粉砂质泥岩、粉砂岩及火山碎屑岩组成；第三岩性段主要由流纹岩、珍珠岩、流纹质碎屑熔岩夹沉积岩及火山碎屑岩组成，玛瑙赋生在第三岩性段的珍珠岩矿体顶板蒙脱石化带中；第四岩性段主要由各种集块角砾岩组成。

珍珠岩顶板发育的强烈蒙脱石化及局部沸石化蚀变作用，均系伴随富水玻璃质火山熔岩顺层侵入，其后碱性气水溶液交代作用的结果，使顶板蚀变强，底板微弱。珍珠岩岩浆是在岩浆房中由原流纹质岩浆水化而成的，特点是吸收了大量水分，同时发生去钾作用，岩浆黏度降低，蒸汽压增大，迫使水化后的溶浆上升顺层侵位。

玛瑙多呈不规则圆球状，直径 5 ~ 25 cm，内部常有空心，分布不规则，分布在珍珠岩顶板蒙脱石化带，层位稳定。据胥洁如(1988)研究，玛瑙的形成是由于碱性环境下，碱性流纹质火山碎屑岩在热液作用下发生蒙脱石化，剩余 SiO_2 成为 SiO_2 液胶在蚀变岩石的孔隙中沉淀而成的。

二、次生石英岩玉矿床

(一)河南密县助泉寺玉石矿床

河南密县玉矿玉石一般产在变质石英岩的裂隙中，属后期热液裂隙交代矿床。据李劲松(1978)资料，玉石颜色主要有浅绿、翠绿、豆绿、肉红、黑、乳白等色。

玉石主要由石英组成(占 95% ~99%)，粒度 0.03 ~0.6 mm，其他成分为硅质绢云母、锆英石、电气石、金红石、磷灰石、金属矿物、燧石、泥质物等，呈浸染状或以集合形式分布于石英石颗粒之间，或以针状、发状包裹体产于石英颗粒中。镜下观察绿玉为含铬云母石英岩，石英 95%，铬白云母 1% ~2%。石英呈等轴粒状，多直边边缘，相互镶嵌，少量云母沿部分石英颗粒边缘分布，亦可以分布于石英颗粒之上。

玉石主要化学成分为：$SiO_2$98%，$Al_2O_3$0.22%，$Fe_2O_3$0.43%，MgO 0.55%，CaO 0.1%，K_2O0.3%，Na_2O、TiO_2 微量。玉石比重为 2.7，硬度较高，摩氏硬度为 7，稳定性较好，半透明至不透明。质佳密玉绿如翡翠、质地细腻，其亮度、光泽性能均佳。

矿床位于秦岭东西复杂构造带。区域地层自下而上为元古界嵩山群五指岭组千枚岩；震旦系中统马鞍山组石英岩；普峪组千枚岩、灰岩；上统骆驼畔组石英岩；寒武系石英砂岩、灰岩及页岩。

矿床位于震旦系马鞍山组(Z_2m)灰白色细粒石英岩中，玉石受地层、岩性及裂隙控制。该组岩性自下而上细分为：

(1)灰白色粗－细粒石英岩(Z_2m^1)。

灰白色中细粒石英岩，加粗中粒石英岩。中厚层状，厚 20 ~78 cm。本层中有细粒石岩 3 层，单层厚 1 ~1.5 m，其中第三层(E3)可作玉石和油石。

灰白色粗中粒石英岩，其中夹细粒石英岩 3 层，灰白单层厚 0.3 ~1.5 m，其中颗粒匀细无杂质者，可作玉石和油石。本层厚 74 ~100 m。

(2)乳白－紫红色条带状中粗粒石英岩(Z_2m^2)。

乳白－淡紫色中细粒石英岩，局部加粗中粒石英岩，厚 8 ~40 m，岩石颗粒致密匀细，性脆，节理发育，有红色斑点等杂质。

紫红色条带柱状中粗粒石英岩夹中细粒石英岩，厚 66 ~158 m。本区寒武系以上地层多呈平缓的单斜岩层覆盖其上。震旦系以下地层褶皱和断裂非常强烈，形成一些大的倒转背、向斜和逆掩断层，并伴随产生许多次一级的构造裂隙。这些构造裂隙给玉石的形成创造了条件。

1. 矿体形态

玉石呈脉状、扁豆状，断续分布于助泉寺、白合沟、寺里沟及并湾一带。矿体赋存于震旦系马鞍山组下段灰白色细粒石英岩及裂隙中，受地层、岩性和断裂控制。其中，白玉呈层状较稳定，含矿6层（E1～E6），以第3层E3为最好，绿玉呈脉状产于石英岩裂隙中（见图20-4）。

2. 矿体规模

白玉（E3）规模较大，厚一般为2 m以上，最厚3.9 m，最薄0.4 m。主要含矿层断续延伸350～2 800 m，推测矿层延深大于150 m。

绿玉主要在白合沟南、北坡坑道中开采，南坡开采垂深100余m。玉脉长70 m，厚0.1～2 m。北坡为密县玉矿在开采中新发现的矿脉，开采深度近100 m。矿脉长90 m，厚20～30 cm，最厚70 cm。寺里沟玉矿产生在主矿层（E3）中。绿玉延深200 m，厚0.4～1 m。下盘含红玉，厚20～30 cm（见图20-5）。

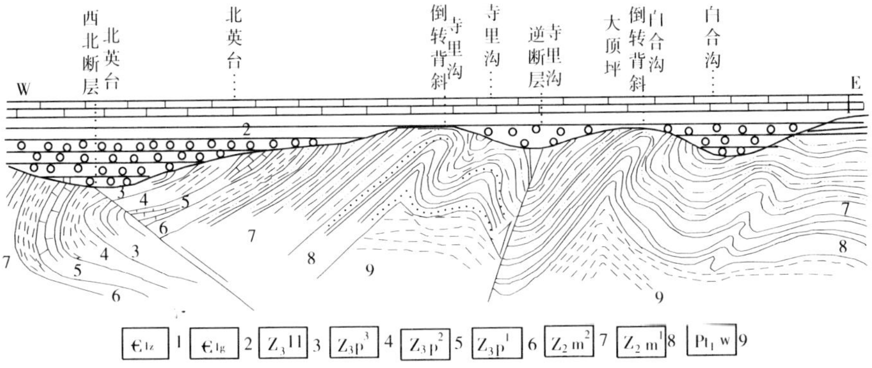

1—寒武系朱砂洞组灰岩（注意底部岩石沉积）；2—寒武系关口组砂岩底砾岩（注意底砾岩厚度变化及分布位置）；3—震旦系骆驼畔组石英岩；4—震旦系普峪组杂色千枚岩；5—震旦系普峪组灰岩；6—震旦系普峪组肝红色含铁千枚岩；7—震旦系马鞍山组紫红条带状石英岩；8—震旦系马鞍山组灰白色石英岩；9—前震旦系五指岭组片岩

图20-4　助泉寺矿区地质剖面示意图　（据河南省区测队）

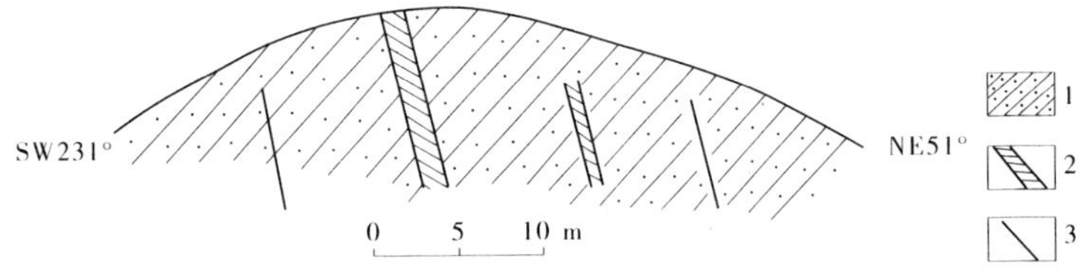

1—石英岩；2—绿玉脉；3—裂隙

图20-5　绿玉脉剖面示意图　（据李劲松，1978）

(二)贵州隋隆贵翠矿区

贵州隋隆贵翠矿区出露地层为上二叠统峨嵋玄武岩和下二叠统茅口灰岩,矿体赋生于上、下二叠统间的大矿层中,层厚 5 ~ 20 m,主要是一套硅化、黄铁矿化蚀变黏土岩,下部为石英岩及黏土 - 石英角砾岩。矿体成不规则团块状、透镜状,呈似层状分布。单个矿体一般直径 20 ~ 40 cm,大者 5 m,厚 0.6 m。贵翠呈绿色、浅绿、灰黄及红色。主要矿物由石英和少量高岭石组成,石英粒径 0.05 ~ 0.15 mm,条带状构造,与辉锑矿共生。贵翠色娇艳,由于与锑矿共生,难以找到完整的宝石。

三、芙蓉石矿物

芙蓉石矿物主要产在伟晶岩中,其产出地质条件与伟晶岩中的水晶矿床相同。

四、蛋白石矿床

一般认为,自然界蛋白石是在沉积环境中富含氧化硅的生物(如硅藻堆积物)分泌形成,或在火山期后低温富硅热液或红土风化作用析出的 SiO_2 凝胶经热液(包括火山期后热液、泉、大气降水等)搬运,沿裂隙、空洞、火山岩气孔等,在常温或低温下沉淀而成,其主要的矿床类型有风化壳型和热液型。作为宝石的蛋白石主要产于澳大利亚、墨西哥等地,其体色主要以白色、黑色、橙色及灰白色为主。

我国在华北地区火山岩中发现蛋白石呈浅黄色,半透明 - 不透明,油脂光泽,局部见橙色闪光,断面常见五彩晕色、浅红色、乳白及浅灰。蛋白石葡萄体可见淡蓝色变彩,局部可见五彩景色,深蓝至蓝黑,无色透明。其产状如下:

(1)呈团块产于上部浅色蚀变带的高岭石化安山岩孔洞中,呈云朵状、肾状及小杏仁状(1 ~ 30 cm),外壳由细粒黄铁矿、磷灰矿、黏土组成,呈浅黄色。

(2)断续小脉状产在次生石英岩中,脉宽 1 cm,浅红色。

(3)葡萄状或脉状产在次生石英岩孔洞或裂隙中,乳白到灰色。

(4)细脉状产在深色蚀变带阳起石 - 透闪石 - 磁铁矿化近矿围岩裂隙中,呈深蓝、浅蓝至深灰色。

(5)网脉状产在泥英岩化带,局部产生在次生石英岩和安山岩中。无色透明,属火山热液晚期形成的低温热液充填矿床。据帅德全等(1990)报道,华东另一地区除发现其他种蛋白石外,还发现玫瑰红色蛋白石,半透明到微透明,含水量 1.33% ~2.54%,块体致密、质地细腻,具油脂及蛋白光泽,莫氏硬度 $H=5.3 \sim 7.0$。矿区位于火山岩地区,构造复合部位控矿,富矿围岩是上白垩紫红色钙、泥质粉质砂岩和砂砾岩等。矿体受 NWW—NW 向压扭—扭性断裂控制,呈脉状、似透镜状,沿走向膨缩变化,继续延伸,矿体长约 100 m,宽 2 ~4 m,局部宽达 7 m,属特大型萤石 - 蛋白石矿床。矿脉呈对称条带状构造,从脉壁至中心顺序为:蛋白石→细微晶石英薄层→细晶绿色萤石→结晶石英→紫色粗中粒萤石→绿色中粒萤石→石英和萤石的完整晶体。这说明矿脉是 SiO_2 和 CaF_2 矿液多阶段叠加作用的结果,即含矿低温热液不断充填沉淀的结果。每一阶段 SiO_2 先沉淀,CaF_2 后沉淀,从而形成有规律的韵律层。

第二十一章 独玉矿床

第一节 概 述

河南独玉矿是我国第二大玉矿,也是我国特有的玉矿种。独玉是我国的四大名玉之一,色泽鲜艳、质地细腻、透明度及光泽好、硬度高,可与翡翠媲美。从出土文物看我国独玉已有5 000～6 000年历史,开采于距今2 000多年的西汉,汉代加工玉石的旧址"玉街寺"至今尚存。

独玉是我国的四大名玉之一,色泽艳丽,质地细腻,硬度高,其宝石级翠绿色独玉堪与翡翠媲美。独玉矿是我国第二大玉矿,也是我国特有的玉矿种,至今产地仅为河南南阳独玉一座孤山。随着矿石开采的不断进行,该矿床的玉石资源已逐步趋于减少,特别是宝石级独玉近十年来采出量接近枯竭。为了满足对独玉不断增加的市场需求,寻找新的独玉资源,开展独玉矿床的成因研究意义重大。

独玉质地细腻,粒度<0.05 mm,$H=6.5\sim8$,$G=2.7\sim3.7$,抗压强度16.8 kg/mm²,抗拉强度1.8 kg/mm²,抗剪强度5.2 kg/mm²,耐火度1 592 ℃,半透明－微透明,细粒致密结构,即细粒钙长石成它形至半自形紧密镶嵌。

独玉的矿物组合比较简单,主要有斜长石50%～90%、铬云母5%～15%、黑云母小于8%。其他微量矿物有榍石、电气石、金红石、透辉石等。不同的矿物组合形成了独玉在颜色、光泽、硬度、密度和透明度等物理性质上的差异。独玉矿物组合见表21-1。由表21-1可见,独玉种类多,颜色有白色、绿色、紫色、蓝色、黄色等。

表21-1 独玉矿物特征对比表

玉石种类	岩石名称	主要矿物	次要矿物	其他	矿物粒度(mm)
干白玉	强黝帘石化斜长岩	钙长石(An94)15%～35% 拉长石(An52)5%～15% 黝帘石50%～80%	透长石1% 绿帘石5%	方解石<1% 绢云母 少 褐石 微	斜长石 0.01～0.05
透水白玉	细晶钙长石	钙长石(An93)75%～95% 培长石(An80－An88)5%～15%	黝帘石1% 绿帘石<1%		斜长石 <0.051～0.5

续表 21-1

玉石种类	岩石名称	主要矿物	次要矿物	其他	矿物粒度(mm)
绿白玉	透辉石 强黝帘石化 钙长石	黝帘石 70% 钙长石(An92)15% ~25% 拉长石(An65)1% ~5%	透辉石 0 ~5% 阳起石 1%	褐石 1% ~3% 方解石　少 葡萄石　少 沸石　少	黝帘石 0.05 斜长石 0.01 绿帘石 0.02
黄独玉	绿帘石 黝帘石化 钙长石	钙长石 40% ~65% 拉长石 5% ~10% 黝帘石 12% ~25% 绿帘石 5% ~10%	阳起石　少	玉石　少	斜长石 0.02 ~0.03 绿帘石 0.02 ~0.04 黝帘石 0.1 ~0.2
紫独玉	黑云母 钙长石	钙长石(An95)85% ~90% 拉长石 5% ~10% 黝帘石 5%	黑云母 1% ~5% 绿帘石 1% 阳起石　少	玉石 <1%	斜长石 0.01 ~0.05 黑云母 0.01 ~0.04
天蓝玉	含铬白云母 钙长石	钙长石(An96)90% ~95% 含铬白云母 5% ~10%	黑云母 1% 绿帘石　少	褐石 1% 金红石　微	斜长石 0.03 铬白云母 0.01 ~0.03
青独玉	辉石 钙长石	单斜辉石 10% 钙长石 80% 拉长石 5%	透辉石 5% 黝帘石　微	褐石　少	斜长石 0.03 ~0.05 透辉石 0.03 ~0.5

独玉质地细腻、块度大。大部分矿物粒度小于 0.05 mm。颜色种类变化大，常呈条状、带状、团块状分布。大多数独玉常以 2 ~3 种颜色相互穿插，组成独玉特有的颜色分布特征。玉石工艺品的色彩、亮度、光泽、抛光性质都较好。玉石的不足之处是有小裂纹、色杂、少量杂质、脉筋和夹干等。白独玉中夹干现象较多见，质地以少夹干为上品。

独玉按颜色可划分 5 类 30 多个品种，5 类独玉是：白独玉、绿独玉、黄独玉和杂色玉。

玉石化学成分见表 21-2。

表 21-2 玉石化学成分

(%)

玉石名称	SiO_2	TiO_2	Al_2O_3	Co_2O_3	Fe_2O_3	FeO	MnO	MgO	CaO	Na_2O	K_2O	P_2O_5	$H_2O_4^+$	H_2O^-	CO_2	总量
白独玉	43.86	0.08	29.95	0.01	0.67	0.60	0.08	2.80	15.91	1.44	0.00	—	2.32	0.38	0.38	98.48
干白玉	44.16	0.15	30.85	0.09	0.80	0.27	0.67	0.67	19.19	0.10	0.12	—	—	—	—	97.07
透水白玉	47.58	0.10	28.07	0.04	0.10	0.50	0.22	0.65	17.52	1.70	0.03	0.04	—	0.04	—	96.59
绿独玉	44.00	0.33	34.80	0.32	0.23	0.20	0.05	0.35	16.07	0.44	0.28	—	0.74	—	0.13	97.94
天蓝玉	41.77	0.63	32.67	0.34	0.61	0.35	0.02	2.93	20.37	0.50	0.08	—	—	—	—	100.27
紫独玉 1	43.60	0.30	34.42	0.14	0.39	0.35	0.05	0.47	18.18	0.60	0.44	—	0.38	—	0.06	99.38
紫独玉 2	43.27	0.38	34.14	0.34	0.47	0.37	0.02	0.55	18.59	0.60	0.08	—	—	—	—	98.81
黄独玉 1	44.14	0.60	33.46	0.18	0.31	0.49	0.09	0.28	19.28	0.88	0.02	—	0.23	—	0.06	100.02
黄独玉 2	43.60	0.40	34.12	0.23	0.03	0.68	0.09	0.31	19.27	0.58	0.08	—	—	—	—	99.39
杂玉	42.75	0.35	32.65	0.26	0.46	0.73	0.01	0.92	17.12	0.04	1.15	—	2.80	—	0.21	99.45
玉石平均值	43.87	0.33	32.51	0.21	0.42	0.45	0.06	0.99	18.15	0.79	0.23	0.04	1.29	0.04	0.17	99.55
斜长岩（世界）	50.40	0.15	28.30	—	1.06	1.12	0.05	1.25	21.46	3.67	0.74	0.05	0.75	—	—	109

第二节 独玉矿床地质特征及成岩成玉模式

一、矿区地质概况

独玉矿区位于华南板块与华北板块之间的秦岭造山带上。该造山带历经秦岭洋的打开与消失、华南板块向华北板块俯冲造成地壳抬升、褶皱隆起，并引起一系列的构造断裂和火山活动、岩浆侵入等，矿体位于秦岭东西复杂构造带东段南支，南阳盆地北缘，朱夏大断裂北侧，为辉长岩构成的孤山，周围被新生界覆盖，在东北部的蒲山、隐山零星出露下古生界变质岩（汉白玉），隐山的蓝晶石岩、石英岩等（见图 21-1）。

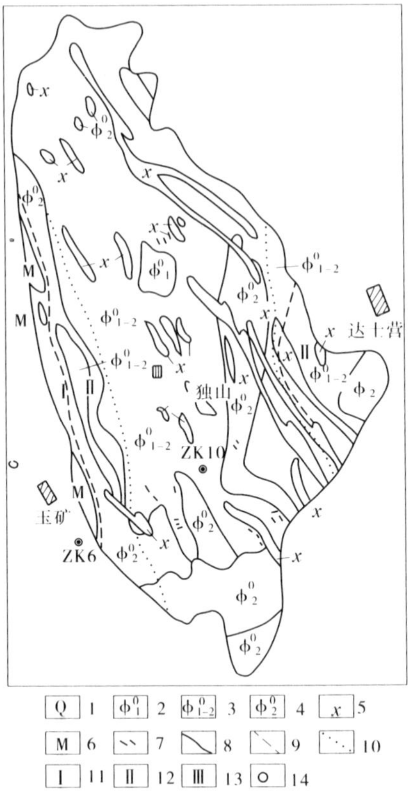

1—第四系；2—次闪石化粗粒辉石岩；3—次闪石化中粗粒辉石岩；
4—次闪石化中粒辉石岩；5—煌斑岩；6—糜棱岩；7—玉脉；8—地质界线；
9—推测断层；10—构造岩带界线；11—辉石糜棱岩化带；12—糜棱辉石岩带；
13—辉石碎裂岩带；14—钻孔及编号

图 21-1 独玉矿区地质图（据李劲松资料改编）

独山岩体的形成可能是板块相向运动造成的。秦岭造山带在未发生碰撞造山之前，可能存在小陆块和岛弧。在古生代，秦岭洋处于扩张期，因此火山活动频繁，这些火山岩浆活动形成橄榄质科马提岩的辉石岩、辉长岩等。从加里东晚期－华力西早期开始，由于华北板块与华南板块相向运动，秦岭洋开始关闭，伴随之洋壳沉积物加厚，同时随着地幔岩浆分异作用的进行，其黏度加大，岩浆直接上升到洋底的通道被堵塞，于是便在深部形成岩浆房，伴随俯冲作用的进行，同时在构造作用下沿断裂带上升，并充填在辉石岩体内形成斜长岩，最终形成了以辉石岩、辉长岩为主的岩体。

至华力西末－印支期，随着秦岭洋开始关闭，造山带逐步形成。独玉基性岩体形成时可能有一定的深度，属于秦岭洋洋壳的一部分。在印支造山运动期间，伴随造山作用进行，逐步形成众多的断裂构造带，有的断裂带可能断至上地幔，这些断裂带（包括朱夏断裂带）将基性火山岩分割为片状的或块状的岩体。有的岩体被俯冲到地壳深部，有的则被逆冲断层所抬升，结果使部分基性岩体抬升至地表或近地表，形成不连续的孤立的岩体——独玉岩体（见图 21-2）。

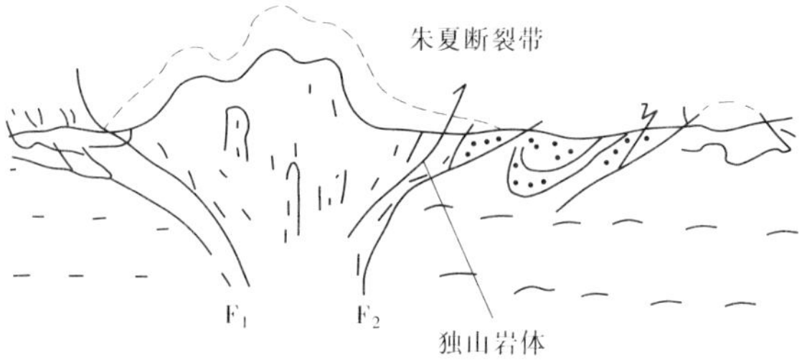

F_1—青岛－五莲断裂；F_2—喜山－响水断裂

图 21-2　中生代苏北－胶南碰撞造山模式示意图

由于大规模的岩浆侵入和大面积第四系覆盖（第四系占本区面积 70% 以上），区域内地层出露较为零星，主要有下元古界秦岭群、下古生界变质岩和陆相碎屑岩。独玉矿体的围岩 90% 以上为次闪石化辉长岩，其次为次闪石化辉石岩、蛇纹石化斜辉橄榄岩、辉长闪长岩及后期煌斑岩脉和糜棱岩等。由于伴随构造运动和脉岩的侵入，岩石受变质热液和岩浆期后热液叠加蚀变作用，因此岩石普遍发生变质作用，具有碎裂岩化、糜棱岩化及强烈蚀变现象。其中，辉石几乎全部被次闪石交代，但辉石外形有的尚存，斜长石被黝帘石交代。区内构造以断裂为主，褶皱次之。主体构造展布方向约 330°，在主体构造的基础上叠加有北东、北北东向小断裂和褶皱。

本区岩浆活动强烈，从酸性岩到超基性岩均有出露，时代从元古代到燕山期，其中华力西期岩浆活动最为强烈。它们分别形成造山期前火山岩和造山期后花岗岩，对独玉的成矿作用也是最为重要的。

据物探资料，独玉岩体位于盆窑－季河基性－超基性岩体的中段西侧，独玉岩体与围岩主要呈构造接触，岩体与围岩界线清楚，无蚀变现象。但根据高磁异常磁性体及区域地层和断层均向 NE 倾的现象，推测该岩体倾向 NE。出露的独玉岩体呈椭圆形，走向与断裂方向一致。岩体长 2.5 km，宽 0.7～1.2 km，面积约 2.37 km^2。

二、玉矿产状

在野外明显可见独玉玉脉多期多阶段侵入，因而脉状矿体比例大于 80%，少数呈透镜状或其他形状。玉脉产于独玉中部次闪石化辉长岩碎裂带中上部的次闪石化中粗粒辉长岩中。在构造活动薄弱处，也可在辉长岩裂隙中呈脉状产出，赋存于岩石东西两侧挤压破碎带内侧。单个矿体长多小于 1 ~ 20 m，宽 0.1 ~ 2 m，一般分布在辉长岩浅部，呈鱼群状产出，沿倾向呈阶梯状、叠瓦状，平面上呈雁行状，具有等间距分布的特点。

脉状矿体中，首先侵入辉长岩裂隙并交代中粒辉长岩的是中粒斜长岩，玉脉形成时期较晚，甚至在石英岩脉后。第一成玉期，形成多色玉，从透水白玉开始依次为：干白玉→绿玉→绿白玉→紫玉→天蓝玉；第二成玉期又是干白玉。由脉壁向中心依次出现淡—浓—淡的玉石分布规律（图 21-3、图 21-4，见表 21-3）。

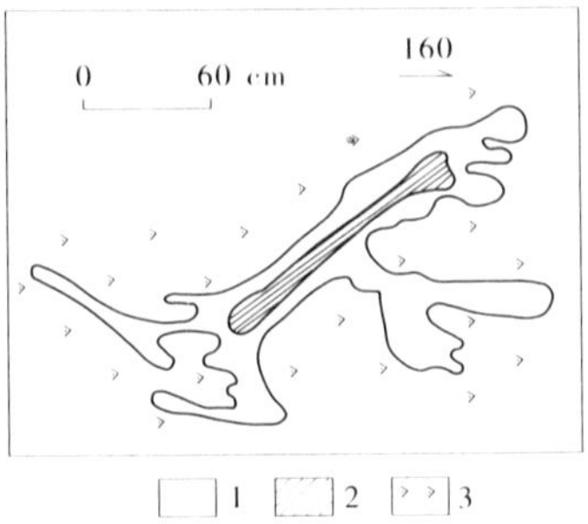

1—白独玉；2—近似平行条带构造杂玉；3—次闪石化辉石岩

图 21-3　树根状玉脉素描图

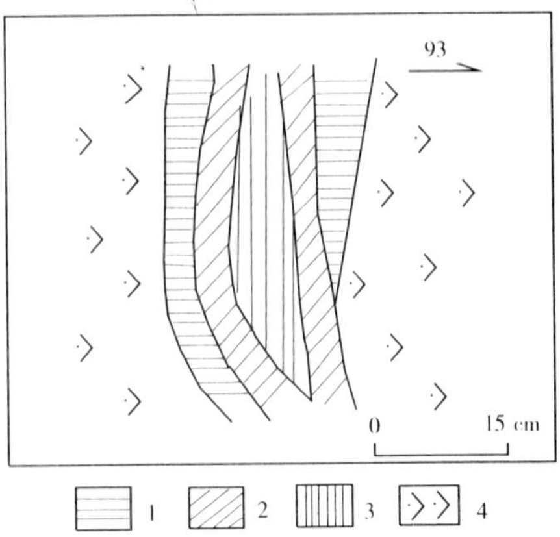

1—白独玉；2—绿独玉；3—紫独玉；4—次闪石化辉石岩

图 21-4　玉脉对称带构造素描图

矿体一些相是以脉状形式充填于各类构造裂隙中的，一些本身就是构造挤压带的组成部分，即为构造作用形式的糜棱岩。前者与围岩界线十分清楚，后者则大多数呈过渡关系，这充分表明了玉矿体受构造的明显控制作用。

据 X 光衍射和电子探针分析结果，玉石形成从早期，即从透水白玉到绿白玉到紫独玉到天蓝玉，斜长石总的牌号从 An97—An98—An99—An100，说明钙离子在热液中逐渐富集，而在第二成玉期所成白独玉钙离子又减少，斜长石牌号 An89。实际上随着钙离子增加，围岩铬、铁、钛离子逐渐进入热液，从而形成各种颜色艳丽的宝石。据此确定成岩成玉阶段。

表 21-3　独玉玉矿成岩期、成矿区、成矿阶段划分及矿物生成顺序

矿物名称	成岩期		成玉期					
			第一成玉期					第二成玉期
	辉石岩阶段	斜长岩阶段	透水白玉	干白玉	绿白玉	紫独玉	天蓝玉	白玉
普通辉石	○							
拉长石	—							
培长石		○						
次闪石	○							
钙长石			○	○	○	○	○	○
黝帘石		○	○	○	○	○	○	○
斜黝帘石		○	—	○	○	○	○	○
绿帘石				—	○	○	—	○
黑云母						○	○	
铬白云母					—		○	
榍石				○	○	○	○	—
绢云母					—			—
磁铁矿					— —	—	—	
主要结构	粒状结构交代假象结构	中粒等粒结构及变余粒状结构	细晶微晶结构及交代残余结构	细晶微晶结构及交代残余结构	细晶微晶结构及交代残余结构	细晶微晶结构及交代残余结构	细晶微晶结构及交代残余结构	细晶微晶结构
主要构造	块状构造交代构造	块状构造脉状构造交代构造	对称条带状构造、网脉状构造、平行条带状构造					脉状交错状构造
斜长石牌号	An52–70	An70–85	X衍射,An97	X衍射,An98	X衍射,An98	X衍射,An98	X衍射,An100	An89
ΣREE(10^{-6})	9.278	8.68	2.045		11.877		13.296	
ΣLREE/ΣRREB	0.71	0.64	4.63		0.812		0.99	

三、独玉形成温度

由于独玉颗粒非常细小,钙长石中气液包体要细小,无法用包体均一法测温,因而选择了玉石中钙长石包体爆裂测温法,其结果列于表 21-4。

表 21-4　独玉爆裂法测温结果

序号	1	2	3	4	5	6	7
玉种	透水白玉	干白玉	绿白玉	青独玉	透紫独玉	干紫独玉	天蓝玉
温度(℃)	390	500	370	385	355	430	430

注:桂林冶金地质学院应用化学系张力测定(1989)。

从表 21-4 可知,玉石形成温度 355 ~ 430 ℃,最高可达 500 ℃,属高中温热液矿床。

四、形成独玉热液的源岩

据独玉各种岩体和玉石稀土元素分析结果及稀土配分曲线图(见图21-5),可知:

(1)独玉科马提岩、辉石岩及辉长岩、斜长岩配分曲线均属于平缓型,科马提岩稀土总量最低(3.756×10^{-6}),辉长岩最高(9.278×10^{-8}),辉长岩及斜长岩中等(8.68×10^{-6})。除此以外,科马提岩具铕负异常($\delta_{Eu}=0.37$),而辉石岩、辉长岩、斜长岩具铕正异常($\delta_{Eu}=1.54$)。说明科马提岩、辉石岩、辉长岩和斜长岩都是同源的,它们全都来自上地幔。由于辉石和斜长石中钙离子可被铕置换,从而使辉石岩等具正铕异常,而科马提岩则必然发铕生亏损,二者是互补关系。

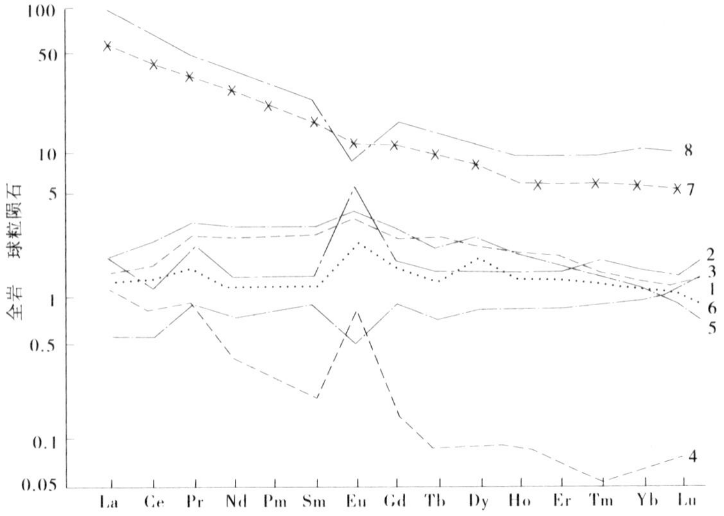

1—科马提岩;2—辉石岩;3—斜长岩交代辉石岩;

4—透水白玉;5—天蓝玉;6—绿白玉;7—煌斑岩;8—花岗岩

图21-5　独玉矿区玉石及各种岩石的稀土配分曲线图

(2)天蓝玉、绿白玉稀土总量($12\times10^{-8}\sim13\times10^{-8}$)稍高于辉长岩等,曲线形成基本相近,平缓型稍向右倾,∑LREE(轻稀土)/∑HREE(重稀土)=0.82~0.99,仅透水白玉特别,属右倾型,∑LREE/∑HREE=4.63,说明除透水白玉外,独玉在成因上与辉长岩、斜长岩等有关。为了印证此结论作相关Sm—Nd图(见图21-6),说明辉石岩、斜长岩确是独玉的源岩。

(3)独玉科马提岩稀土总量仅为世界上已知科马提岩的1/3~1/20,斜长岩及独玉的稀土总量大大低于世界已知斜长岩(∑REE=$1.7\times10^{-8}\sim1.48\times10^{-8}$)的,透水白玉的∑REE=$2.045\times10^{-8}$,比科马提岩($3.759\times10^{-8}$)还低,仅为球粒陨石的一半,说明它们上地幔中稀土的分布是很不均匀的,该区上地幔稀土含量较低。

(4)花岗岩∑REE=177.384×10^{-8},∑LREE/∑HREE=4.49,曲线强烈右倾,强铕亏损。煌斑岩∑REE=111.570×10^{-8},∑LREE/∑HREE=4.03,$\delta_{Eu}=0.8$。它们的配分曲

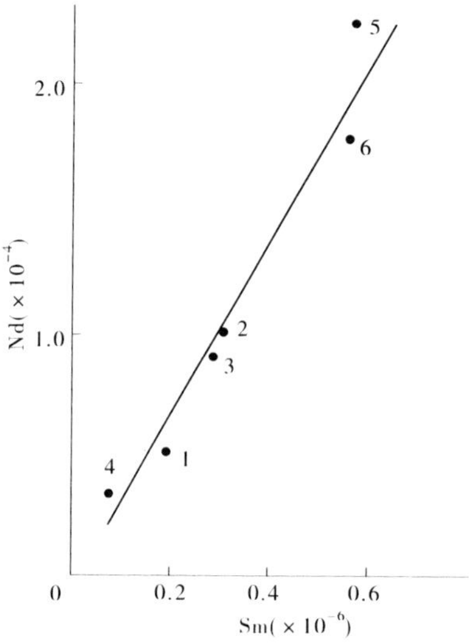

1—科马提岩;2—辉石岩;3—斜长岩;
4—透水白玉;5—天蓝玉;6—绿白玉

图 21-6　独玉及其他岩性的 Sm—Nd 图

线与独玉及其他基性-超基性岩完全不同,说明它们之间没有任何成因联系。

(5)从科马提岩→辉长岩、斜长岩→玉石,∑REE(10^{-8})从 3.759→9.278→13.296,呈逐渐增高的趋势。

五、独玉的氢、氧同位素分析

测定单矿物为天蓝玉中的含铬白云母、紫独玉中黑云母和透水白玉中的斜长石,对前二者测定氢、氧同位素,对后者测定氧同位素,结果见表 21-5。

表 21-5　独玉氢、氧同位素测定结果

玉石品种	测试矿物	测试结果	
		δ_D(‰)	δ_O(‰)
透水白玉	斜长石		7.11
天蓝玉	含铬白云母	-71.3	5.90
紫独玉	黑云母	-88.9	5.15

将氢、氧同位素值投影到 δ_D—δ_O 关系图中(见图 21-7),其中天蓝玉及紫独玉均落在原生岩浆水区域附近,说明独玉是岩浆热液成因。

六、岩体及玉石年龄测定

由于第四系广泛覆盖,各种岩体之间及岩体与围岩间关系均不清楚。据与科马提岩有关的朱夏断裂及附近超基性岩年龄推测,科马提岩形成在震旦纪以前,但由于强烈蚀变而难以测得实际年龄。世界上橄榄质科马提岩基本上形成在太古代,该区科马提岩可能

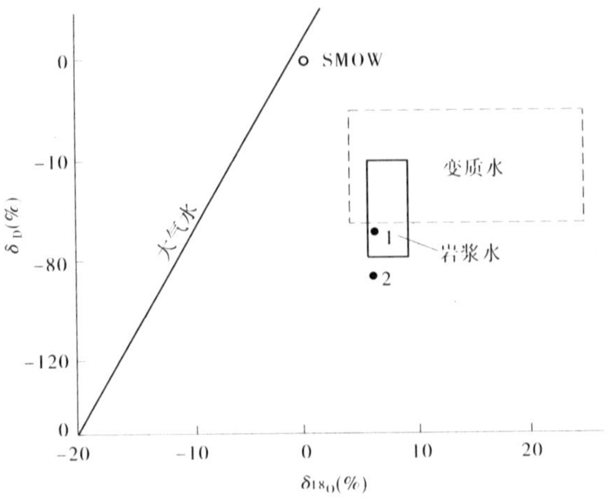

1—绿独玉；2—紫独玉

图 21-7　独玉的 δ_D—δ_{18O} 关系图

也形成在这个时期。在 ZK6 中可见，辉石岩沿科马提岩不同旋回接触带穿入，斜长岩广泛交代角闪石化辉长岩，而玉石则分布在浅部辉石岩及斜长岩裂隙中。据此岩石的生成依次是：科马提岩→辉石岩→斜长岩→玉石。煌斑岩常呈脉状在辉石岩、斜长岩体中广泛发育，显然形成晚于后者，但与玉石及花岗岩关系不清楚。对各种岩体及独玉进行 K－Ar 同位素年龄测定结果见表 21-6。

从表 21-6 可知，辉石岩角闪石化年龄相当于加里东晚期，显然辉石岩形成年龄比此早得多；天蓝玉中含铬白云母形成在海西期，花岗岩、煌斑岩年龄相当；紫玉中黑云母属早加里东期，显然这都是玉石后期蚀变年龄，因为钙长石太细小无法作年龄测定，故玉石实际年龄仍然未知。

独玉岩体为一由辉长岩构成的孤山，它与二龙辉长岩体同位于朱夏断裂带北侧，均受一级断裂控制，两岩体岩性特征相似。二龙辉长岩体绝对年龄为 3.21 亿～3.83 亿年，属加里东期。独玉岩体受动力变质作用较强，推测与二龙辉长岩体为同期产物。

表 21-6　独玉及各种岩体 K－Ar 年龄测定值

样号	岩性	测定矿物	同位素年龄值（Ma）
T10	次闪石化辉石岩	角闪石	437.92 ±7.81
R38	紫玉	黑云母	569.31 ±8.68
R56	天蓝玉	含铬白云母	338.67 ±4.92
ZK13－131	煌斑岩	黑云母	358.81 ±5.24
ZK6－164	黑云母花岗岩	黑云母	339.81 ±5.34

七、独玉成因和成岩成玉模式

(一)独玉成因

综上所述,独玉是斜长岩浆期后高中温热液矿床,形成温度355~430 ℃。玉石形成多期多阶段,以充填作用为主,交代作用为辅,形成在浅部辉石岩及斜长岩裂隙中,其成分以钙长石为主,含少量交代残留体——拉长石和培长石,随着热液从早到晚,钙及铬、铁、钛离子逐渐增加,玉石颜色从无色→白色→绿色→紫→天蓝,斜长石牌号从An97→An98→An100,色素离子沉淀后又出现第二期白色玉石。由于花岗岩浆期后热液交代蚀变,部分钙长石变为黝帘石,黑云母变为含铬白云母。

(二)成岩成玉模式

河南南阳独玉的成矿作用与秦岭造山带密切相关,可以说它实际上就是秦岭造山带构造演化的直接产物,其机制和过程大致如下:

(1)秦岭造山带在未发生碰撞造山之前,为一大古洋板块,我们暂称它为秦岭洋板块,该大洋板块上可能存在小陆块和岛弧。在元古代至早古生代,秦岭洋处于扩张期,扩张期有洋中脊火山活动。继后秦岭洋板块又向华北大陆板块单向俯冲,又可形成许多火山岛弧。因此,在整个秦岭洋开与合过程中,火山活动频繁,这些火山岩浆活动形成橄榄质科马提岩和辉石岩、辉长岩等。晚加里东-华力西期开始,由于华北板块和华南板块相向运动,秦岭洋开始关闭,伴随之洋壳沉积物加厚,同时随着地幔岩浆分异作用的进行,其黏度加大,岩浆直接上升到洋底的通道被堵塞,于是便在深部形成岩浆房,岩浆房又分异出辉石、辉长和斜长岩浆。南阳岩体就是在这种背景下形成的,南阳岩体的形成为独玉的成因准备了必要的物质基础。

(2)伴随俯冲作用的进行,构造作用同时加剧,首先是辉石岩浆上升到一定位置形成辉石岩体。然后斜长岩浆也在构造作用下,沿断裂带上升,并充填在辉石岩体内形成斜长岩。

(3)含斜长石的后期岩浆热液沿断裂裂隙上升,并在辉石岩、辉长岩和斜长岩的构造裂隙中充填交代,在350~500 ℃条件下形成独玉玉石。玉石成分以钙长石为主,含少量交代残留体——拉长石和培长石。从早期到晚期,岩浆热液将从围岩中淋滤Ca、Cr、Fe和Ti等主要元素和微量致色元素,玉石颜色从无色→白色→绿色→紫色→蓝色等。斜长石的排号从An97到An100。

(4)由于燕山期花岗岩浆热液的进一步交代蚀变,部分钙长石蚀变成黝帘石,黑云母蚀变成白云母等。

河南南阳独玉玉矿的成矿模式见图21-8。

八、找矿方向

应以秦岭造山带为找矿方向。在这样大的范围内,与河南南阳独玉相似地质及构造条件,并发育相似地质现象的地方一定会存在。独玉玉矿至今仍只发现南阳独玉一处,通过研究可以把以下几点作为独玉玉矿的找矿标志:

(1)造山前的洋底火山活动(包括大洋脊火山活动、岛弧火山活动和相关岩浆侵入活

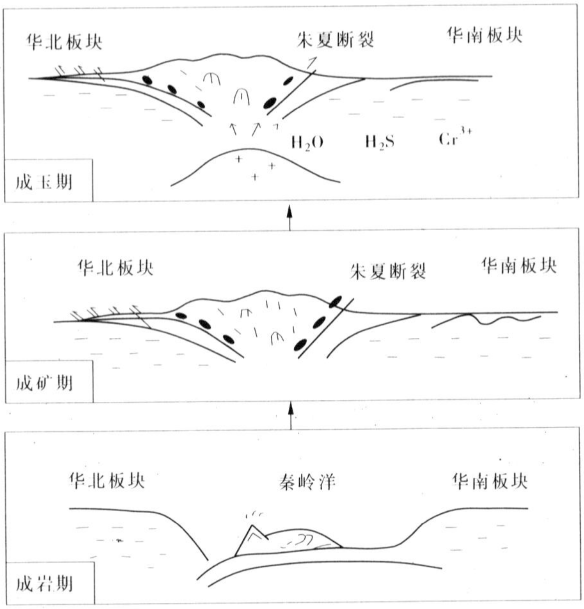

图 21-8　独玉成矿过程示意图

动等）较为发育。相对应形成一系列火山岩和岩浆岩，对独玉玉矿，主要是辉长岩、辉石岩和斜长岩。它们是独玉玉矿成矿的源岩。

（2）强烈的构造作用，特别是构造挤压作用。

（3）压性构造岩发育，特别是糜棱化。

（4）有后期岩浆热液作用叠加。

（5）岩性标志：辉长、斜长岩体。

（6）构造标志：玉脉主要产于挤压破碎带内侧次一级张裂隙中，形成玉脉密集带或脉群。

（7）岩蚀变标志：黝帘石化强烈地段易于含矿。

（8）矿物标志：单斜辉石残体基本不见，原生斜长石具破碎重结晶，并有少量不规则粒状透辉石，黝帘石多为细柱状。

（9）微量元素值：含玉岩石中微量元素 Fe、Cr 值较高。

参考文献

[1] Jensen M L, Bateman A M. Economic mineral deposits (3rd edition). 1981.
[2] 陈毓川. 中国矿床成矿模式[M]. 北京:地质出版社,1993.
[3] 冯钟燕. 矿床学原理[M]. 北京:地质出版社,1984.
[4] 考克斯 D P,辛格 D A. 矿床模式[M]. 宋伯庆,译. 北京:地质出版社,1990.
[5] 裴荣富. 中国矿床模式[M]. 北京:地质出版社,1994.
[6] 斯米尔诺夫,弗. 伊. 矿床地质学[M].《矿床地质学》翻译组,译. 北京:地质出版社,1981.
[7] 姚凤良,郑明华. 矿床学基础教程[M]. 北京:地质出版社,1983.
[8] 中国矿床编委会. 中国矿床(上册)[M]. 北京:地质出版社,1989.
[9] 中国矿床编委会. 中国矿床(下册)[M]. 北京:地质出版社,1994.
[10] 中国矿床编委会. 中国矿床(中册)[M]. 北京:地质出版社,1994.
[11] 周明宝. 矿床学[M]. 北京:冶金工业出版社,1993.
[12] 胡受奚,周顺之,刘孝善,等. 矿床学(上、下)[M]. 北京:地质出版社,1983.
[13] 任启江,胡志宏,严正富,等. 矿床学概论[M]. 南京:南京大学出版社,1993.
[14] 詹森 M L,贝特曼 A M. 经济矿床学[M]. 余鸿彰,杨珊珊,张湖,等,译. 北京:科学出版社,1987.
[15] 袁见齐,朱上庆,翟裕生. 矿床学[M]. 北京:地质出版社,1985.
[16] 邓燕华. 宝(玉)石矿床[M]. 北京:北京工业大学出版社,1992.
[17] 廖宗廷,等. 宝石学概论[M]. 上海:同济大学出版社,1997.
[18] 英国宝石协会. 宝石学教程[M]. 中国地质大学出版社,1998.
[19] 施建斌,等. 江苏新沂金刚石砂矿地质特征及供源方向探讨[J]. 化工矿产地质,2010.
[20] 涂怀奎. 冲积型金刚石砂矿与其成矿模式的讨论[J]. 化工矿产地质,2001(23).
[21] 彭艳菊,等. 中国金刚石资源分布及开发利用现状[J]. 宝石和宝石学杂志,2013(15).
[22] 迟广成,等. 辽宁瓦房店和山东蒙阴金伯利岩中铬铁矿成分特征及指示意义[J]. 地质与资源,2013(22).
[23] 周登诗,等. 山东省昌乐蓝宝石矿地质特征[J]. 山东地质,2003(19).
[24] 张培强. 山东金伯利岩岩管成因[D]. 北京:中国地质大学,2006.
[25] 张战军. 山东蓝宝石及其环带研究[D]. 西安. 西北大学,2003.
[26] 董振信,等. 山东蓝宝石原生矿床成因探讨[J]. 地球学报,1999(20).
[27] 张位及. 缅甸北部帕敢地区翡翠矿床地质[J]. 云南地质,2002(21).
[28] 周征宇,等. 缅甸翡翠原生矿床成因机制新探[D]. 上海地质,2005.
[29] 周兵,等. 新疆和田玉成矿地质特征及远景资源量预测[J]. 四川地质学报,2011(31).
[30] 贺林芳,等. 新疆和田玉的性质特征及其成矿机理探讨[J]. 中山大学研究生学刊(自然科学医学版),2009(30).
[31] 侯弘,等. 韩国软玉的宝石学特征研究[J]. 西北地质,2010(43).
[32] 裴祥喜. 韩国春川软玉矿床研究 - 成矿作用及成因分析[D]. 北京:中国地质大学,2012.
[33] 王春云. 龙溪软玉矿床地质及物化特征[D]. 矿产与地质,1993(7).
[34] 周世全,等. 河南淅川的绿松石研究[J]. 南阳师范学院学报,2005(4).

[35] 金莉莉. 湖北竹山绿松石颜色成因及水对颜色的影响[D]. 中国地质大学,2008.

[36] 滕瑛,等. 昌化鸡血石的成矿构造背景及成因探讨[J]. 上海地质,2001(79).

[37] 刘一飞,辽宁省岫岩玉石矿床的成矿规律及找矿标志[D]. 吉林大学,2013.

[38] 李大中. 辽宁岫岩地区岫玉成矿规律探讨[J]. 地质找矿论丛,2013(28).

[39] 高玉奇. 存珠营子地区玛瑙形成地质背景及成矿条件浅析[J]. 吉林农业,2011(262).

[40] 贾翠. 阜新西部火山岩系玛瑙成矿规律研究[D]. 辽宁工程技术大学,2011.

[41] 何雪梅,等. 独山玉颜色成因分析[J]. 岩石矿物学杂志,2014(S033).

[42] 江富建. 独玉矿床成矿期及成矿模式研究[J]. 南阳师范学院学报(自然科学版),2004(3).